Nik, der kleine Mathematiker

meinem Enkel Nik

Nik, der kleine Mathematiker

Über Dreisatz, Bruch, Prozente, a-Quadrat und b-Quadrat

von

Dipl.-Math. Klaus Becker

INHALT

VORWORT

Es gibt wahrscheinlich unzählige Lernhilfen in Form von Büchern und im Netz zugänglichen Lernvideos, die den Schülerinnen und Schülern in Sachen Mathematik – im Übrigen auf allen Gebieten – auf die Sprünge helfen sollen. Lernvideos werden inzwischen auch von der Wissenschaft akzeptiert und als probate Mittel gesehen, Lernstoffe erfolgreich zu vermitteln. Ob sie allerdings alle über die notwendige Qualität verfügen? Ich weiß es nicht. Das vorliegende Büchlein will und soll und kann auch nicht mit diesen Angeboten mithalten. Es soll auch nicht die Schülerin oder den Schüler vor der „fünf" in der nächsten Klassenarbeit bewahren. Es erhebt keinerlei erzieherischen Anspruch. Vielmehr soll es Freude vermitteln im Umgang mit dieser wunderbaren Wissenschaft, die auch schon mal die Königin der Wissenschaften genannt wird. Das mag wie Hohn klingen. Wunderbar und Königin im Angesicht einer Wissenschaft, die die menschlichen Geister scheidet. Sie wird entweder geliebt oder gehasst. Eine mehr oder weniger angeborene Aversion gegen mathematisches Denken lässt sich wahrscheinlich nicht ausmerzen. Ziel des Büchleins ist es, den Leserinnen und Lesern einige, möglichweise vergessene mathematische Wahrheiten wieder in Erinnerung zu rufen oder überhaupt erst zu vermitteln. Natürlich auch der interessierten Schülerin und dem interessierten Schüler. In erster Linie soll es aber Freude an der Mathematik vermitteln. Die gewählten Themen sind Themen, die gewöhnlich im Unterricht behandelt werden, die aber auch das tägliche Leben betreffen, wie beispielsweise die Prozentrechnung und die Zinsrechnung. Auf die Einhaltung didaktischer Grundsätze habe dabei gänzlich verzichtet. Einfach deshalb, weil ich damit nicht vertraut bin. Möglicherweise ist das ja auch ein Vorteil. Wie man nämlich hört, sind viele unserer jungen Menschen kaum noch in der Lage, rechnen zu können, schon gar nicht Mathematik zu verstehen. Und das in einer Gesellschaft, die ohne Mathematik nicht mehr auskommt. Dies ist schon einigermaßen erstaunlich und das trotz aller didaktischen und pädagogischen Experimente der vergangenen Jahre und Jahrzehnte. Es zeigt mir aber auch, dass die Wissenskluft – und nicht nur auf dem Gebiet der Mathematik – zwischen den Wissenden und den Unwissenden zunehmend größer wird. Zu prognostizieren, was diese Entwicklung mit unserer Gesellschaft macht, wage ich nicht und kann ich auch nicht. Es scheint aber, dass mit zunehmender künstlicher Intelligenz die natürliche zu verkümmern droht. Und noch etwas: Die Mathematik hat in diesen Zeiten etwas Tröstliches. Sie lügt nicht, sie betrügt nicht, sie kennt keine alternativen Fakten, sie ist absolut zuverlässig und treu.

Und noch eine Warnung an die Leserin und den Leser dieses Büchleins. Wenn Du es verstanden hast, wird es Dir keinen Cent mehr in die Taschen spülen. Es geht ausschließlich um Wissen des Wissens wegen und absolut nicht um Geld.

Und noch etwas. Ich erlaube mir, die Leserin und den Leser hin und wieder mit „Du" anzusprechen und ich schreibe in der „Wir"-Form, weil nicht ich es bin, der all diese Definitionen, Gesetze und Formeln erfunden hat. Ich stelle sie nur vor und wahrscheinlich bin ich auch nicht der erste. Ich habe nur Freude daran.

In diesem Sinne wünsche ich Dir, liebe Leserin, lieber Leser viel Freude mit diesem wunderschönen (☺) Büchlein.

Oberwesel, im Dezember 2019

Einleitung

Das vorliegende Büchlein beschäftigt sich in insgesamt 28 Kapitelchen und Kapiteln mit einigen wenigen Grundbausteinen der Mathematik. Mit einfachen, weniger anspruchsvollen Themen, aber auch komplexeren und anspruchsvolleren. Es ist kein Lehrbuch und beabsichtigt auch nicht, Schüler vor der drohenden „fünf" in Mathematik zu bewahren. Es soll vielmehr Freude an der Mathematik vermitteln, Schülerinnen und Schülern, aber auch Erwachsenen, die schon einiges vergessen haben oder vielleicht sogar auch einiges verstehen wollen von der meistens wohl ungeliebten Mathematik. Was wir mindestens erreichen möchten, ist das Verständnis der mathematischen Uhr:

Die mathematische Uhr

Jede Stunde eines Tages wird durch eine mathematische Formel repräsentiert, die ausgeführt die jeweilige Stundenzahl ergibt. Alleine das ist schon kein kleines Programm. Wenn wir bei der 12 anfangen, berührt es die Bruchrechnung, dann mit der Eins die Winkelfunktionen, das Differenzieren einer Funktion bei der zwei, die Berechnung von Determinanten, die im Zusammenhang mit der Lösung von linearen Gleichungen zu sehen sind, bei der vier, Produktfolgen bzw. deren Teilprodukte bei der fünf, das Rechnen mit Wurzeln bei der sechs, der Kombinatorik bei der sechsten und siebten Stunde, die Rechnung mit Potenzen bei der achten, die Integralrechnung bei der neunten Stunde, die Summation von Folgen in der zehnten und schließlich die Vereinigung von Mengen in der elften Stunde.

Wir haben uns folgende Themen vorgenommen, schlichte und einfache, etwas kompliziertere und komplizierte, eigentlich bunt gemischt, aber jedes für sich spannend und weitere Studien herausfordernd. So stellen wir am Ende des Büchleins zu jedem Kapitel ein paar wenige Quellen zusammen, die sich mit dem jeweiligen Thema auseinandersetzen, es teilweise ergänzen, weiter erklären, zum Teil auch vertiefen. Nun aber zu den Themen und Überschriften der insgesamt 28 Kapitel und Kapitelchen:

- o Über Zahlen
- o Rechenoperationen
- o Bruchrechnung
- o Schriftliches Rechnen mit Dezimalzahlen
- o Das Rechnen mit Klammern
- o Lineare Gleichungen mit einer Unbekannten
- o Funktionen
- o Dreisatz
- o Das Rechnen mit Potenzen
- o Quadratische Gleichungen
- o Lineare Gleichungen mit zwei Unbekannten
- o Das Rechnen mit Prozenten
- o Zinsrechnung
- o Die Strahlensätze
- o Der Satz des Pythagoras

- Flächeninhalte und Volumina
- Die Winkelfunktionen
- Das Rechnen mit Mengen
- Folgen und Reihen
- Komplexe Zahlen
- Differentiale und Integrale
- Die Taylorreihe
- Exponentialfunkton und Logarithmus
- Das Rechnen mit Vektoren und Matrizen
- Wahrscheinlichkeiten
- Statistik
- Kombinatorik
- Größer als unendlich

Wir haben darauf geachtet, dass möglichst keine Frage offen bleibt, die nicht schon in einem vorhergehenden Kapitel beantwortet wurde. Ein paar wenige Ausnahmen von dieser uns selbst auferlegten Regel waren allerdings nicht zu vermeiden. Definitionen, also Festlegungen umrahmen wir mit einem durchgezogenen Rahmen. Die Mathematik lebt von Definitionen, Voraussetzungen und Schlussfolgerungen daraus, den mathematischen Sätzen. Die mathematischen Wahrheiten, die Sätze also, kennzeichnen wir durch einen Rahmen, bestehend aus drei durchgezogenen Linien. Genauso Rechenregeln und Merksätze. Es würde sicher den Rahmen des Büchleins sprengen, wollten wir alle formulierten Sätze auch beweisen. Deshalb kennzeichnen wir Sätze, die wir hier nicht beweisen, durch einen Rahmen mit zwei durchgezogenen Linien, dem gewissermaßen noch etwas fehlt. Dort wartet also noch Arbeit auf die Leserin und den Leser.

Über Zahlen

Ohne Zahlen ist die Welt nicht vorstellbar. Überall begegnen uns Zahlen, beim Einkaufen, auf der Bank und im Straßenverkehr. Die Mathematiker waren ziemlich erfinderich. Sie haben eine Menge unterschiedlicher Zahlenarten erfunden oder sagen wir besser gefunden. So gibt es die

o natürlichen Zahlen,
o ganzen Zahlen,
o rationalen Zahlen,
o irrationalen und die
o transzendenten Zahlen.

Die natürlichen Zahlen sind die Zahlen 1, 2, 3, ... Sie werden mit $\mathbb{N}$ bezeichnet. Die Zahl null zählt nicht zu den natürlichen Zahlen. Will man sie einschließen, so schreibt man $\mathbb{N}_0$. Die natürlichen Zahlen haben keine oberere Grenze. Das heißt, zu jeder natürlichen Zahl n gibt es eine natürliche Zahl, die um eins größer ist als die vorgegebene, nämlich n+1. Dies ist schon ein kleines Wunder, wie wir meinen und wert zu staunen.

Ergänzt man die natürlichen Zahlen inklusive der null, also $\mathbb{N}_0$ um die negativen (natürlichen) Zahlen, so erhält man die ganzen Zahlen $\mathbb{Z}$. $\mathbb{Z}$ sind damit die Zahlen ... , -3, -2, -1, 0, +1, +2, +3 ... . Negative Zahlen können wir uns gut vorstellen, wenn wir an Minusgrade denken oder an Kontostände, die üblicherweise nichts Gutes verheißen.

Das „+"-Zeichen lässt man normalerweise weg. Wenn Verwechslungen möglich sind, wie beispielsweise bei einer Temperaturangabe, wird es allerdings schon mal benutzt. Zum Beispiel liest man schon mal: Die durchschnittliche globale Temperatur der Erde liegt bei ca. +15 °C.

Die rationalen Zahlen $\mathbb{Q}$ sind alle Zahlen, die sich als Bruch zweier ganzer Zahlen darstellen lassen Dabei muss die Zahl null in gewisser Weise gesondert berücksichtigt werden. Aber darauf kommen wir später noch, auch auf die Festlegung, was eigentlich ein Bruch ist, kein Beinbruch, aber ein Bruch von ganzen Zahlen. Damit haben wir schon das erste Mal unser Versprechen gebrochen, keine Begriffe zu verwenden, bevor wir sie nicht vorher schon definiert und erklärt haben. Aber wir versprechen, es bleibt einer der wenigen Fälle.

Rationale Zahlen: Alle Zahlen, die sich als Quotient zweier ganzer Zahlen darstellen lassen, heißen rational. Für die rationalen Zahlen wird das Symbol ℚ verwendet.

Zwischen den rationalen Zahlen liegen weitere Zahlen, für die dieses Bildungsgesetz nicht gilt. Dies sind die irrationalen Zahlen. Unter den irrationalen Zahlen finden sich die sogenannten transzendenten Zahlen. Dazu zählt beispielsweise die Zahl π, die bei der Berechnung des Kreisumfanges und der Kreisfläche eine Rolle spielt. Auch die eulersche Zahl e ist eine transzendente Zahl. Auf diesen Zahlentyp gehen wir in diesem Büchlein nicht weiter ein, wenn wir auch später, im Zusammenhang mit der Behandlung von geometrischen Figuren zum Beispiel mit π rechnen werden.

Rationale und irrationale Zahlen zusammen bilden die reellen Zahlen, die mit ℝ bezeichnet werden. Die reellen Zahlen stellt man sich am besten als Punkte auf einem Zahlenstrahl vor:

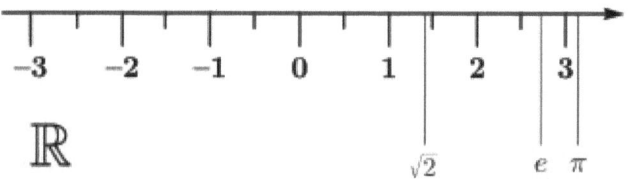

Jeder Punkt auf dem Zahlenstrahl repräsentiert eine reelle Zahl.

Die Markierung $\sqrt{2}$ steht für die Rechenoperation „Quadratwurzel-ziehen" aus 2. Diese Rechenoperation werden wir noch eingehender kennenlernen. An dieser Stelle genügt die Feststellung, dass damit eine Zahl gesucht wird, die mit sich selbst malgenommen 2 ergibt. Diese Zahl, das können wir festhalten, lässt sich nicht als Quotient zweier ganzer Zahlen festlegen. Sie ist irrational. π ist mit etwa 3,14 die bereits erwähnte Kreiszahl, mit der wir es noch zu tun bekommen und e mit etwa 2,718 ist die eulersche Zahl, die nach dem Schweizer Mathematiker Leonard Euler benannt ist. Auch mit dieser werden wir uns noch beschäftigen. π und e sind ebenfalls irrationale Zahlen. Sie verfügen aber darüber hinaus über eine Eigenschaft, die „normale" irrationale Zahlen nicht besitzen. π und e sind eben transzendent, so etwas wie übernatürlich. Das ist natürlich Unsinn, aber in diesem Sinne ist wohl die Bezeichnung entstanden. Die mathematische Zahlentheorie geht noch weit über das hinaus, was wir hier vorgestellt haben. So gibt es zum Beispiel imaginäre Zahlen, die mit sich selbst malgenommen negative Zahlen ergeben. Wir werden uns im Kapitel „Komplexe Zahlen", wenn auch relativ oberflächlich, mit diesem Zahlentyp beschäftigen. Im Wesentlichen wollen wir uns aber auf den reellen Zahlenraum beschränken.

Rechenoperationen

Die Verknüpfung von Zahlen zu neuen Zahlen nennen wir „Rechnen".
Wir beschränken uns zunächst auf die vier Grundrechenarten:
- o Zusammenzählen,
- o Abziehen,
- o Malnehmen und
- o Teilen.

In der Mathematik und in der Schule haben sich allerdings die aus dem Lateinischen kommenden Bezeichnungen durchgesetzt:
- o addieren,
- o subtrahieren,
- o multiplizieren und
- o dividieren.

Die entsprechenden Hauptwörter sind:
- o Addition,
- o Subtraktion,
- o Multiplikation und
- o Division.

Die Objekte der vier Rechenoperationen sind
- o Summanden bei der Addition,
- o Minuend (Zahl, von der eine andere Zahl abgezogen wird) und Subtrahend (Zahl, die abgezogen wird) bei der Subtraktion,
- o Faktoren bei der Multiplikation und
- o Dividend (Zahl, die geteilt wird) und Divisor (Zahl, durch die geteilt wird) bei der Division

Die Ergebnisse der Rechenoperationen sind
- o Summe bei der Addition,
- o Differenz bei der Subtraktion,
- o Produkt bei der Multiplikation und
- o Quotient bei der Division.

Die unterschiedlichen Rechenoperationen werden gekennzeichnet durch

- o + für die Addition, gesprochen „und" oder „plus",
- o - für die Subtraktion, gesprochen „weniger" oder „minus",
- o · für die Multiplikation, gesprochen „mal" oder „multipliziert mit",
- o : für die Division, gesprochen „geteilt durch" oder „dividiert durch".

Die ersten beiden Operationen werden auch als Strich-Operationen, die beiden letzten als Punkt-Operationen bezeichnet. Die Operationszeichen + und - können leicht mit den Vorzeichen für positive bzw. negative Zahlen verwechselt werden. Hier ist besondere Vorsicht geboten. Wir kommen darauf zurück.

Wir sind nun so weit, dass wir einfache Rechenoperationen aufschreiben und auch ausführen können. Vorher wollen wir noch ein Konzept erläutern, mit dessen Hilfe es möglich ist, mathematische Gesetze, Definitionen und Rechenregeln elegant zu formulieren und das Rechnen selbst einfacher zu machen. Wir nennen dieses Konzept Platzhalterkonzept. Und zwar verwenden wir Buchstaben als Platzhalter für eine Zahl. Das hört sich im ersten Moment ziemlich komisch an. Zahlen sind Zahlen und Buchstaben sind Buchstaben, wirst Du einwerfen. Damit hast Du natürlich recht. Du wirst anhand der folgenden Beispiele aber sofort einsehen, dass es Sinn machen kann, Buchstaben als Platzhalter für Zahlen zu verwenden. Da Platzhalter unterschiedliche Zahlenwerte annehmen können, spricht man auch von Veränderlichen oder Variablen. Die ersten Rechenregeln, die wir mit Platzhaltern beschreiben wollen, sind die Regeln über die Vorzeichenbehandlung im Zusammenhang mit den vier Grundrechenarten. Dabei fehlt uns noch ein mathematisches Zeichen, nämlich das Gleichheitszeichen „=", das seinem Namen alle Ehre macht. Es bedeutet, dass das links vom Gleichheitszeichen stehende Ergebnis von Rechenoperationen gleich dem auf der rechten Seite vom Gleichheitszeichen stehenden ist. Das ist gleichzeitig die Definition einer Gleichung. In einer mathematischen Gleichung stehen links und rechts des Gleichheitszeichens die gleichen Zahlenwerte. Wir werden dies später noch etwas genauer fassen.

Vorzeichen und Grundrechenarten:

Falls a und b Platzhalter für reelle Zahlen und (-a) und (-b) die entsprechenden negativen Zahlen repräsentieren, so gelten die folgenden Vorzeichenregeln:

- $(+a)+(+b)=a+b$
- $(+a)+(-b)=a-b$
- $(-a)+(+b)=-a+b$
- $(-a)+(-b)=-a-b$
- $(+a)-(+b)=a-b$
- $(+a)-(-b)=a+b$
- $(-a)-(+b)=-a-b$
- $(-a)-(-b)=-a+b$
- $(+a)\cdot(+b)=a\cdot b$
- $(+a)\cdot(-b)=-a\cdot b$
- $(-a)\cdot(+b)=-a\cdot b$
- $(-a)\cdot(-b)=a\cdot b$
- $(+a):(+b)=(a:b)$
- $(+a):(-b)=-a:b$
- $(-a):(+b)=-a\cdot b$
- $(-a):(-b)=a:b$

Bei der Multiplikation heißt es oft auch kurz „minus mal minus gleich plus" und „minus mal plus gleich minus"

Wir sind nun so weit, dass wir weitere Basisrechenregeln formulieren können.

Rechenregel Punkt vor Strich:

Punktrechnung geht vor Strichrechnung, oder auch kürzer: Punkt vor Strich.

Wir rechnen einige Beispiele:

$5 \cdot 6 - 5 + 1 = 26$

$10 : 5 + 8 = 10$

Aber was ist mit

$150 : 5 \cdot 3 = ?$

$20 \cdot 6 : 2 = ?$

Gilt hier etwa „:" vor „·" oder „·" vor „:"?

Im ersten Fall („:" vor „·") erhalten wir

$150 : 5 \cdot 3 = 90$

$20 \cdot 6 : 2 = 60$

und im zweiten Fall („·" vor „:")

$150 : 5 \cdot 3 = 10$

$20 \cdot 6 : 2 = 60.$

Es muss also eine Regel geben. So wäre nämlich Apollo nie auf dem Mond gelandet. Die heißt aber nicht Doppelpunkt vor Punkt oder Punkt vor Doppelpunkt. Vielmehr hängt die in diesem Fall geltende Regel mit der Bruchrechnung und der in ihrem Zusammenhang geltenden Notation zusammen. Was tatsächlich gilt, erfahren wir deshalb erst dann, wenn wir die Geheimnisse der Bruchrechnung gelüftet haben.

Wir können hier aber verdeutlichen, was wir eigentlich ausrechnen wollen, wenn wir Klammern setzen. Eine Klammer bedeutet stets, wie schon das Vorzeichen einer Zahl (siehe oben) eine enge Verbindung mit der Zahl. Im Zusammenhang mit Rechenoperationen bedeutet die Klammer, dass das Eingeklammerte unabhängig von dem Rest gerechnet werden muss. Wir wählen noch einmal die obigen Beispiele und schreiben:

Im ersten Fall („:" vor „·") erhalten wir

$(150 : 5) \cdot 3 = 90$

$20 \cdot (6:2) = 60$

und im zweiten Fall („·" vor „:")

$150:(5 \cdot 3) = 10$

$(20 \cdot 6):2 = 60$

Was wir also schon festlegen können, ist die Gültigkeit der Klammerregel:

Klammerregel:

In runden Klammern stehende Rechenoperationen werden unabhängig von den restlichen Operationen ausgeführt.

An dieser Stelle sollten wir noch eine besondere Unterart der natürlichen Zahlen kennenlernen, die im Folgenden noch eine wichtige Rolle spielen wird. Es sind die Primzahlen.

Primzahlen:

Eine natürliche Zahl, die nur durch eins und durch sich selbst teilbar ist, heißt Primzahl.

Die ersten Primzahlen (bis 23) sind:

$1, 2, 3, 5, 7, 11, 13, 17, 19, 23, \ldots$

Nun können wir auch unseren ersten mathematischen Satz formulieren:

Primfaktorzerlegung:

Jede natürliche Zahl lässt sich als Produkt von Primzahlen darstellen. Die Faktoren heißen Primfaktoren, die Zerlegung Primfaktorzerlegung. Die Primfaktoren können in einer Primfaktorzerlegung mehrfach vorkommen. Die Primfaktorzerlegung ist eindeutig.

Beispiele:

$100 = 2 \cdot 2 \cdot 5 \cdot 5 = 2^2 \cdot 5^2$

$35 = 5 \cdot 7$

$40 = 2 \cdot 2 \cdot 2 \cdot 5 = 2^3 \cdot 5$

Wir wollen den Satz über die Primfaktorzerlegung, der auch Fundamentalsatz der Arithmetik genannt wird, an dieser Stelle beweisen. Dabei wird als Beweismethode der Beweis durch Widerspruch gewählt. Du kannst den Beweis auch zunächst übergehen und Dich später damit befassen.

Beim Widerspruchsbeweis wird das Gegenteil der Behauptung des Satzes angenommen und daraus ein Widerspruch abgeleitet. Also muss die Behauptung richtig sein. So ist die grundsätzliche Vorgehensweise.

Zunächst zur Existenz der Primfaktorzerlegung mit der Behauptung „Jede natürliche Zahl lässt sich in Primfaktoren zerlegen".

Beweis:

Wir nehmen an, dass es mindestens eine natürliche Zahl n gibt, für die die Behauptung falsch ist, also keine Zerlegung von n in Primfaktoren existiert. Insbesondere ist n dann keine Primzahl. Sei n gleichzeitig die kleinste natürliche Zahl mit dieser Eigenschaft. Dann muss es Teiler n_1 und n_2 von n geben mit $1 < n_1 < n_2 < n$ und

$n = n_1 \cdot n_2$.

Da n die kleinste Zahl ist, die sich nicht in Primfaktoren zerlegen lässt, lassen sich sowohl n_1 als auch n_2 in Primfaktoren zerlegen:

$n_1 = p_1 \cdot p_2 \cdot p_3 \cdots$ und $n_2 = q_1 \cdot q_2 \cdot q_3 \cdots$

Dann ist aber

$n = n_1 \cdot n_2 = p_1 \cdot p_2 \cdot p_3 \cdots q_1 \cdot q_2 \cdot q_3 \cdots$

Eine Primfaktorzerlegung von n im Widerspruch zur Annahme.

Und nun wollen wir noch die Eindeutigkeit einer Primfaktorzerlegung beweisen. Auch dazu wählen wir die Beweismethode „Beweis durch Widerspruch".

Wir nehmen also an, die Primfaktorzerlegung sei nicht eindeutig. Es gibt somit für mindestens eine Zahl n unterschiedliche Primfaktorzerlegungen:

$$n = p_1 \cdot p_2 \cdot p_3 \cdots = q_1 \cdot q_2 \cdot q_3 \cdots$$

Gleichzeitig sei n die kleinste natürliche Zahl mit dieser Eigenschaft. Dann muss es mindestens ein p_i und ein q_j geben mit $p_i = q_j$. Andernfalls wäre $p_1 \cdot p_2 \cdot p_3 \cdots \neq q_1 \cdot q_2 \cdot q_3 \cdots$ Wir nehmen ohne Beschränkung der Allgemeinheit an, dass $p_1 = q_1$ ist. Wir dividieren n durch p_1 bzw. durch q_1 und erhalten

$$\frac{n}{p_1} = p_2 \cdot p_3 \cdots = \frac{n}{q_1} = q_2 \cdot q_3 \cdots$$

Damit haben wir unterschiedliche Primfaktorzerlegungen einer natürlichen Zahl, die kleiner ist als n. Das ist dann der Widerspruch.

Wir definieren nun noch zwei Größen, die im Zusammenhang mit der Bruchrechnung wichtig sind.

Das kleinste gemeinsame Vielfache:

Das kleinste gemeinsame Vielfache, abgekürzt kgV, zweier natürlicher Zahlen ist die kleinste natürliche Zahl, die ein Vielfaches der Ausgangszahlen ist.

Bestimmung des kgV durch Bildung und Vergleich der Vielfachen:

Zur Bestimmung des kgV zweier Zahlen ermitteln wir die Vielfachen beider Zahlen, in dem wir sie mit 1, 2, 3 usw. multiplizieren. Das erste übereinstimmende Vielfache ist dann das kgV.

Beispiele:

kgV(5, 2)

5: 5·1=**5**, 5·2=**10**

2: 2·1=**2**, 2·2=**4**, 2·3=**6**, 2·4=**8**, 2·5=**10**

Das kgV(5,2) ist also 10.

kgV(18,27)

18: 18·1=**18**, 18·2=**36**, 18·3=**54**

27: 27·1=**27**, 27·2=**54**

Das kgV(18,27) ist also 54

Eine etwas elegantere, das heißt, auch mathematischere Methode, verwendet die Primfaktorzerlegung der beiden Zahlen:

Bestimmung des kgV mittels Primfaktorzerlegung:

Das kgV zweier Zahlen erhält man, indem man die Primfaktoren beider Zahlen multipliziert, dabei aber diejenigen Primfaktoren, die beide Zahlen gemeinsam haben, nur einmal berücksichtigt.

Beispiele:

kgV(5,2)

5=5

2=2

kgV(5,2)=10.

kgV(18,27)

18=2·3·3

27=3·3·3

24

$kgV(18,27)=2\cdot3\cdot3\cdot3=54$

Der größte gemeinsame Teiler:

Der größte gemeinsame Teiler, abgekürzt ggT zweier natürlicher Zahlen ist die größte natürliche Zahl, durch die sich die Ausgangszahlen ohne Rest teilen lassen.

Zur Bestimmung des ggT kann man den sogenannten euklidischen Algorithmus anwenden (benannt nach dem griechischen Mathematiker Euklid, um 300 v. Chr.):

Bestimmung des ggT mit dem euklidischen Algorithmus:

Dividiere die größere Zahl durch die kleinere. Falls sich als Rest null ergibt, ist die kleinere Zahl (Divisor) der ggT. Falls der Rest ungleich null ist, übernimmt der bisherige Divisor den Dividenden und der Rest den Divisor. Auf diese Weise wird fortgefahren, bis sich als Rest null ergibt. Der auf diese Weise erhaltene letzte Divisor ist der ggT.

Beispiele:

ggT(5, 2)

5:2=2 Rest 1

2:1=2

Der ggT ist also 1.

ggT(18,27)

27:18=1 Rest 9

18:9=2

Der ggT ist also 9.

kgV und ggT:

Das kleinste gemeinsame Vielfache (kgV) zweier natürlicher Zahlen multipliziert mit dem größten gemeinsamen Teiler (ggT) dieser Zahlen ergibt das Produkt der Ausgangszahlen.

Beispiel:

ggT(18,27)=9

kgV(18,27)=54

$9 \cdot 54 = 18 \cdot 27$

Du kannst also aus dem ggT das kgV und umgekehrt aus dem kgV das ggT berechnen. Wenn wir auch noch nicht das Rechnen mit Unbekannten gelernt haben, kannst Du schon mal überlegen, wie das gehen könnte.

Du kannst aber auch für die Bestimmung des ggT die Primzahlzerlegung wählen.

Bestimmung des ggT mittels Primfaktorzerlegung:

Der ggT zweier Zahlen ist das Produkt aus den Primfaktoren, die beide Zahlen gemeinsam haben.

Beispiel:

ggT(18,27)

$18 = 2 \cdot 3 \cdot 3$

$27 = 3 \cdot 3 \cdot 3$

$ggT(18,27 = 3 \cdot 3 = 9.$

Bruchrechnung

Unter Bruchrechnung versteht man das Rechnen mit Brüchen. Bevor wir aber mit Brüchen rechnen können, müssen wir zuerst einmal wissen, was ein Bruch ist. Ein mathematischer Bruch ist jedenfalls kein Beinbruch. Für eine Erklärung muss üblicherweise ein Kuchen herhalten, am besten ein runder, der in mehrere Stücke geschnitten wird. Normalerweise werden aus einem runden Geburtstagskuchen zwölf Stücke gewonnen. Ein Stück ist in diesem Fall also der 12. Teil der Geburtstagstorte.

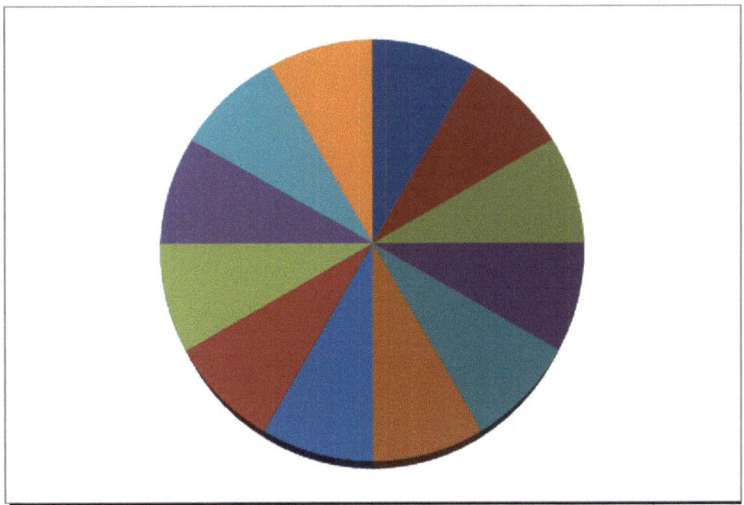

Geburtstagstorte mit 12 Kuchenstückchen

Man schreibt $\frac{1}{12}$. Ein Kuchenstück ist also ein Zwölftel des ganzen Kuchens. Man hat den Kuchen in zwölf Teile geteilt, also durch zwölf geteilt. Man kann deshalb auch $\frac{1}{12}$ =1:12 schreiben. Nehmen wir nun beispielsweise an, dass sieben Leute an dem Kaffeekränzchen teilnehmen und jeder genau ein Stück des Kuchens abbekommt, dann sind sieben Teile von 12 Teilen verteilt. Man sagt siebenzwölftel vom Kuchen sind verteilt und schreibt $\frac{7}{12}$. Der Strich zwischen den beiden Zahlen heißt Bruchstrich, die Zahl unter dem Bruchstrich Nenner – er nennt die Zahl der Teile, in die das Ganze, hier der Kuchen, aufgeteilt wurde – und die Zahl über dem Bruchstrich heißt Zähler – er zählt die Teile, hier die Teile des Kuchens, die in diesem Fall an die Gäste verteilt wurden.

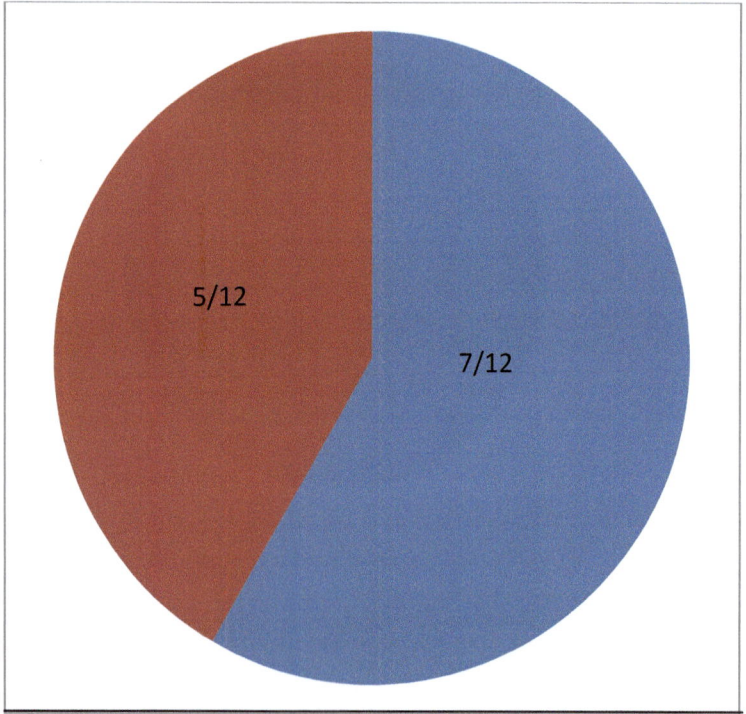

Wir sind nun schon in der Lage, mit Brüchen zu rechnen, wenn auch noch sehr eingeschränkt. Wir machen für jede der vier Rechenoperationen Beispiele.

Addition:

$$\frac{7}{12} + \frac{2}{12} = \frac{9}{12}$$

Es sind also noch zwei Gäste dazu gekommen, von denen jeder ein Stück Kuchen erhält. Damit sind neunzwölftel des Kuchens verteilt.

$$\frac{7}{12} + \frac{5}{12} = \frac{12}{12} = 1.$$

In diesem Fall sind fünf Gäste hinzugekommen. Alle zwölf Teile des Kuchens sind verteilt, der ganze Kuchen also (=1) ist aufgeteilt. Was ist nun, wenn weitere Gäste hinzukommen, sagen wir, zu den ursprünglich sieben acht weitere Gäste, Dann gilt

$$\frac{7}{12} + \frac{8}{12} = \frac{15}{12}.$$

Es sind nun mehr Stücke verteilt, als der Kuchen hatte. Das geht nur, wenn es einen zweiten Kuchen gibt, von dem drei Stücke genommen wurden. Man schreibt

$$\frac{15}{12} = 1\frac{3}{12},$$

was so viel heißt wie

$$\frac{15}{12} = 1\frac{3}{12} = 1 + \frac{3}{12}.$$

Man spricht in diesem Fall auch von einem gemischten Bruch.

Subtraktion:

$$\frac{7}{12} - \frac{2}{12} = \frac{5}{12}$$

Der Vergleich mit dem Kuchen wird nun langsam schwierig. Aber immerhin, die obige Subtraktion könnte man noch als Rückgabe von zwei Kuchenstückchen interpretieren. Wenn also von sieben Kuchenstückchen zwei zurückgegeben werden, bleiben noch fünf.

Multiplikation:

Wir multiplizieren einen Bruch zunächst mit einer natürlichen Zahl:

$$\frac{7}{12} \cdot 3 = \frac{21}{12} = 1\frac{9}{12}.$$

Es wurden also dreimal so viele Gäste bewirtet als ursprünglich da waren und damit ein ganzer Kuchen und neun Stücke verteilt.

Division:

Wir dividieren einen Bruch zunächst durch eine natürliche Zahl:

$$\frac{21}{12} : 3 = \frac{7}{12}.$$

Von ursprünglich 21 Gästen sind nur ein Drittel, nämlich 7 Gäste geblieben.

Bevor wir die Regeln für das Rechnen mit Brüchen zusammenstellen können, müssen wir noch zwei weitere Begriffe und damit zusammenhängende Operationen erklären.

Zunächst zum Begriff der Bruchzahl. Teilt man den berühmten Kuchen in vier Teile und entnimmt einen Teil, also ein Viertel des Kuchens, so bleiben drei Viertel des Kuchens auf dem Kuchenteller. Teilt man dagegen den Kuchen in acht Teile und entnimmt zwei Stücke, so verbleiben sechs Stücke auf dem Kuchenteller. Der auf dem Kuchenteller verbleibende Rest ist aber in beiden Fällen gleich groß. Bitte überzeug Dich davon, indem Du Dir die folgende Abbildung ansiehst.

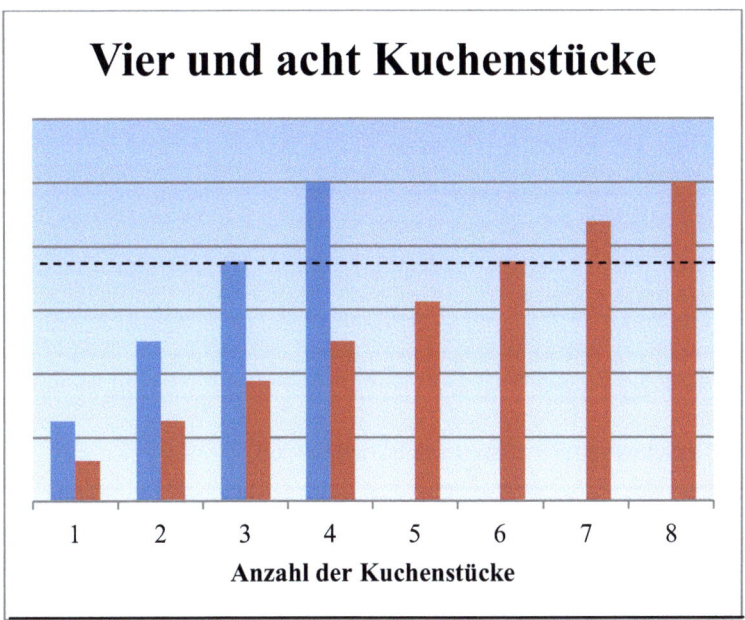

Vier und acht Kuchenstücke

Anzahl der Kuchenstücke

Bruch und Bruchzahl

Die blauen Balken stehen für die größeren Kuchenstücke, die dadurch entstanden sind, dass der Kuchen in vier Teile geteilt wurde und die roten Balken für die kleineren Stücke. Man erkennt, dass die roten Stücke halb so groß sind wie die blauen. Und man erkennt auch, dass dreiviertel des Kuchens genau so viel sind wie sechsachtel des Kuchens. Wir haben dies durch die gestrichelte Linie gekennzeichnet.

Der Wert der beiden Brüche bleibt also gleich, während die beiden Brüche unterschiedlich sind:

$$\frac{3}{4} = \frac{6}{8}.$$

Die Rechenoperation, die aus dem links des Gleichheitszeichens stehenden Bruch den rechts des Zeichens stehenden werden lässt, heißt

31

Erweiterung des Bruchs. Zähler und Nenner des Bruchs wurden mit der gleichen Zahl multipliziert, im vorliegenden Beispiel mit 2:

$$\frac{3 \cdot 2}{4 \cdot 2} = \frac{6}{8}.$$

Erweitern:

Einen Bruch erweitern bedeutet, Zähler und Nenner mit der gleichen Zahl multiplizieren.

Durch das Erweitern eines Bruches wird dessen Wert nicht verändert.

Die Schwester des Erweiterns ist das Kürzen.

Kürzen:

Einen Bruch kürzen heißt, Zähler und Nenner durch die gleiche Zahl dividieren.

Bevor wir die Rechenregeln für das Rechnen mit Brüchen aufstellen können, müssen wir noch zwei Begriffe klären, den Begriff des „Gleichnamigmachens" und den des Kehrwertes eines Bruches.

Gleichnamige Brüche:

Zwei Brüche heißen gleichnamig, wenn ihre Nenner gleich sind.

Brüche gleichnamig machen:

Nicht gleichnamige Brüche lassen sich gleichnamig machen, indem man die Brüche so erweitert, dass der gemeinsame Nenner dem kgV der ursprünglichen Nenner entspricht.

Beispiele:

$$\frac{3}{7}+\frac{3}{2}+\frac{2}{5}+\frac{1}{3}$$

Wir berechnen zunächst das kgV und zwar schrittweise, das heißt zunächst für die ersten beiden Nenner. Von dem Ergebnis und dem nächsten Nenner bilden wir dann das kgV uns so weiter, bis alle Nenner abgearbeitet sind.

7: 7, 14, 21, 28, 35
2: 2, 4, 6, 8, 10, 12, 14

kgV(7,2)=14

14: 14, 28, 42, 56, 70
5: 5, 10, 15, 20, 25, 30, 35, 40, 45, 50, 55, 60, 65, 70

kgV(14,5)=70

Das kgV von 70 und 3 berechnen wir über den ggT

70:3=69 Rest 1

3:1=3 Rest 0

ggT(70,3)=1.

Damit ist (siehe oben)

$$\text{kgV(70,3)}=\frac{70\cdot3}{1}=210\,.$$

Das kgV aller Nenner unserer Aufgabe ist also 210.

Auf diesen Nenner erweitern wir nun die einzelnen Brüche der Aufgabenstellung und addieren die durch die Erweiterung erhaltenen Zähler. Zum Schluss formen wir das Ergebnis in einen gemischten Bruch um:

$$\frac{3}{7}+\frac{3}{2}+\frac{2}{5}+\frac{1}{3}=\frac{3\cdot30}{7\cdot30}+\frac{3\cdot105}{2\cdot105}+\frac{2\cdot42}{5\cdot42}+\frac{1\cdot70}{3\cdot70}=\frac{559}{210}=2\frac{139}{210}$$

Was wir gestehen müssen, ist, dass Du einer derartigen Rechnung im wirklichen Leben wahrscheinlich nie begegnen wirst. Das wirkliche Leben können wir aber erst dann beschreiben, wenn wir die sogenannten Dezimalzahlen kennengelernt haben.

Kehrwert eines Bruches:

Der Kehrwert eines Bruches ergibt sich dadurch, dass man Zähler und Nenner vertauscht.

Beispiel:

Der Kehrwert des Bruches $\dfrac{7}{3}$ ist $\dfrac{3}{7}$.

Rechenvorschriften für das Rechnen mit Brüchen

Addition von Brüchen:

Gleichnamige Brüche werden addiert, indem man die Zähler addiert und den Nenner beibehält. Nicht gleichnamige Brüche machen wir zunächst gleichnamig, das heißt, wir erweitern die Brüche auf einen gemeinsamen Nenner. Als gemeinsamen Nenner wählen wir das kgV der ursprünglichen Nenner. Dann addieren wir die Zähler und behalten den gemeinsamen Nenner bei.

Subtraktion von Brüchen:

Die Subtraktion von Brüchen verläuft nach den gleichen Regeln wie die Addition. Zu beachten sind die Regeln über den Umgang mit negativen Vorzeichen.

Multiplikation von Brüchen:

Brüche werden miteinander multipliziert, indem Zähler mit Zähler und Nenner mit Nenner multipliziert werden. Ganze Zahlen können dabei als Brüche mit einem Nenner von 1 geschrieben werden.

Division von Brüchen:

Brüche werden dividiert, indem der Dividend mit dem Kehrwert des Divisors multiplizier wird. Damit ist die Division von Brüchen auf die Multiplikation von Brüchen zurückgeführt.

Rechenoperation	Ausführung der Operation
Addition	$$\frac{a}{c} + \frac{b}{c} = \frac{a+b}{c}$$
Subtraktion	$$\frac{a}{c} - \frac{b}{c} = \frac{a-b}{c}$$
Multiplikation	$$\frac{a}{c} \cdot \frac{b}{d} = \frac{a \cdot b}{c \cdot d}$$
Division	$$\frac{a}{c} : \frac{b}{d} = \frac{a}{c} \cdot \frac{d}{b} = \frac{a \cdot d}{c \cdot b}$$
Erweitern mit dem Faktor e	$$\frac{a}{b} = \frac{a \cdot e}{b \cdot e}$$
Kürzen mit dem Faktor k	$$\frac{a}{b} = \frac{\frac{a}{k}}{\frac{b}{k}} = \frac{a}{b} \cdot \frac{k}{k}$$

Rechenregeln für das Rechnen mit Brüchen

Dezimalzahlen

Im täglichen Leben wird die Schreibweise für Brüche, wie wir sie kennengelernt haben, so gut wie nicht benutzt. Du wirst Dich nun fragen, warum dann der ganze Aufwand mit der Bruchrechnung. Dieser Aufwand war nicht umsonst, bei dem, was wir nun besprechen, handelt es sich nämlich nicht um eine weiteren Zahlentyp, sondern nur um eine andere Darstellung einer Zahl, nämlich die Darstellung einer reellen Zahl als Dezimalzahl.

Bevor wir definieren können, was darunter verstanden wird, müssen wir noch einen kleinen Ausflug in die Welt der Potenzen machen. Wir beschränken uns dabei auf das im vorliegenden Zusammenhang Notwendige. Mehr über das Rechnen mit Potenzen erfahren wir im Kapitel „Das Rechnen mit Potenzen".

Was wir im vorliegenden Zusammenhang benötigen, sind sogenannte Zehnerpotenzen:

Zehnerpotenz:

Multipliziert man die Zahl 10 n-mal mit sich selbst, so erhält man die n-te Potenz von 10 und schreibt 10^n. Dabei steht n für eine natürliche Zahl.

Beispiele:

$10^4 = 10 \cdot 10 \cdot 10 \cdot 10 = 10.000$

$10^3 = 10 \cdot 10 \cdot 10 = 1.000$

$10^2 = 10 \cdot 10 = 100$

$10^1 = 10$

Diese Definition lässt sich auf ganze Zahlen erweitern, indem man festlegt:

$10^0 = 1$ für n=0

und

$10^{-n} = \dfrac{1}{10^n}$ für negative ganze Zahlen

Dezimaldarstellung:

Für die Dezimaldarstellung einer Zahl, genannt Dezimalzahl, verwenden wir das sogenannte Stellenwertsystem. Jede Dezimalzahl besteht aus dem Dezimalpunkt (wir sagen Punkt und schreiben Komma) gefolgt von Ziffern, die die Anzahl der Zehnerpotenzen mit negativen Hochzahlen angeben. Vor dem Dezimalpunkt (wir sagen Punkt und schreiben Komma), also links davon stehen die Ziffern, die die Anzahl der Zehnerpotenzen mit positiven Hochzahlen angeben. Oft wird statt des Dezimalpunktes auch ein Komma verwendet.

Beispiele:

1458.375

bedeutet

$$1 \cdot 10^4 + 4 \cdot 10^3 + 5 \cdot 10^2 + 8 \cdot 10^1 + 3 \cdot \dfrac{1}{10} + 7 \cdot \dfrac{1}{10^2} + 5 \cdot \dfrac{1}{10^3}.$$

0.375.

bedeutet

$$0 \cdot 10 + 3 \cdot \dfrac{1}{10} + 7 \cdot \dfrac{1}{10^2} + 5 \cdot \dfrac{1}{10^3}$$

In dem zweiten Beispiel handelt es sich um einen echten Bruch, im ersten um eine gemischte Zahl

Umwandlung eines Bruchs in eine Dezimalzahl:
Jeder Bruch lässt sich in eine Dezimalzahl umwandeln, indem man den Zähler durch den Nenner dividiert.

Die Division kannst Du natürlich ganz leicht mit dem Taschenrechner durchführen. Du kannst aber auch das schriftliche Divisionsverfahren anwenden. Siehe dazu im Kapitel „Schriftliches Rechnen mit Dezimalzahlen".

Bei bestimmten Brüchen ist die Umwandlung besonders einfach. Das sind die Brüche, die sich so erweitern lassen, dass der Nenner eine Zehnerpotenz wird. Wir machen zwei Beispiele.

$$\frac{1}{2}$$

lässt sich mit dem Erweiterungsfaktor 5 auf

$$\frac{5}{10}$$

erweitern. Die Dezimaldarstellung ist also

$$\frac{5}{10} = 0.5$$

$$\frac{3}{8}$$

lässt sich nicht auf Zehntel, auch nicht auf Hundertstel, aber auf Tausendstel erweitern und zwar mit dem Faktor 125:

$$\frac{3}{8} = \frac{125 \cdot 3}{125 \cdot 8} = \frac{375}{1000}$$

Der erweiterte Bruch lässt sich nun wie folgt schreiben:

$$\frac{375}{1000} = \frac{300}{1000} + \frac{70}{1000} + \frac{5}{1000} = \frac{3}{10} + \frac{7}{100} + \frac{5}{1000}$$

Im letzten Schritt haben wir, das wirst Du sicher erkannt haben, die Teilbrüche gekürzt und zwar um den Faktor 100, 10 und 1.

Damit haben wir

$$\frac{3}{8} = 0.375.$$

Schriftliches Rechnen mit Dezimalzahlen

Das Rechnen mit Dezimalzahlen ist ziemlich aus der Mode geraten. Wir müssen genauer sagen, das schriftliche Rechnen mit Dezimalzahlen ist aus der Mode geraten, nicht das Rechnen an sich. Ohne das kämen wir nämlich nicht zurecht in dieser Welt. Aber wir müssen unsere Köpfe nicht mehr anstrengen. Taschenrechner und Taschenrechnerfunktionen der Smartphones rechnen für uns. Es gibt Zeitgenossen, die die Meinung vertreten, dass das schriftliche Rechnen Zeitverschwendung ist. Wir sind hingegen der Ansicht, dass wenigstens die vier Grundrechenarten beherrscht werden sollten.

Nun gut, das ist unsere Ansicht. Und wir wollen deshalb im Folgenden die schriftliche Durchführung der vier Grundrechenarten durchgehen. Wir tun dies ohne große theoretische Erläuterungen und benutzen stattdessen viele praktische Beispiele. Tatsache ist allerdings, dass sich sämtliche Verfahren aus der Darstellung der Dezimalzahlen im Stellenwertsystem entwickeln lassen.

Addition:

Die zu addierenden Zahlen werden so untereinander geschrieben, dass die Stellen nach dem Stellenwertsystems übereinander stehen. Dann werden die Ziffern der einzelnen Stellen von rechts nach links fortschreitend addiert. Falls sich dabei ein Wert größer als neun ergibt, wird bei der nächsten Stellenwertaddition eine eins zusätzlich hinzuaddiert.

Diese Beschreibung ist zugegebenermaßen ohne Beispiele nicht ganz leicht zu verstehen. Bei den Beispielen verwenden wir eine sogenannte Stellenwerttafel, die zumindest am Anfang gute Hilfe leistet. Die Stellenwerttafel hat für jede Stelle eine Spalte. In den Beispielen beschränken wir uns auf 6 Stellen vor und auf 5 Stellen nach dem Dezimalpunkt. Die Spalten bezeichnen wir mit HT für Hunderttausend bzw. Hunderttausendstel, ZT für Zehntausend bzw. Zehntausendstel, T für Tausend bzw. Tausendstel, H für Hundert bzw. Hundertstel, Z für

41

Zehn bzw. Zehntel und E für Eins. Für den Überlauf (die Stellenwertaddition ist größer 9) führen wir eine extra Zeile ein, die wir mit Ü bezeichnen. Falls eine der Zahlen weniger Stellen (vor oder hinter dem Dezimalpunkt) hat, werden die fehlenden Stellen mit nullen aufgefüllt

Beispiele:

1.6791+27.567=?

	HT	ZT	T	H	Z	E	Z	H	T	ZT	HT
					0	1	6	7	9	1	
+					2	7	5	6	7	0	
Ü					1	1	1				
=					2	9	2	4	6	1	

0.2345+33.09876=?

	HT	ZT	T	H	Z	E	Z	H	T	ZT	HT
					0	2	3	4	5	0	0
+					3	3	0	9	8	7	6
Ü						1	1				
=					3	5	4	4	3	7	6

Subtraktion:

Die zu subtrahierenden Zahlen werden so untereinander geschrieben, dass die Stellen nach dem Stellenwertsystems übereinander stehen. Dann werden die Ziffern der einzelnen Stellen von rechts nach links fortschreitend subtrahiert. Falls der Minuend größer ist als der Subtrahend, wird der Minuend um 10 erhöht gedacht, die Stellenwertsubtraktion durchgeführt und bei der nächsten Stellenwertsubtraktion zusätzlich abgezogen.

Auch in diesem Fall gilt, dass das Verfahren am einfachsten mit Beispielen erklärt werten kann. Auch hier hilft wieder die Stellenwerttafel.

Beispiele:

27.567-1,6791=?

	HAT	ZT	T	H	Z	E	Z	H	T	ZT	HT
					2	7	5	6	7	0	
-						1	6	7	9	1	
Ü						1	1	1	1		
=					2	5	8	8	7	9	

33.09876-0,2345=?

	HT	ZT	T	H	Z	E	Z	H	T	ZT	HT
					3	3	0	9	8	7	6
-						0	2	3	4	5	
Ü											
=					3	3	0	7	5	3	1

Multiplikation:

Wir beschränken uns zunächst auf die Multiplikation zweier ganzer Zahlen. Siehe aber unten.

Der erste Faktor wird mit der rechten Ziffer beginnend, mit der ersten Ziffer des zweiten Faktors multipliziert. Entsteht bei dieser Multiplikation eine Zahl größer als 9, so wird die erreichte Zehnerzahl bei der nächsten Ziffer als Überlauf hinzuaddiert. Die Ergebnisse der Multiplikation mit den weiteren Ziffern des zweiten Faktors, werden jeweils um eine Stelle nach rechts verschoben unter das vorhergehende Ergebnis geschrieben. Nachdem mit allen Ziffern des zweiten Faktors so verfahren wurde, werden die Ergebnisse addiert.

Multiplikation Fortsetzung:

Falls die zu multiplizierenden Zahlen über Dezimalstellen verfügen, werden beide Zahlen mit 10^m multipliziert. Dabei ist m das Maximum der Nachkommastellen beider Zahlen. Dies entspricht einer Verschiebung des Kommas um m Positionen nach rechts. Dabei werden gegebenenfalls nicht mit Ziffern besetzte Stellen mit Nullen aufgefüllt. Danach werden die beiden entstandenen kommalosen Zahlen nach dem obigen Verfahren multipliziert.

Zu guter Letzt wird das Ergebnis durch $10^{2 \cdot m}$ dividiert, das Komma also so gesetzt, dass $2 \cdot m$ Nachkommastellen entstehen.

Wir geben zu, aufgrund dieser Beschreibung Dezimalzahlen zu multiplizieren, ist wahrscheinlich ziemlich schwierig. Es geht sicher nicht ohne Beispiele und Sicherheit gewinnst Du sicher erst nach vielen Übungen. An dieser Stelle stellt sich erneut die Frage, ob sich dieser Aufwand überhaupt lohnt, wo doch schon billigste Taschenrechner und jedes Smartphone diese Arbeit ohne Not und ohne Fehler verrichten kann. Unsere Meinung dazu, die haben wir schon geäußert. Wir bringen also ein paar Beispiele.

Beispiele:

253·7=?

	Operation	Zwischenergebnis/Ergebnis
253	· 7	1771
3	· 7	2<u>1</u>
5 Überlauf 2	· 7+2	3<u>7</u>
2 Überlauf 3	· 7+3	1<u>7</u>
Überlauf 1	+1	<u>1</u>

27567·16791=?

	Operation	Zwischenergebnis/Ergebnis
27567	· 16791	
27567	· 1	27567
7	· 6	4<u>2</u>
6 Überlauf 4	· 6+4	4<u>0</u>
5 Überlauf 4	· 6+4	3<u>4</u>
7 Überlauf 3	· 6+3	4<u>5</u>
2 Überlauf 4	· 6+4	1<u>6</u>
Überlauf 1	+1	<u>1</u>
		165402
7	· 7	4<u>9</u>
6 Überlauf 4	· 7+4	4<u>6</u>
5 Überlauf 4	· 7+4	3<u>9</u>
7 Überlauf 3	· 7+3	5<u>2</u>
2 Überlauf 5	· 7+5	1<u>9</u>
Überlauf 1	+1	<u>1</u>
		0122969
7	· 9	6<u>3</u>
6 Überlauf 6	· 9+6	6<u>0</u>
5 Überlauf 6	· 9+6	5<u>1</u>
7 Überlauf 5	· 9+5	6<u>8</u>
2 Überlauf 6	· 9+6	2<u>4</u>
Überlauf 2	+2	<u>2</u>
		00248103
27567	· 1	000027567
		462877497

27,567·1,6791=?

Die meisten Nachkommastellen hat mit m=4 der zweite Faktor. Wir multiplizieren also beide Faktoren mit 4 und erhalten

275670·16791=?

Im Unterschied zur obigen Aufgabe müssen wir also noch einen Schritt anfügen und zwar die letzte Ziffer des ersten Faktors mit 16791 multiplizieren. Da die letzte Ziffer der ersten Zahl 0 ist, ergibt sich 0. Wir müssen also an das obige Ergebnis noch eine 0 anhängen. Es ist dann

275670·16791=4628774970.

Nun müssen wir noch durch 10^8 dividieren, also das Komma so setzen, dass 8 Nachkommastellen entstehen. Im Ergebnis ist

27,567·1,6791=46,28774970.

Division:

Wir beschränken uns zunächst auf die Division zweier ganzer Zahlen (siehe aber unten) und unterscheiden:

Disisor (zweite Zahl) ist kleiner als der Divident (erste Zahl):

Es wird der kürzeste Abschnitt des Dividenden gesucht (Anzahl Ziffern von links beginnend), in dem der Divisor enthalten ist. Es wird notiert, wie oft der Divisor in der Zahl, die dem Abschnitt entspricht, enthalten ist. Dies ist die erste Ziffer des gesuchten Ergebnisses. Mit dieser wird der Divisor multipliziert und das Ergebnis von dem Abschnitt subtrahiert. An das Ergebnis der Subtraktion wird die nächste Ziffer des Dividenden angehängt. Mit diesem neuen Abschnitt wird entsprechend verfahren. Falls alle Ziffern des Dividenden aufgebraucht sind, wird ein Komma gesetzt. Das Ergebnis der Subtraktionen wird stets um 0 ergänzt. Das Verfahren bricht ab, wenn das Ergebnis der Subtraktion 0 ist.

Der Disisor (zweite Zahl) ist größer als der Divident (erste Zahl):

Es wird mit 0, begonnen und so lange Nullen als Nachkommastellen notiert, bis der Divisor in dem Zahlenabschnitt enthalten ist.

Division Fortsetzung:

Falls die zu teilenden Zahlen über Dezimalstellen verfügen, werden beide Zahlen mit 10^m multipliziert. Dabei ist m die Anzahl der Nachkommastellen des Divisors. Dann wird das obige Verfahren angewendet. Falls das Komma des Dividenden erreicht ist, wird im Ergebnis ein Komma gesetzt.

Es ist auch hier wieder klar. Anhand dieser Beschreibung wirst Du nicht sicher und fehlerfrei dividieren können. Beispiel und Übung ist das Zauberwort. Wir wollen uns nicht wiederholen mit der Taschenrechnerleier.

Beispiele:

27567:16791=?

		Operation	Zwischenergebnis/Ergebnis
	27567	: 16791	=<u>1,</u>
-	16791	· 16791	1
=	10776		
	107760	:16791	<u>6</u>
-	100746	·16791	6
=	7014		
	70140	:16791	<u>4</u>
-	67164	·16791	4
=	2976		
	29760	:16791	<u>1</u>
-	16791	·16791	1
=	12969		
	129690	:16791	<u>7</u>
-	117537	·16791	7
=	12153		
	121530	:16791	<u>7</u>
-	117537	·16791	7
=	3993		
	39930	:16791	<u>2</u>
-	33582	·16791	2
=	6348		

Damit ist 27567:16791=1,641772….

Die Division ist damit trivialerweise noch nicht abgeschlossen. Wir wissen, entweder hat die resultierende Dezimalzahl endlich viele Nachkommastellen, unendlich viele periodische oder unendlich viele nicht periodische Nachkommastellen. Im ersten Fall bricht die Rechnung dadurch ab, dass die (letzte) Subtraktion zu 0 führt.

27567:16,791=?

Wir multiplizieren beide Zahlen mit 10^3. Das bedeutet nichts anderes, als eine Erweiterung des Bruchs 27567:16,791 mit 10^3. Da sich der Wert des Bruches dadurch nicht ändert, können wir also genauso gut

27567000:16791

berechnen.

Wir erhalten also

27567000:16791=1641,772.....

Das Rechnen mit Klammern

Rechnen mit Klammern? Was kann das denn bedeuten, wirst Du mit Recht fragen. Mit Buchstaben rechnen haben wir schon gelernt, aber mit Klammern? Eigentlich heißt es ja auch nicht „mit Klammern rechnen", sondern Klammerrechnung, soll heißen, wie musst Du vorgehen, wenn Klammern in Deiner Gleichung oder dem Ausdruck, den Du berechnen willst, vorkommen und was sollen überhaupt Klammern?

Im Zusammenhang mit unserer Rechenregel 1 „Punkt vor Strich" hatten wir auf ein Problem aufmerksam gemacht, das sich im Zusammenhang mit der Multiplikation und der Division ergibt. Es war nicht klar geworden, ob „:" vor „·" oder „·" vor „:" gilt.

Wir vergegenwärtigen uns noch einmal das Problem anhand der beiden folgenden Beispiele:

$150:5 \cdot 3 = ?$

$20 \cdot 6:2 = ?$

Würde „Dividieren vor Multiplizieren" gelten, erhieltest Du im ersten Beispiel

$150:5 \cdot 3 = 30 \cdot 3 = 90$

und im zweiten Beispiel

$20 \cdot 6:2 = 20 \cdot 3 = 60.$

Würde hingegen „Multiplizieren vor Dividieren" gelten, so wäre das Ergebnis

$150:5 \cdot 3 = 150:15 = 10$

bzw.

$20 \cdot 6:2 = 120:2 = 60.$

Durch Setzen einer Klammer kannst Du aber ganz einfach verlangen, was Du haben willst, also

$(150:5) \cdot 3 = 90$

$20 \cdot (6:2) = 60$

oder eben

$150: (5 \cdot 3) = 10$

$(20 \cdot 6):2 = 60$

Es muss nur verlangt werden, dass das, was innerhalb der Klammer steht, zuerst bzw. unabhängig von dem Rest ausgerechnet wird.

Insgesamt ergibt sich folgende „Hierarchie" der Abarbeitung.

Rechenregel:

In einer Gleichung oder in einem mathematischen Ausdruck gilt für die Abarbeitung der Rechenschritte die nachstehende Reihenfolge:
o   Klammern
o   Potenzen
o   Punkt
o   Strich

Hinweis:

Wir haben das Rechnen mit Potenzen schon mal mit aufgeführt, wenn wir uns auch erst im Kapitel „Das Rechnen mit Potenzen" mit diesem Thema beschäftigen.

Wir sind mit der Klammerrechnung aber noch nicht fertig. In manchen Situationen ist es für die weiteren Rechenschritte vorteilhaft, wenn man Klammern auflöst oder aber auch die Komplexität der Rechenschritte innerhalb der Klammer reduziert. Grundlage dabei sind die folgenden Regeln:

Auflösung von Klammern:

$a+(b+c)=a+b+c$

$a+(b-c)=a+b-c$

$a-(b+c)=a-b-c$

$a-(b-c)=a-b+c$

Merke:

Bei einem Minuszeichen vor der Klammer werden bei der Auflösung der Klammer Pluszeichen zu Minuszeichen und Minuszeichen zu Pluszeichen.

Beispiele:

Wir rechnen jedes Beispiel nach den gerade aufgestellten Regeln (Auflösung von Klammern) und nach der Klammerregel (Klammern vor allen Rechenoperationen)

Auflösung der Klammern:

$5+(7-4)=5+7-4=12-4=8$

$27-(15+5)=27-15-5=12-5=7$

$18+(23-21)=18+23-21=41-21=20$

Klammern vor allen Rechenoperationen:

$5+(7-4)=5+3=8$

$27-(15+5)=27-20=7$

$18+(23-21)=18+2=20$

Wichtig im Zusammenhang mit dem Rechnen mit Klammern ist das sogenannte Distributivgesetz:

Distributivgesetz:

a·(b+c)=a·b+a·c

a·(b-c)=a·b-a·c

Eine Summe bzw. Differenz wird mit einem Faktor multipliziert, indem man jeden Summanden bzw. Minuend und Subtrahend mit diesem Faktor multipliziert und die Produktwerte addiert bzw. subtrahiert.

Beispiele:

5·(5+2)=25+10=5·7=35

10·(50-45)=500-450=10·5=50

An den Beispielen erkennst Du, dass die Klammerregel – Klammer vor allen anderen Rechenoperationen – am schnellsten zum Ergebnis führt. Wir werden aber noch sehen, dass es bei komplizierteren Rechnungen mit Stellvertretern oftmals vorteilhaft ist, die beiden Distributivgesetze anzuwenden.

Eine Erweiterung der obigen Rechenregel ist

Rechenregel:

(a+b)·(c+d)=a·c+b·c+a·d+b·d

(a-b)·(c-d)=a·c-b·c-a·d+b·d

(a+b)·(c-d)=a·c+b·c-a·d-b·d

(a-b)·(c+d)=a·c-b·c+a·d-b·d

In Worten:

Eine Summe wird mit einer Summe multipliziert, indem man jeden Summanden der einen Summe mit jedem Summanden der anderen Summe multipliziert und die entstehenden Produkte addiert. Dies gilt analog für die Multiplikationen von Differenzen und die Multiplikation von Summen mit Differenzen.

54

Lineare Gleichungen mit einer Unbekannten

Eine der bekanntesten Platzhalterinnen für eine Zahl ist x, die Unbekannte. Immer dann, wenn eine Zahl als Ergebnis einer Rechnung gesucht wird, muss sie herhalten als unbekannte Platzhalterin. Du kannst natürlich jeden anderen Buchstaben für die gesuchte unbekannte Zahl verwenden. Aber x hat sich nun einmal eingebürgert. Jedenfalls gilt das, solange nur eine Unbekannte im Spiel ist. Wir machen ein ganz einfaches Beispiel:

Wir wollen Brötchen kaufen, 10 Stück. Wir wissen, dass ein Brötchen 40 Cent kostet und fragen uns, wie viel Geld wir einstecken müssen, um die 10 Brötchen bezahlen zu können. Den gesuchten Betrag nennen wir x, also ist

$x=10 \cdot 40$ Cent$=400$ Cent$=4$ Euro.

Vier Euro musst Du also einstecken, um die 10 Brötchen bezahlen zu können.

Bevor wir etwas genauer definieren, was wir unter einer Gleichung verstehen wollen, benötigen wir noch die Definition des mathematischen Terms.

Mathematischer Term:

Unter einem Term verstehen wir einen Ausdruck, in dem Zahlen, Variablen und Klammern durch Rechenoperationen miteinander verknüpft werden.

Beispiele:

$27+(a+3)$

$5 \cdot (8+12)$

$x+a \cdot (b+3)$

$$\frac{a}{5} \cdot 10$$

Gleichung:

Eine Gleichung besteht aus Termen und einem Gleichheitszeichen. Von den links und rechts des Gleichheitszeichen stehenden Termen gilt Gleichheit bzw. wird Gleichheit verlangt.

Beispiel:

$2 \cdot a = b + c$

Im Mathematikunterricht werden häufig Textaufgaben gestellt. Die Aufgabe muss dabei in eine lineare Gleichung übersetzt und diese dann gelöst werden.

Beispiel:

Die Frage lautet, welche drei aufeinanderfolgenden Zahlen haben die Summe 96?

Übersetzung in eine Gleichung: Wir nennen die erste der Zahlen x. Die erste darauf folgende ist dann x+1 und die zweite darauf folgende x+2. Zusammen sollen die 96 ergeben, also soll

$x+(x+1)+(x+2)=96$

gelten.

Mit den Regeln, die wir kennengelernt haben, ergibt sich

$x+x+1+x+2=3 \cdot x+3=96,$

$3 \cdot x = 93$

und schließlich

$$x = \frac{93}{3} = 31.$$

Damit ist 31 die gesuchte Zahl. Du kannst Dich leicht davon überzeugen, dass diese Lösung richtig ist. Es ist nämlich 31+32+33=96.

Um die Unbekannte, die in einer linearen Gleichung mit einer Unbekannten vorkommt, berechnen zu können, muss die Gleichung in den meisten Fällen umgestellt werden. Ziel ist es dabei, die Unbekannte – wir bleiben bei x –auf einer Seite der Gleichung, also links oder rechts vom Gleichheitszeichen alleine stehen zu haben. Genau dann kennt man das gesuchte Ergebnis. Die Gleichung ist gelöst. Das Umstellen der Gleichung wird erreicht durch Rechenoperationen, die man auf die Gleichung anwendet. Die Gleichung – deshalb die Bezeichnung Gleichung – bleibt aber nur dann gültig, wenn alle Operationen auf den linken und rechten Teil der Gleichung angewendet werden. Eine Gleichung verhält sich wie eine Waage. Eine Änderung auf der linken Seite muss dieselbe Änderung auf der rechten Seite folgen, wenn die Waage im Gleichgewicht bleiben soll. Das gilt nicht für Zusammenfassungen von Zahlen und Variablen auf einer Seite der Gleichung, solange am Wert der Seite nichts geändert wird.

Lineare Gleichungen mit einer Unbekannten lösen:

Um eine lineare Gleichung mit einer Unbekannten zu lösen, ist es in den meisten Fällen nötig, die Gleichung zu vereinfachen oder umzustellen. Dies kann durch Zusammenfassung von Zahlen, Variablen und Termen, durch Addition, Subtraktion von Zahlen, Variablen und Termen auf beiden Seiten der Gleichung erfolgen sowie dadurch, dass beide Seiten der Gleichung mit einer Zahl, einer Variablen oder einem Term multipliziert oder durch eine Zahl, eine Variable oder einen Term dividiert werden.

Beispiele:

Wir zeigen die Vorgehensweise mithilfe einer dreispaltigen Tabelle. In der ersten Spalte notieren wir die Ausgangsgleichung bzw. die Zwischenergebnisse, in der zweiten die Rechenoperation, die wir durchführen und in der dritten Spalte führen wir die Operation aus. Unterhalb der Tabelle erläutern wir die einzelnen Schritte in Worten.

$20+5\cdot x=30$	-20	$20+5\cdot x-20=30-20$
$5\cdot x=10$	$:5$	$5\cdot x:5=10:5$
$x=2$		

1) Wir subtrahieren auf beiden Seiten der Gleichung 20
2) Wir dividieren beide Seiten der Gleichung durch 5
3) Das Ergebnis ist 2

$100-10\cdot x=0$	$10\cdot x$	$100-10\cdot x+10\cdot x=0+10\cdot x$
$100=10\cdot x$	$:10$	$100:10=10\cdot x:10$
$10=x$		

1) Wir addieren auf beiden Seiten der Gleichung $10\cdot x$
2) Wir dividieren beide Seiten der Gleichung durch 10
3) Das Ergebnis ist $x=10$

$x-2\cdot a=2\cdot b$	$+2\cdot a$	$x-2\cdot a+2\cdot a=2\cdot a+2\cdot b$
$x=2\cdot a+2\cdot b$	$2\cdot()$	$x=2\cdot(a+b)$
$x=2\cdot(a+b)$		

1) Wir addieren $2\cdot a$ auf beiden Seiten der Gleichung
2) Wir vereinfachen den Term auf der rechten Seite und bilden eine Klammer mit dem Faktor 2 vor der Klammer. Dadurch verändern wir nicht den Wert der rechten Seite der Gleichung
3) Das Ergebnis ist $x=2\cdot(a+b)$

Hinweis:

Im letzten Beispiel sind a und b Variablen. Sie sind unabhängig von x und fungieren, wie wir gelernt haben, als Platzhalter für Zahlen. Im konkreten Fall könnten a und b die Seiten eines Rechtecks sein und die gesuchte Lösung der Gleichung der Umfang U des Rechtecks. Wir beschäftigen uns später noch mit geometrischen Figuren. Hier geht es uns ausschließlich darum, die Bedeutung der Buchstaben in der Gleichung zu verstehen, die nicht die gesuchte Größe repräsentieren.

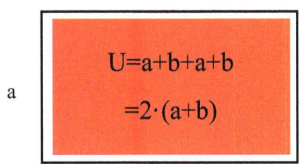

a

b

x-2=5·x-10+20	-10+20	x-2=5·x+10
x-2=5·x+10	+2	x-2+2=5·x+10+2
x=5·x+12	-x	x-x=5·x-x+12
0=4·x+12	-12	0-12=4·x+12-12
-12=4·x	:4	-12:4=4·x:4
-3=x		

1) Wir fassen auf der rechten Seite der Gleichung die Zahlen -10 und 20 zusammen. Dadurch verändern wir den Wert der rechten Seite nicht. Wir müssen deshalb auf der linken Seite keine Operation durchführen.

2) Wir addieren auf beiden Seiten der Gleichung die Zahl 2.

3) Wir subtrahieren auf beiden Seiten der Gleichung die Unbekannte x.

4) Wir subtrahieren auf beiden Seiten der Gleichung die Zahl 12.

5) Wir dividieren beide Seiten der Gleichung durch die Zahl 4.

6) Das Ergebnis ist x=-3.

x:10=5·x-39-x	5·x-x	x:10=4·x-39
x:10=4·x-39	·10	x:10·10=4·x·10-39·10
x=40·x-390	-x	0=40·x-x-390
0=39·x-390	+390	0+390=39·x-390+390
390=39·x	:39	390:39=39·x:39
10=x		

1) Wir fassen auf der rechten Seite der Gleichung 5·x und -x zusammen. Dadurch ändern wir an dem Wert der rechten Seite der Gleichung nichts. Wir brauchen deshalb auf der linken Seite der Gleichung nichts zu unternehmen.
2) Wir multiplizieren beide Seiten der Gleichung mit 10.
3) Wir subtrahieren auf beiden Seiten der Gleichung x.
4) Wir addieren auf beiden Seiten der Gleichung 390.
5) Wir dividieren beide Seiten der Gleichung durch 39.
6) Wir erhalten das Ergebnis x=10.

Wir schließen das Kapitel ab, indem wir die allgemeine Form einer linearen Gleichung mit einer Unbekannten darstellen.

Lineare Gleichung mit einer Unbekannten:

Eine lineare Gleichung mit einer Unbekannten hat die allgemeine Form

$a \cdot x + b = 0$.

Dabei sind $a \neq 0$ und b Platzhalter für eine reelle Zahlen. Damit ist

$$x = -\frac{b}{a}$$

die Lösung der Gleichung.

Du musst also eine gegebene lineare Gleichung, die noch nicht die angegebene Form hat, umformen, auf diese Standardform bringen und schon hast Du die Lösung. Genau das haben wir natürlich auch bei den Beispielen gemacht, die wir vorgestellt haben. Wir stellen die Gleichungen unserer Beispiele nun abschließend in der Standardform zusammen.

Ausgangsform	Standardform	Lösung
20+5·x=30	5·x-10=0	x=-b:a=10:5=2
100-10·x=0	10·x-100=0	x=-b:a=100:10=10
x-2=5·x-10+20	4·x+12=0	x=-12:4=-3
x:10=5·x-39-x	x·(-39:10))+39=0	x=39:(39:10)=10

Funktionen

Wir sprechen in diesem Kapitel über einfache mathematische Funktionen. Und zwar beschränken wir uns zunächst auf lineare Funktionen. Aber erst einmal zum Begriff der Funktion.

Funktion:

Eine Funktion ordnet jeder Zahl x genau eine Zahl y=f(x) zu, die in bestimmter Weise von x abhängt. Diese Abhängigkeit symbolisiert die Schreibweise f(x), gesprochen „f von x", also „Funktion von x". x heißt unabhängige Variable, auch Funktionsargument, f(x) Funktionswert und y=f(x) abhängige Variable. Wenn man die Rechenvorschrift, die die Funktion ausmacht auf das Argument x anwendet, erhält man den Funktionswert f(x), das heißt, den Wert der abhängigen Variable in Abhängigkeit vom Argument x.

Hinweis:

Die Bezeichnungen x und y für die abhängige bzw. unabhängige Variable haben sich so eingebürgert. Es können natürlich auch andere Buchstaben verwendet werden. Klar muss nur sein, dass es sich um den Platzhalter für die abhängige bzw. unabhängige Variable handelt.

Wie schon bemerkt, beschränken wir uns in diesem Kapitel auf sogenannte lineare Funktion mit reellen Argumenten.

Lineare Funktion:

Die allgemeine Form einer linearen Funktion lautet

$f(x)=a \cdot x+b$.

Die Buchstaben a und b sind Platzhalter für reelle Zahlen. Sie werden auch Koeffizienten genannt. Falls a=0 ist, ergibt sich die Funktion $f(x)=b$. Die Funktion ist damit unabhängig von x. Der Funktionswert ist für alle x gleich b. Die Funktion heißt dann auch konstant. Mit b=0 heißt die Funktion rein linear.

Der Verlauf einer Funktion, also der Verlauf von y in Abhängigkeit von der unabhängigen Variablen x lässt sich sehr schön grafisch darstellen. Dazu benötigen wir ein Koordinatensystem. Auch hier wollen wir uns wieder auf einen Sonderfall beschränken und zwar auf rechtwinklige, auch kartesische Koordinaten (kartesisch abgeleitet aus dem Namen des französischen Mathematikers René Descartes, der diese Form der Darstellung einer Funktion eingeführt hat).

Rechtwinkliges Koordinatensystem:

Ein rechtwinkliges Koordinatensystem besteht aus zwei senkrecht aufeinander stehenden Geraden. Diese werden Achsen genannt. Die waagerechte Achse wird als x-Achse, auch Abszissenachse, die vertikale als y-Achse, auch Ordinatenachse, bezeichnet. Die Achsen werden jeweils in gleiche Abschnitte eingeteilt. Diese stehen für die x- und y-Werte. Im Schnittpunkt der Achsen wird sowohl für x als auch für y der Wert 0 angenommen. Von diesem sogenannten Ursprung ausgehend werden die positiven x-Werte nach rechts und die negativen Wert nach links eingetragen, die positiven y-Werte nach oben und die negativen y-Werte nach unten.

Das war nun sehr viel Text. Klarer wird die Situation durch ein Beispiel.

Beispiele:

Wir wählen als Beispiel die Funktion

y=f(x)=a·x+b

Mit a=0.5 und b=0 ergibt sich dann die folgende Abbildung, falls man x von 0 bis 10 „laufen" lässt.

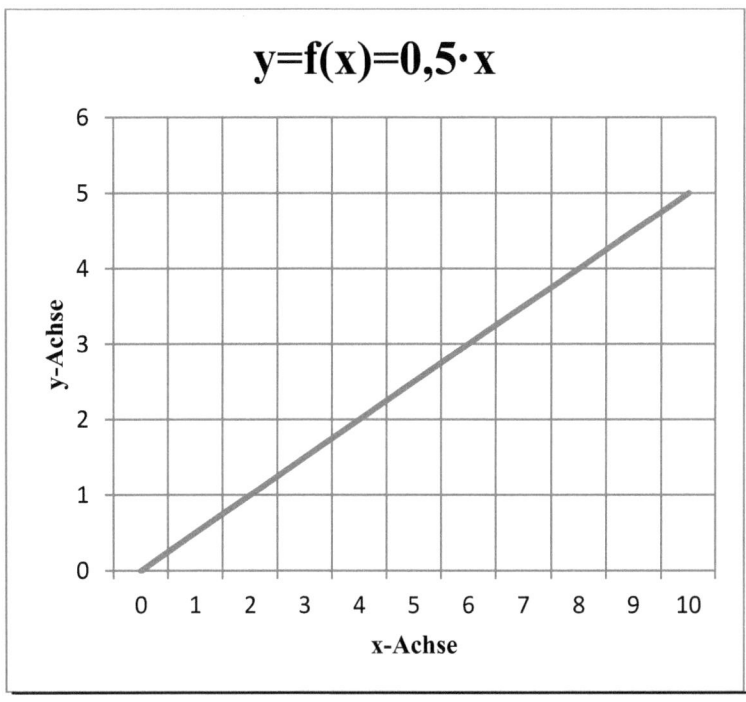

Als zweites Beispiel wählen wir

y=f(x)=a·x+b

mit a=0.5 und b=2. In diesem Fall variieren wir x von -5 bis +5. Den Grund dafür wirst Du gleich durchschauen.

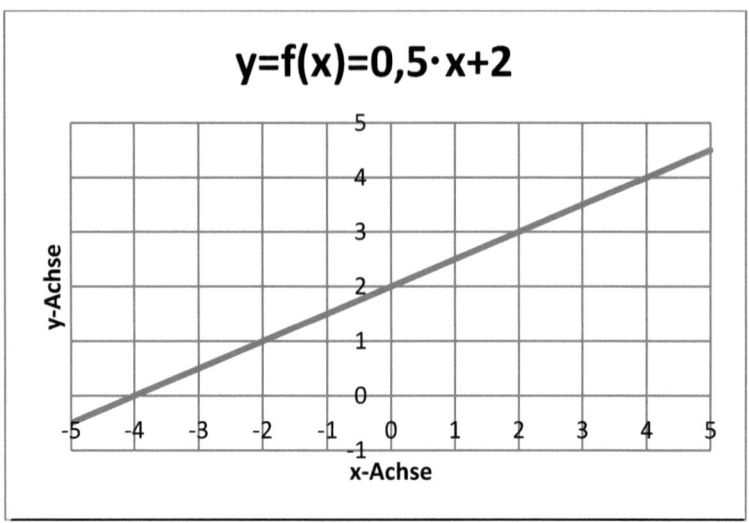

Die Form der Funktion erinnert Dich sicher sofort an die Standardform der linearen Gleichung mit einer Unbekannten mit

$a \cdot x + b = 0$

Damit liegst Du absolut richtig. Eigentlich sind es zwei Seiten einer Medaille. Wenn wir uns nämlich fragen, bei welchem Wert von x die Funktion den Wert y=f(x)=0 annimmt, dann fragen wir nach nichts anderem als nach der Lösung der Gleichung. Was bedeutet aber y=0? y=0 bedeutet, dass die dargestellte Funktion die x-Achse schneidet. Man sagt auch, es ist die Nullstelle der Funktion. In unserem ersten Beispielfall liegt diese bei x=0 und im zweiten bei x=-4. Dies war im Übrigen auch der Grund dafür, dass wir die x-Achse von -5 bis +5 gezeichnet haben.

Wir kommen noch einmal zurück auf den Zusammenhang zwischen der linearen Gleichung mit einer Unbekannten und ihrer allgemeinen Form

$0 = a \cdot x + b$

und der linearen Funktion in der Form

66

y=a·x+b.

Wenn wir uns noch einmal die Darstellung der Funktionen, wir sagen auch, den Graphen der Funktionen in Erinnerung rufen, dann handelt es sich, zumindest in den beiden Beispielfällen, um Geraden. Sie lassen sich deuten als Menge der Zahlenpaare (x;y) mit (x;ax+b) oder Punkte im Koordinatensystem mit der Abszisse (Achsenabschnitt auf der x-Achse) x und der Ordinate (Achsenabschnitt auf der y-Achse) y=ax+b. Wir schreiben auch P(x;y)=P(x;ax+b) für den Punkt mit der Abszisse x und der Ordinate y. Es ist nun ganz einfach: Das Zahlenpaar (x;0) bzw. der Punkt P(x;0) im Koordinatensystem entspricht der Lösung der Gleichung. Es ist der Punkt, in dem die Gerade die x-Achse schneidet, also y=0 ist.

Die durch die Funktion

$$y = a \cdot x + b$$

definierte Gerade hat in Abhängigkeit von den Parametern a und b folgende Eigenschaften:

a=0:

y=b: Die Gerade verläuft im Abstand b parallel zur x-Achse, bei positivem b oberhalb der Achse, bei negativem b unterhalb der x-Achse. Im Falle b=0 fällt die Gerade mit der x-Achse zusammen.

$a \neq 0$ und b=0:

y=a·x: Die Gerade verläuft schräg ansteigend (a positiv) oder absteigend (a negativ) in Relation zur x-Achse. Die Gerade verläuft durch den Ursprung (P(0;0)). Die absolute Größe von a bestimmt die Steigung der Geraden. Beispielsweise verläuft für a=1 die Gerade für jede weitere Einheit x eine weitere Einheit y nach oben. Bei a=2 verläuft die Gerade doppelt so steil. In der Mathematik nennt man eine derartige Analyse des Funktionsverlaufs „Kurvendiskussion", gewöhnlich ein Thema für die Oberstufe.

$a \neq 0$ und $b \neq 0$:

y=a·x+b: In dieser allgemeinen Form verläuft die Gerade mit der Steigung a nicht durch den Ursprung sondern kreuzt die y-Achse in einem Abstand b von der x-Achse. Man spricht vom y-Achsenabschnitt. Dieser kann wieder positiv oder negativ sein. Bei positivem Achsenabschnitt schneidet die Gerade die x-Achse im negativen Bereich, das heißt die Nullstelle hat einen negativen Wert. Bei negativem y-Achsenabschnitt hat die Nullstelle einen positiven Wert.

Damit Du Dir das alles besser merken kannst, stellen wir nun noch einige Beispiele linearer Funktion in einem Diagramm grafisch dar:

$y = 2 \cdot x + 5$

$y = 2 \cdot x$

$y = 2 \cdot x - 5$

$y = -2 \cdot x + 5$

$y = -2 \cdot x$

$y = -2 \cdot x - 5$

$y = 3 \cdot x$

$y = -3 \cdot x$

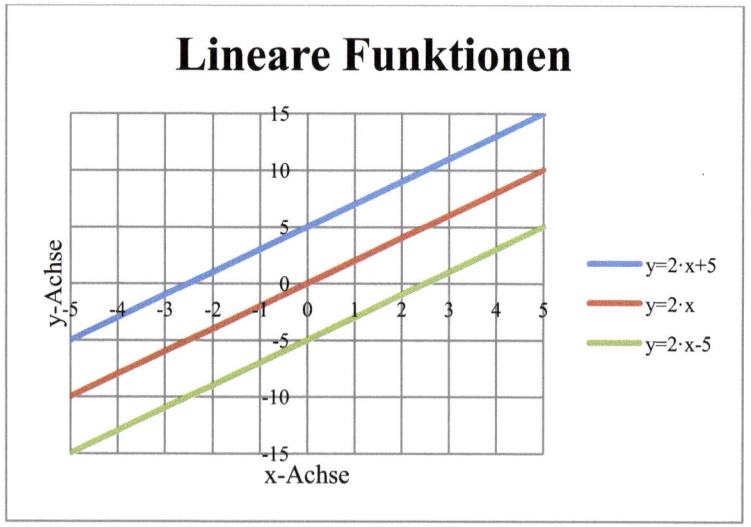

68

Lineare Funktionen

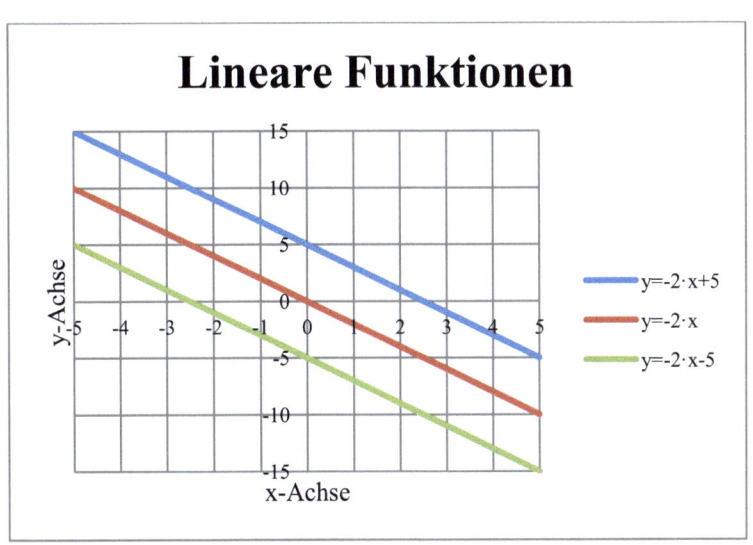

Lineare Funktionen

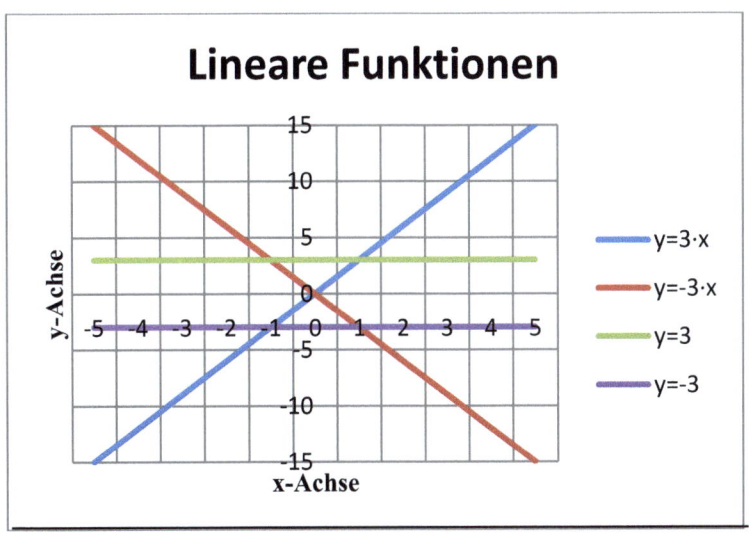

Da wir in einem späteren Kapitel die Umkehrfunktion einer Funktion benötigen, gehen wir an dieser Stelle kurz auf das Thema Umkehrfunktion ein.

Umkehrfunktion:

Die Umkehrfunktion g einer Funktion f ist die Funktion, die auf Funktionswerte von f, also f(x), angewandt, wieder den Ausgangswert x ergibt. Es ist also

$$g(f(x)) = x.$$

Das sieht und hört sich schlimmer an als es ist. Bei Wikipedia haben wir dazu folgende Abbildung gefunden, die das Prinzip anschaulich erklärt. Gehst Du mit 1 in die erste Abbildung, so landest Du bei 3. Gehst Du dann mit 3 in die zweite, also die Umkehrabbildung, landest Du wieder bei 1.

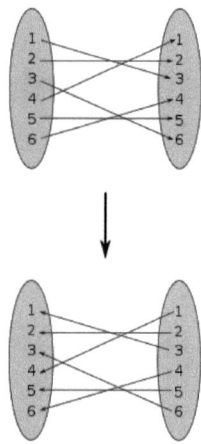

Wir machen noch ein einfaches Beispiel. Sei

$$y = f(x) = a + b \cdot x$$

die Ausgangsfunktion, dann ist

$$x = g(y) = \frac{y-a}{b}$$

die Umkehrfunktion. Wir rechnen nach

$$g(f(x)) = g(y) = g(a + b \cdot x) = \frac{a + b \cdot x - a}{b} = x$$

Nicht für jede Funktion f existiert allerdings eine Umkehrfunktion. Es würde zu weit führen, wenn wir dies an dieser Stelle weiter ausführen wollten. Aber nur ein Beispiel dazu: Für die konstante Funktion

$$y = f(x) = a$$

ist keine Umkehrfunktion definiert. Welchen Wert sollte man dem Argument a auch zuordnen, da doch alle x-Werte zu a führen. Um es kurz zu machen.

Injektive und bijektive Funktionen:

Wenn für ein Funktion f aus

$$x_1 \neq x_2 \Rightarrow f(x_1) \neq f(x_2)$$

folgt, dann besitzt sie eine Umkehrfunktion, die auf der Bildmenge von f definiert ist. Man nennt solche Funktionen auch injektiv. Die Umkehrfunktion wird oft auch als

$$f^{-1}$$

geschrieben, also

$$f^{-1}(f(x)) = x \cdot$$

Stimmt die Bildmenge der Ausgangsfunktion f mit der Zielmenge überein, so heißt die Funktion surjektiv.

Eine injektive und surjektive Funktion heißt bijektiv. Bijektive Funktionen besitzen eine Umkehrfunktion, die auf der Zielmenge der Ausgangsfunktion definiert ist.

Dreisatz

Die Bezeichnung „Dreisatz" ist immerhin Bestandteil des Untertitels dieses Büchleins. Wir kommen also nicht daran vorbei, uns damit zu beschäftigen. Der Dreisatz ist kein mathematischer Satz, wie man aus der Bezeichnung ableiten könnte. Vielmehr handelt es sich beim Dreisatz um ein mathematisches Verfahren, das aus drei gegebenen Werten eines Verhältnisses den unbekannten vierten Wert berechnet, ein Lösungsverfahren also für Proportionalitätsaufgaben. Er wird insbesondere in der Schulmathematik gelehrt. Man kann mit dem Dreisatz Probleme aufgrund einfacher Einsichten oder auch ganz schematisch lösen, ohne die zugrunde liegenden mathematischen Gesetzmäßigkeiten vollständig zu durchschauen. Wer mit Proportionalitäten vertraut ist, benötigt den Dreisatz nicht mehr, weil er dann die Ergebnisse durch einfache mathematische Operationen erhalten kann.

Der Dreisetzrechnung liegt eine spezielle lineare Funktion zugrunde. Wir erinnern uns: Als lineare Funktion y=f(x) haben wir eine Funktion ausgemacht, die folgender Relation zwischen der unabhängigen Variablen x und der abhängigen Variablen y herstellt:

$y = f(x) = a \cdot x + b$.

Falls b=0 ist, nennen wir die Größen x und y proportional zueinander. Dabei bedeutet Proportionalität zwischen Größen: Eine Verdopplung, Verdreifachung, Halbierung, … der einen Größe ist stets mit einer Verdopplung, Verdreifachung, Halbierung, … der anderen Größe verbunden.

Sei nun F ein beliebige reelle Zahl, dann gilt mit x_1 bzw. $x_2 = F \cdot x_1$

$y_1 = a \cdot x_1$

$y_2 = a \cdot x_2 = a \cdot F \cdot x_1 = a \cdot x_2$.

Eine Vervielfachung von x mit einem beliebigen Faktor F führt also zur Vervielfachung von y mit demselben Faktor. y und x sind also proportional zueinander. Die Konstante a in der Funktionsgleichung heißt Proportionalitätsfaktor oder Proportionaliätskonstante. Es gilt

$$a = \frac{y}{x} = \frac{y_1}{x_1} = \frac{y_2}{x_2}.$$

Wir betrachten nun die Funktion

$$y = \frac{a}{x}$$

und sehen uns an, was sie in Sachen Proportionalität zu sagen hat. Dazu gehen wir wieder mit x_1 und $x_2 = F \cdot x_1$, wobei F wieder ein beliebiger reellwertiger Faktor ist, in die Funktionsgleichung. Wir erhalten

$$y_1 = \frac{a}{x_1}$$

und

$$y_2 = \frac{a}{x_2} = \frac{a}{F \cdot x_1} = \frac{1}{F} \cdot \frac{a}{x_1} = \frac{1}{F} \cdot y_1.$$

Vergrößert man also beispielsweise x um den Faktor zwei, so wird y um den Faktor zwei kleiner. Wir nennen in diesem Fall die Relation zwischen x und y umgekehrt proportional. Es gilt

$$a = y \cdot x = y_1 \cdot x_1 = y_2 \cdot x_2.$$

Nach diesen Vorbereitungen sind wir soweit, die Dreisatzrechnung zu verstehen. Wir betrachten zunächst den proportionalen Fall:

Wir kennen drei Werte von zwei proportionalen Größen x und y, zum Beispiel x_1, x_2 und y_1 und suchen den Wert y_2 der Größe y. Aufgrund der Proportionalität gilt

$$\frac{y_2}{y_1} = \frac{x_2}{x_1}$$

und damit ist

$$y_2 = y_1 \cdot \frac{x_2}{x_1} = \frac{y_1}{x_1} \cdot x_2 = a \cdot x_2 \,.$$

Beispiel (1):

In 3 Stunden legt ein Fahrzeug bei konstanter Geschwindigkeit 300 km zurück. Wie weit kommt es in 9 Stunden?

Wir stellen zunächst die Proportionalitäten fest:

Je länger das Fahrzeug unterwegs ist, umso größer ist die Strecke, die es zurückgelegt hat.

Damit liegt zwischen den Größen Zeit und zurückgelegte Strecke eine direkte Proportionalität vor.

Wir belegen die Größe x mit der Fahrzeit und die Größe y mit der zurückgelegten Strecke.

Es gilt

$$\frac{y_2}{y_1} = \frac{x_2}{x_1}$$

und damit

$$y_2 = y_1 \cdot \frac{x_2}{x_1} \,.$$

Es folgt

$$y_2 = y_1 \cdot \frac{x_2}{x_1} = 300 \cdot \frac{9}{3} = 900 \,.$$

In 9 Stunden legt das Fahrzeug also 900 km zurück.

Formal lässt sich die Aufgabe wie folgt lösen (das Zeichnen $\triangleq$ heißt so viel wie „entspricht"):

3 Stunden	$\triangleq$	300 km
1 Stunde	$\triangleq$	100 km
9 Stunden	$\triangleq$	900 km

In 9 Stunden legt das Fahrzeug also eine Strecke von 900 km zurück.

Der Lösungsweg benötigt drei Schritte. Daher kommt auch die Bezeichnung Dreisatz für dieses Verfahren.

Wir bringen noch zwei weitere Beispiele.

Beispiel (2):

20 Lastwagen benötigen 33 Tage für den Abtransport einer bestimmten Menge Abraum in Tonnen. Wie viel Tage benötigen 15 Lastwagen?

Wir stellen zunächst die Proportionalitäten fest:

Je mehr Lastwagen eingesetzt werden, umso weniger Zeit wird für den Abtransport benötigt.

Damit liegt zwischen den Größen „Anzahl Lastwagen" und Zeit eine umgekehrte Proportionalität vor.

Wir belegen die Größe x mit der Anzahl Lastwagen und die Grö0e y mit der Zeit für den Abtransport des Abraums in Tagen.

Es gilt

$$\frac{y_2}{y_1} = \frac{x_1}{x_2}$$

und damit

76

$$y_2 = y_1 \cdot \frac{x_1}{x_2}.$$

Es folgt

$$y_2 = y_1 \cdot \frac{x_1}{x_2} = 33 \cdot \frac{20}{15} = 44.$$

15 Lastwagen benötigen also für den Abtransport des Abraums 44 Tage. Der Dreisatz sieht formal wie folgt aus:

20 LKW	$\overset{\triangle}{=}$	33 Tage
1 LKW	$\overset{\triangle}{=}$	20·33=660 Tage
15 LKW	$\overset{\triangle}{=}$	$\frac{600}{15} = 44$ Tage

Beispiel (3):

2 Kühe fressen an einem Tag 48 kg Gras. Wie viel kg Gras fressen 5 Kühe in 6 Stunden?

Hinweis:

Es wird angenommen, dass die Kühe über die ganze Zeit gleichmäßig viel Gras fressen. Du hast recht, das ist sehr theoretisch, aber es ist auch nur eine Dreisatzaufgabe.

Bei dieser Aufgabe sind drei Größen beteiligt: Kühe, Gras und Zeit. Wir stellen zunächst die Proportionalitäten fest:

    a)   Je größer die Anzahl der Kühe ist, umso mehr Gras fressen sie an einem Tag.

    b)   Je länger die Zeit, umso mehr Gras fressen die Kühe.

Wir haben es also bei dieser Aufgabe mit zwei Proportionalitäten zu tun, und zwar mit zwei direkten. Wir können die Aufgabe in zwei Aufgaben aufteilen:

a) 2 Kühe fressen an einem Tag 48 kg Gras. Wie viel Gras fressen 5 Kühe an einem Tag?

b) 5 Kühe fressen an einem Tag 48 kg Gras. Wie viel Gras fressen sie in 6 Stunden?

Wir beginnen mit der ersten Teilaufgabe a) und belegen die Größe x mit der Anzahl Kühe und die Größe y mit der Menge Gras in kg.

Es gilt

$$\frac{y_2}{y_1} = \frac{x_2}{x_1}$$

und damit

$$y_2 = y_1 \cdot \frac{x_2}{x_1}.$$

Es folgt

$$y_2 = y_1 \cdot \frac{x_2}{x_1} = 48 \cdot \frac{5}{2} = 120$$

5 Kühe fressen an einem Tag also 120 kg Gras.

Für die zweite Teilaufgabe b) belegen wir die Größe Zeit in Stunden mit x und die Größe Gras in kg mit y. Dann ist

$$\frac{y_2}{y_1} = \frac{x_2}{x_1}$$

und damit

$$y_2 = y_1 \cdot \frac{x_2}{x_1}.$$

Es folgt

$$y_2 = y_1 \cdot \frac{x_2}{x_1} = 120 \cdot \frac{6}{24} = 30$$

5 Kühe fressen in 6 Stunden also 30 kg Gras.

Formal geht man wie folgt vor:

2 Kühe	≙	48 kg Gras
1 Kuh	≙	24 kg Gras
5 Kühe	≙	120 kg Gras

24 Stunden	≙	120 kg Gras
1 Stunde	≙	5 kg Gras
6 Stunden	≙	30 kg Gras

Das Rechnen mit Potenzen

Im Zusammenhang mit der Darstellung von Dezimalzahlen hatten wir von Potenzen schon die Rede. Es ging dabei aber nur um Potenzen der Zahl 10 und nur um ganzzahlige Potenzen. Du wirst sehen, dass man auch mit Brüchen potenzieren kann und auch Brüche potenzieren kann. Potenzieren heißt zunächst einmal mit sich selbst Malnehmen. Ist a eine beliebige Zahl, dann ist a·a die zweite Potenz von a, a·a·a die dritte Potenz und so weiter. Wir schreiben zum Beispiel

$$a \cdot a = a^2$$

$$a \cdot a \cdot a = a^3$$

Quasi auf natürliche Weise ergibt sich für die Hochzahl 1

$$a^1 = a.$$

Potenzen mit natürlichen Exponenten:

Eine Potenz a^n besteht aus der Basis a und dem Exponenten n. Wir sagen a hoch n, also für 5^2 beispielsweise „fünf hoch zwei" (im Falle des Exponenten 2 auch „fünf ins Quadrat"). Da wir uns auf reelle Zahlen beschränken, ist a Platzhalter für eine reelle Zahl und n natürlich.

Da wir uns langsam an die Potenzrechnung herantasten wollen, beschränken wir uns zunächst also auf Potenzen mit natürlichen Exponenten.

Rechenregeln für Potenzen mit natürlichen Exponenten:

Wenn a und b rationale Zahlen sind, $b \neq 0$ und n und m aus $\mathbb{N}$, so gelten folgende Regeln

Rechenregel	Beschreibung
$a^1 = a$	Die Potenz mit dem Exponenten 1 hat stets den Wert der Basis
$a^n \cdot a^m = a^{n+m}$	Potenzen mit gleicher Basis werden multipliziert, indem die Exponenten addiert werden.
$a^n \cdot b^n = (a \cdot b)^n$	Potenzen mit gleichem Exponenten werden multipliziert, indem die Basen multipliziert werden.
$(a^n)^m = a^{n \cdot m}$	Potenzen werden potenziert, indem die Exponenten miteinander multipliziert werden.
$\dfrac{a^n}{a^m} = a^{n-m}$	Potenzen mit gleicher Basis werden dividiert, indem die Exponenten subtrahiert werden (vorausgesetzt n>m).

Beispiele:

Wir machen für jeden Fall ein Beispiel:

(1) $10^1 = 10$

(2) $5^2 \cdot 5^7 = 5^{2+7} = 5^9$

(3) $5^3 \cdot 6^3 = (5 \cdot 6)^3 = 30^3$

(4) $(10^2)^3 = 10^{2 \cdot 3} = 10^6$

(5) $10^7 : 10^5 = 10^{7-5} = 10^2$

Bis jetzt haben wir nur natürliche Zahlen als Exponenten einer Potenz zugelassen. Wir gehen nun einen Schritt weiter und sehen uns an, was negative Exponenten bedeuten. Zunächst bleiben wir aber bei ganzzahligen Exponenten. Damit müssen wir festlegen, was 10^0 bedeuten soll. Wenn wir uns das obige Beispiel (5) noch einmal ansehen und n=m annehmen, dann wäre es naheliegend, den Rechenregeln folgend

$$10^7 : 10^7 = 10^0 = 1$$

zu verlangen. Das tun wir dann auch. Es ist also per definitionem

$a^0 = 1$ für jede Basis a aus R.

Wir gehen davon aus, dass die Regeln für die Potenzrechnung weiterhin gelten. Insbesondere sollte

$$a^n \cdot a^{-n} = a^{n-n} = a^0 = 1$$

gelten. Wie Du leicht siehst, erhält man nach der Division der Gleichung durch a^n

$$a^{-n} = \frac{1}{a^n}.$$

Wir erweitern die Exponenten nun auf Brüche, zunächst auf Brüche mit dem Zähler 1 und wenden die Potenzregeln und die Regeln der Bruchrechnung an:

$$\left(a^{\frac{1}{n}} \right)^n = a^{\frac{1}{n} \cdot n} = a^1 = a \, .$$

Jetzt wird es ein wenig kompliziert. $a^{\frac{1}{n}}$ ist also die Zahl, die n-mal mit sich selbst multipliziert, also mit n potenziert die Basis a ergibt. Du hast vielleicht schon einmal etwas vom Wurzelziehen, nicht von Zahnwurzeln, das vielleicht ja auch, nein, aber vom mathematischen Wurzelziehen gehört. Am geläufigsten ist dabei das Quadratwurzelziehen. Davon spricht man, wenn der Exponent 2 ist, also

$$\left(a^{\frac{1}{2}} \right)^2 = a^{\frac{1}{2} \cdot 2} = a \, .$$

Das Wurzelziehen, auch Radizieren, ist die Umkehroperation des Potenzierens, soll heißen: Wenn Du eine Zahl mit dem Exponenten n potenzierst und anschließend die n-te Wurzel ziehst, erhält Du wieder die Ausgangszahl oder umgekehrt: Wenn Du aus einer Zahl die n-te Wurzel ziehst und das Ergebnis mit n potenzierst, erhältst Du wieder die Ausgangszahl. Für das Ziehen der n-ten Wurzel benutzt man das „Wurzelzeichen"

$\sqrt[n]{}$.

Im Falle der Quadratwurzel wird n meistens weggelassen.

Beispiele:

$\sqrt[3]{8} = 2$

$\sqrt{100} = 10$

$\sqrt[4]{256} = 4$

Damit ist auch definiert, was wir unter der Potenz mit rationalem Exponenten verstehen. Es ist nämlich für n, m $\in \mathbb{Z}$, m $\neq 0$

$$a^{\frac{n}{m}} = a^n \cdot a^{\frac{1}{m}} = \sqrt[m]{a^n} \; .$$

Aber es geht noch weiter. Die Mathematiker wären keine Mathematiker, wenn sie die Potenzen nicht noch allgemeiner gefasst hätten. Sie lassen nämlich jede Zahl aus $\mathbb{R}$, also jede reelle Zahl als Exponenten zu. Und wie wir noch sehen werden, auch komplexe Zahlen, mit denen wir uns im Kapitel „Komplexe Zahlen" kurz befassen werden. Die Berechtigung für die Nutzung reeller Exponenten kann man sich, wenn auch nicht streng mathematisch so vorstellen: Jede irrationale Zahl lässt sich beliebig gut durch eine rationale Zahl annähern (okay, das wäre natürlich auch noch zu beweisen!). So lässt sich zum Beispiel die Kreiszahl

$\pi = 3,1415926\ldots$

durch die folgenden rationalen Zahlen beliebig nahe annähern:

3,1   3,14   3,141   3,1415   3,14159   3,141592   3,1415926

Man kann sich also einen reellen Exponenten als Grenzwert rationaler Zahlen denken. Dann gelten auch die Potenzregeln, wie wir sie kennengelernt haben.

Zum Abschluss dieses Kapitels stellen wir die sogenannten binomischen Formeln zusammen.

Wenn a und b beliebige reelle Zahlen sind, gelten die binomischen Formeln (binom aus dem Lateinischen, etwa aus „zwei Gliedern bestehend):

(1) $(a+b)\cdot(a+b) = a^2 + 2\cdot a\cdot b + b^2$

(2) $(a-b)\cdot(a+b) = a^2 - 2\cdot a\cdot b + b^2$

(3) $(a+b)\cdot(a-b) = a^2 - b^2$

Du wirst dich fragen, was Du mit diesen Formeln anfangen kannst. Die Antwort lautet: Die binomischen Formeln sind Merkformeln, die zum Beispiel das Ausmultiplizieren von Klammerausdrücken, das Umformen von Summen und Differenzen in Produkte und generell die Vereinfachung von mathematischen Termen erleichtern können. Wenn Du auch an dieser Stelle noch nicht alles verstehst, wirst Du noch feststellen, wie nützlich diese Formeln sind. Es ist in jedem Falle gut, wenn Du Dir die Formeln einprägst. Im Übrigen sind Sie eine Sonderform der Formeln, die Du im Zusammenhang mit der Klammerrechnung schon kennengelernt hast und die wir an dieser Stelle nochmal in Erinnerung rufen:

$(a+b)\cdot(c+d)=a\cdot c+b\cdot c+a\cdot d+b\cdot d$

$(a-b)\cdot(c+d)=a\cdot c-b\cdot c+a\cdot d-b\cdot d$

$(a+b)\cdot(c-d)=a\cdot c+b\cdot c-a\cdot d-b\cdot d$

$(a-b)\cdot(c-d)=a\cdot c-b\cdot c-a\cdot d+b\cdot d$

Falls nun a=c und d=b ist, wird daraus

$(a+b)\cdot(a+b)=a\cdot a+b\cdot a+a\cdot b+b\cdot b=a^2+2\cdot a\cdot b+b^2$

$(a-b)\cdot(a+b)=a^2-b\cdot a+a\cdot b-b^2=a^2-b^2$

$(a+b)\cdot(a-b)=a^2+ba-ab-b^2=a^2-b^2$

$(a-b)\cdot(a-b)=a^2-b\cdot a-a\cdot b+b^2=a^2-2\cdot a\cdot b+b^2$

Da die zweite Formel in diesem Falle mit der dritten übereinstimmt, haben wir damit die oben genannten binomischen Formeln aus dem Distributivgesetz abgeleitet. Du kannst diese Formeln auch grafisch veranschaulichen. Wir zeigen dies beispielhaft anhand der ersten binomischen Formel und zeichnen dazu ein Quadrat mit der Seitenlänge a+b (siehe Abbildung). Innerhalb des Quadrats zeichnen wir zwei weitere Quadrate, das rot markierte mit der Seitenlänge a und das blau markierte mit der Seitenlänge b. Die restliche Fläche innerhalb des großen Quadrats wird dann von den zwei grün markierten Rechtecken eingenommen, die über die Seitenlängen a und b verfügen. Wenn wir uns auch erst später mit den Flächeninhalten von geometrischen Figuren beschäftigen, an dieser Stelle genügt die Feststellung, dass sich der Flächeninhalt eines Quadrates aus der Seitenlänge ins Quadrat ergibt und der eines Rechtecks als Produkt der beiden Seiten. Falls Du aber lieber abwarten willst, bis wir diese Themen genauer behandeln, kannst Du diesen Schritt auch übergehen und später darauf zurückkommen.

Flächeninhalt des großen Quadrats: $(a+b)^2$

Flächeninhalt des roten Quadrats: a^2

Flächeninhalt des blauen Quadrats: b^2

Flächeninhalt der grünen Rechtecke: $a \cdot b$

Da der Flächeninhalt des großen umfassenden Quadrats gleich der Summe aus den Flächen des roten und des blauen Quadrate sowie der beiden grünen Rechtecke ist, gilt also

$(a+b) = a^2 + 2 \cdot a \cdot b + b^2$.

Genau das ist die erste binomische Formel.

Die allgemeine Erweiterung der ersten binomischen Formel in der Form

$$\forall n \in \mathbb{N}, a, b \in \mathbb{R} : (a+b)^n = \dots$$

können wir an dieser Stelle leider noch nicht besprechen. Dazu fehlt uns noch einiges an Handwerkszeug. Wir verschieben dies deshalb in den Anhang. Dann haben wir alles zusammen, was wir dafür benötigen.

Quadratische Gleichungen

Bisher haben wir nur lineare Gleichungen mit einer Unbekannten kennengelernt. Linear bedeutet, dass die Unbekannte nur in der Einerpotenz vorkommt. Da wir inzwischen wissen, was eine Potenz ist und wie man mit Potenzen rechnet, können wir uns auch an quadratische Gleichungen wagen. In einer quadratischen Gleichung kommt nämlich die Unbekannte x in der zweiten Potenz vor, also im Quadrat, das heißt x^2. Wir bleiben allerdings bei einer Unbekannten. Wir beschäftigen uns also in diesem Kapitel mit quadratischen Gleichungen einer Unbekannten. Wir notieren die allgemeine Form einer quadratischen Gleichung mit einer Unbekannten.

Quadratische Gleichung mit einer Unbekannten:

Die allgemeine Form einer quadratischen Gleichung mit einer Unbekannten ist

$$a \cdot x^2 + b \cdot x + c = 0 .$$

Dabei sind a, b und c Variablen, also Platzhalter für Zahlen. In diesem Fall heißen a, b und c auch Koeffizienten. Da wir uns auf reelle Zahlen beschränken wollen, nehmen wir also reelle Zahlen dafür an. Von a nehmen wir außerdem an, dass es ungleich 0 ist. Wäre nämlich a=0, hätten wir eine lineare Gleichung vor uns. $a \cdot x^2$ heißt quadratischer Term, b·x linearer Term und c absoluter Term der Gleichung. Ist b=0, so handelt es sich um eine rein quadratische Gleichung.

Merke:

Eine Gleichung aufzustellen ist eine Sache und üblicherweise das Problem der Wissenschaft, die sich der Mathematik bedienen möchte. Die Gleichung zu lösen ist Aufgabe der Mathematik. Dieser Aussage wollen wir dadurch folgen, dass wir uns hier „nur" auf die Lösung beschränken ohne Wissen darüber, was hinter der Gleichung steckt.

Was können wir überhaupt als Lösung einer quadratischen Gleichung erwarten?

Lösung einer quadratischer Gleichungen:

Eine quadratische Gleichung mit reellen Variablen hat im reellen Zahlenraum keine, eine oder zwei Lösungen.

Wir machen uns diese Aussage anhand einer grafischen Darstellung deutlich und definieren zunächst in voller Analogie zum linearen Fall die quadratische Funktion

$f(x) = a \cdot x^2 + b \cdot x + c$.

Wie im linearen Fall sind die Nullstellen dieser Funktion die Lösungen der Gleichung

$a \cdot x^2 + b \cdot x + c = 0$.

Wir stellen nun beispielhaft die Funktionen

$y = f(x) = x^2$,

$y = f(x) = x^2 + 10 \cdot x + 75$

und

$y = f(x) = x^2 + x - 50$

grafisch dar (siehe Abbildung).

Wie Du leicht siehst, hat die erste Funktion (blaue Kurve) genau eine Nullstelle und zwar bei x=0, die zweite Funktion (rote Kurve) keine und die dritte Funktion (grüne Kurve) zwei Nullstellen und zwar bei ca. -7,5 und +6,5.

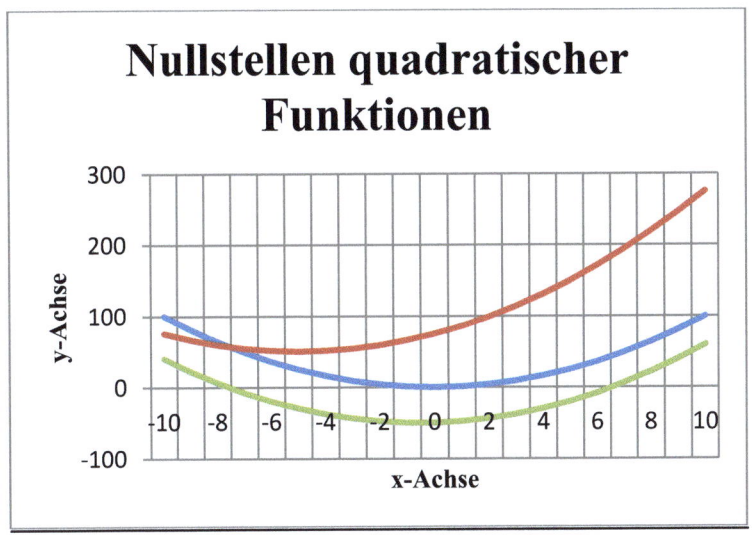

Nullstellen quadratischer Funktionen

Wir entwickeln nun schrittweise die Lösung einer quadratischen Gleichung. Wir beginnen mit zwei Sonderfällen:

b=0:

$a \cdot x^2 + c = 0$.

Die Lösungen lauten:

$$x_{1,2} = \pm\sqrt{-\frac{c}{a}}.$$

Hinweis:

Die Schreibweise $x_{1,2}$ steht für die Existenz zweier Lösungen und $\pm$ vor dem Wurzelzeichen für $+\sqrt{}$ und $-\sqrt{}$. Da wir uns auf Lösungen im reellen Zahlenraum beschränken wollen, muss der Ausdruck unter dem Wurzelzeichen (Radikant) positiv sein. Das ist nur dann der Fall, wenn a und c unterschiedliche Vorzeichen besitzen.

c=0:

$a \cdot x^2 + bx = 0.$

Nach den Regeln der Klammerrechnung lässt sich x ausklammern:

$x \cdot (a \cdot x + b) = 0$.

Aus dieser Form der Gleichung lassen sich die Lösungen unmittelbar ablesen. Da das Produkt zweier Zahlen nur dann 0 sein kann, wenn mindestens einer der Faktoren 0 ist, gilt

$x=0$ oder $a \cdot x + b = 0$.

Damit ist

$$x = -\frac{b}{a}$$

die zweite Lösung.

Nun beschäftigen wir uns mit dem allgemeinen Fall

$a \cdot x^2 + b \cdot x + c = 0.$

Zunächst dividieren wir die Gleichung auf beiden Seiten durch a und erhalten

$$x^2 + \frac{b}{a} \cdot x + \frac{c}{a} = 0$$

Wir machen die Gleichung etwas übersichtlicher, indem wir

$$p = \frac{b}{a} \text{ und } q = \frac{c}{a}$$

setzen Mit dieser „Abkürzung" erhält unsere Ausgangsgleichung die Form

$$x^2 + p \cdot x + q = 0.$$

Diese Form einer quadratischen Gleichung heißt auch p-q-Form. Wir wenden nun ein Verfahren an, das sich quadratische Ergänzung nennt und Dir ohne weitere Erläuterung wahrscheinlich wie mathematische Hexerei vorkommen würde. Wir wollen nämlich die Gleichung so umformen, dass wir die binomische Formel anwenden können. Du erinnerst Dich. Es ist

$$(x + p)^2 = x^2 + 2 \cdot p \cdot x + p^2 \, .$$

In diesem Fall haben wir im Unterschied zu unserer ursprünglichen Formulierung x und p statt a und b als Platzhalter verwendet. Auf diese Form bringen wir jetzt unsere Gleichung und Du wirst schnell einsehen, für was das gut ist. Wir erläutern die einzelnen Schritte und gehen aus von

$$x^2 + p \cdot x + q = 0$$

Wir subtrahieren auf beiden Seiten q

$$x^2 + p \cdot x = -q \, .$$

Wir schreiben den linearen Term p·x – zugegeben etwas trickreich – um:

$$x^2 + 2 \cdot \frac{p}{2} \cdot x = -q$$

Du erkennst sicher schon, auf was das Ganze hinausläuft. Auf der linken Seite der Gleichung steht nämlich fast schon die ausgeführte binomische Formel. Wir müssen nämlich nur noch „quadratisch ergänzen", woher das Verfahren den Namen hat. Wir ergänzen die linke Seite nämlich um

$$\left(\frac{p}{2} \right)^2 \, .$$

Da wir eine Gleichung vor uns haben, müssen wir das trivialerweise auch auf der rechten Seite der Gleichung tun:

$$x^2 + 2 \cdot \frac{p}{2} \cdot x + \left(\frac{p}{2} \right)^2 = \left(\frac{p}{2} \right)^2 - q \, .$$

Wir wenden nun auf der linken Seite der Gleichung die binomische Formel an

$$\left(x+\left(\frac{p}{2}\right)\right)^2 = \left(\frac{p}{2}\right)^2 - q.$$

Nun sind wir fast am Ziel. Wir ziehen die Wurzel aus dem Ganzen, natürlich auf beiden Seiten

$$x+\left(\frac{p}{2}\right) = \pm\sqrt{\left(\frac{p}{2}\right)^2 - q}$$

und formen ein letztes Mal um

$$x_{1,2} = -\frac{p}{2} \pm \sqrt{\left(\frac{p}{2}\right)^2 - q}.$$

Das sind die Lösungen unserer quadratischen Gleichung in der p-q-Form. Die Formel heißt deshalb auch p-q-Formel.

---

p-q-Formel:

Die Lösungen einer quadratischen Gleichung der p-q-Form

$$x^2 + p \cdot x + q = 0$$

sind

$$x_{1,2} = -\frac{p}{2} \pm \sqrt{\left(\frac{p}{2}\right)^2 - q}.$$

Wir sehen uns dieses Ergebnis etwas genauer an und kommen zurück auf die Frage, wie viele Lösungen eine quadratische Gleichung haben kann. Wir unterscheiden anhand des Terms unter der Wurzel. Ist dieser gleich 0, so gibt es genau ein Ergebnis, ist er positiv, also

$$q < \left(\frac{p}{2}\right)^2,$$

so existieren zwei Lösungen. Ist der Term negativ, so existiert im reellen Zahlenraum keine Lösung. Es existiert nämlich keine reelle Zahl, die mit sich selbst multipliziert eine negative Zahl ergibt. Um damit weiterzukommen, müssten wir uns an dieser Stelle mit den sogenannten imaginären Zahlen beschäftigen. Im Kapitel „Komplexe Zahlen" gehen wir in aller gebotenen Kürze auf diesen Zahlentyp ein.

Wir sind allerdings noch nicht ganz fertig mit den quadratischen Gleichungen. Wir kehren noch einmal zu unserer Ausgangsgleichung zurück:

$a \cdot x^2 + b \cdot x + c = 0$.

Um die allgemeine Lösung für diese Form der Gleichung angeben zu können, müssen wir unsere Abkürzung rückgängig machen. Du erinnerst Dich. Wir hatten abgekürzt

$$p = \frac{b}{a} \quad \text{und} \quad q = \frac{c}{a}.$$

Damit gehen wir in die p-q-Formel

$$x_{1,2} = -\frac{p}{2} \pm \sqrt{\left(\frac{p}{2}\right)^2 - q}$$

und nehmen uns zuerst den Term unter der Wurzel vor. Wir rechnen ein wenig:

$$\left(\frac{p}{2}\right)^2 - q = \left(\frac{b}{2 \cdot a}\right)^2 - \frac{c}{a} = \frac{b^2}{4 \cdot a^2} - \frac{c}{a}.$$

Wir machen die beiden Brüche auf der rechten Seite gleichnamig und addieren

$$\frac{b^2}{4 \cdot a^2} - \frac{4 \cdot a \cdot c}{4 \cdot a^2} = \frac{b^2 - 4 \cdot a \cdot c}{4 \cdot a^2}$$

Nun haben wir es fast geschafft. Aus der rechten Seite ziehen wir die Quadratwurzel und erhalten schließlich

$$x_{1,2} = \frac{-b \pm \sqrt{b^2 - 4 \cdot a \cdot c}}{2 \cdot a}.$$

Allgemeine Lösung einer quadratischen Gleichung:

Die Lösungen der quadratischen Gleichung

$$a \cdot x^2 + b \cdot x + c = 0$$

sind

$$x_{1,2} = \frac{-b \pm \sqrt{b^2 - 4 \cdot a \cdot c}}{2 \cdot a}.$$

Abhängig vom Vorzeichen der sogenannten Diskriminante

$$b^2 - 4 \cdot a \cdot c$$

existieren zwei, eine oder keine reellen Lösungen.

Beispiele:

Beispiel (1):

$$2 \cdot x^2 + 5 \cdot x = 0$$

Bei Anwendung der Lösungsformel ergibt sich

$$x_{1,2} = \frac{-5 \pm \sqrt{25}}{2 \cdot 2} = \frac{-5 \pm 5}{4}$$

und damit

$$x_1 = 0 \text{ und}$$

$$x_2 = -\frac{5}{2}.$$

Ohne Lösungsformel wärst Du in diesem Fall wahrscheinlich schneller gewesen. Es ist nämlich

$$2 \cdot x^2 + 5 \cdot x = x^2 + \frac{5}{2} \cdot x = x \cdot \left(x + \frac{5}{2} \right) = 0$$

Damit sind $x_1 = 0$ und $x_2 = -\frac{5}{2}$ Lösungen der Gleichung.

Beispiel (2):

$$5 \cdot x^2 - 125 = 0$$

Mit der Lösungsformel ist

$$x_{1,2} = \frac{\pm\sqrt{2500}}{2 \cdot 5} = \frac{\pm 50}{10} = \pm 5$$

Auch in diesem Fall wäre es ohne Lösungsformel sicher schneller gegangen:

Aus

$$5 \cdot x^2 - 125 = 0$$

folgt

$$x^2 = 25 \text{ und damit } x_{1/2} = \pm 5.$$

Beispiel (3):

$$x^2 + 10 \cdot x - 39 = 0$$

Die Gleichung hat die p-q-Form mit p=10 und q=-39. Unter Anwendung der p-q-Formel erhältst Du

$$x_{1,2} = -5 \pm \sqrt{25 + 39} = -5 \pm 8$$

Damit ist

$x_1 = 3$ und $x_2 = -13$.

Beispiel (4):

$25 \cdot x^2 - 0.75 \cdot x + 3.75 = 0$

Geübte Gleichungslöser wie Du, sehen sofort, dass die Diskriminante

$b^2 - 4 \cdot a \cdot c$

kleiner als 0 ist und somit keine reelle Lösung der Gleichung existieren kann.

Lineare Gleichungen mit zwei Unbekannten

Der Name sagt es schon, wie haben es nicht nur mit x zu tun, sondern mit einer weiteren Unbekannten. Üblicherweise wird diese mit y bezeichnet. Linear bedeutet, wie schon bei Gleichungen mit einer Unbekannten, dass die Unbekannten x und y höchstens in der ersten Potenz vorkommen.

Abgeleitet aus der allgemeinen Form einer linearen Gleichung mit einer Unbekannten, gilt für die lineare Gleichung mit zwei Unbekannten die allgemeine Form

$a \cdot x + b \cdot y + c = 0$.

Dabei sind a, b und c wieder Platzhalter für beliebige reelle Zahlen, für die konkret vorliegende Gleichung allerdings konstant und mit der Ausnahme $b \neq 0$.

Du wirst Dich fragen, was eine Lösung dieser Gleichung bedeuten kann. Die Antwort ist eigentlich ganz einfach: Alle Punkte P(x;y), also alle Zahlenpaare (x;y), die in der linken Seite eingesetzt 0 ergeben, sind offensichtlich Lösungen der Gleichung. Nach Umformung ist das aber gleichbedeutend mit

$$y = -\frac{c}{b} - \frac{a}{b} \cdot x .$$

Diese Form der Gleichung erinnert uns sofort an das, was wir über Funktionen gelernt haben.

Lösungen einer linearen Gleichung mit zwei Unbekannten:

Sämtliche Punkte P(x;y), die auf der Geraden

$$y = -\frac{c}{b} - \frac{a}{b} \cdot x$$

liegen, sind Lösungen der linearen Gleichung mit zwei Unbekannten der allgemeinen Form

$$a \cdot x + b \cdot y + c = 0 \,.$$

In der Regel wird natürlich eine konkrete Lösung gesucht. Dafür ist eine zweite Beziehung zwischen den gesuchten Größen notwendig, was so viel heißt wie eine zweite Gleichung. Man spricht in diesem Zusammenhang deshalb von einem Gleichungssystem. Eine zweite lineare Gleichung bedeutet eine Gleichung in der Standardform mit unterschiedlichen Konstanten, zum Beispiel c, d und f, also

$$d \cdot x + e \cdot y + f = 0 \,.$$

Hinweis:

Es hat sich eingebürgert, bei linearen Gleichungen mit zwei Unbekannten von der Standardform in der obigen Form abzuweichen und stattdessen

$$a \cdot x + b \cdot y = c$$

zu wählen. Daraus ergibt sich aber kein materieller Unterschied. Diese Form ist nur einem der Lösungsverfahren geschuldet, das wir aber erst weiter unten kennenlernen.

Wir verwenden ab sofort also

$$a \cdot x + b \cdot y = c$$

und

$$d \cdot x + e \cdot y = f$$

für die Standardform eines linearen Gleichungssystems mit zwei Unbekannten.

Schreibt man beide Gleichungen in der nach y aufgelösten Form, so erhält man

$$y = \frac{c}{b} - \frac{a}{b} \cdot x$$

und

$$y = \frac{f}{e} - \frac{d}{e} \cdot x .$$

Die rechten Seiten der Gleichungen kannst Du nun gleichsetzen. Damit erhältst Du zunächst

$$\frac{c}{b} - \frac{a}{b} \cdot x = \frac{f}{e} - \frac{d}{e} \cdot x$$

Nach ein paar Umformungsschritten (schöne Übung!) ist dann

$$x = \frac{c \cdot e - b \cdot f}{a \cdot e - b \cdot d} .$$

Damit ist der x-Wert durch eine Kombination der Konstanten beider Gleichungen festgelegt. Für die Unbekannte y kannst Du entsprechend vorgehen. Im Ergebnis erhältst Du

$$y = \frac{a \cdot f - c \cdot d}{a \cdot e - b \cdot d} .$$

Zur Erholung von diesen Rechenstrapazen sehen wir uns ein Beispiel an.

Hinweis:

In beiden Fällen muss notwendigerweise $a \cdot e - b \cdot d \neq 0$ sein. Wir kommen darauf zurück, was das bedeutet.

Beispiel:

x+2·y=5

-x+y=1

Wir wenden die obigen Formeln an und erhalten:

$$x = \frac{5 \cdot 1 - 2 \cdot 1}{1 \cdot 1 - 2 \cdot (-1)} = \frac{3}{3} = 1$$

und für y

$$y = \frac{1 \cdot 1 - 5 \cdot (-1)}{1 \cdot 1 - 2 \cdot (-1)} = \frac{6}{3} = 2$$

Diese Formeln kann sich wahrscheinlich kein Mensch merken. Außerdem ist eine Lösung dieses Gleichungssystems viel schneller zu erreichen, wenn Du beispielsweise die Gleichungen einfach addierst, also

	x+2·y	=	5	
	-x+y	=	1	+
=	3·y	=	6	:3
=	y	=	2	

Gehst Du nun mit dem Ergebnis für y in eine der Ausgangsgleichungen, zum Beispiel in

-x+y=1, so erhältst Du x=y-1=1.

Das Problem dabei ist, Du musst geschickt und zum Teil trickreich vorgehen, um auf diese Weise ein Gleichungssystem mit zwei Unbekannten zu lösen. Und es gehört eine Menge Übung dazu. Wenn Du Dir vorstellst, dass man Gleichungssysteme mit weitaus mehr Unbekannten vor sich hat und diese lösen soll, ist es leicht einzusehen, dass man ein Verfahren benötigt, das man quasi blindlings anwenden kann. Und mit dem man dann zum Beispiel auch einem Computer füttern kann. Ein solches Verfahren werden wir weiter unten besprechen.

Bevor wir uns aber mit den gebräuchlichen Verfahren zur Lösung von linearen Gleichungen mit zwei Unbekannten beschäftigen, sehen wir uns an, unter welchen Bedingungen wir überhaupt mit einer Lösung rechnen können. Wir machen das wieder anschaulich, indem wir die den Gleichungen entsprechenden Funktionen grafisch darstellen. Wir tun dies anhand unseres Beispiels und formen beide Gleichungen so um, dass in beiden Fällen y auf der linken Seite der Gleichung steht:

$$y = \frac{5-x}{2}$$

und

$$y = 1 + x \, .$$

Wir stellen die beiden Funktionen grafisch dar und erwarten, dass sich die beiden Geraden schneiden. Denn genau dann würden ja die y-Werte übereinstimmen. Dieser Schnittpunkt P(x;y) ist die Lösung des Gleichungssystems der beiden Gleichungen.

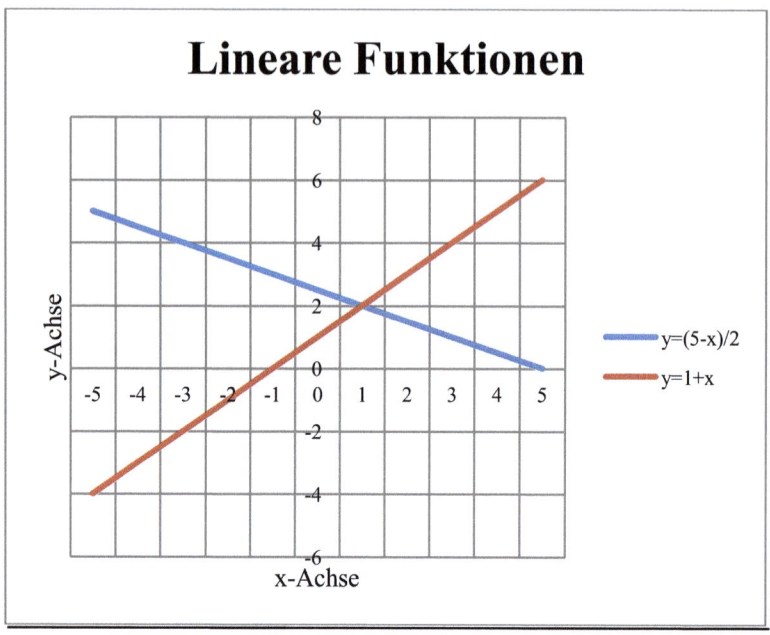

Lineare Funktionen

y-Achse / x-Achse

y=(5-x)/2
y=1+x

Die grafische Darstellung erlaubt uns, eine anschauliche Aussage über die Lösungen eines linearen Gleichungssystems mit zwei Unbekannten zu treffen und zwar:

Falls die beiden Geraden parallel verlaufen, existiert keine Lösung. Falls sie sich schneiden, ist der Schnittpunkt die einzige Lösung. Falls die Geraden zusammenfallen, also identisch sind, existieren unendlich viele Lösungen. Andere Möglichkeiten gibt es offenbar nicht. Auf die abgeleiteten Standardformen

$$y = \frac{c}{b} - \frac{a}{b} \cdot x$$

$$y = \frac{f}{e} - \frac{d}{e} \cdot x$$

bezogen gilt:

104

Falls

$$\frac{a}{b} = \frac{d}{e} \text{, also } a \cdot e = b \cdot d \text{,}$$

sind die zugehörigen Geraden parallel und es existiert keine Lösung.

Gilt zusätzlich

$$\frac{c}{b} = \frac{f}{e} \text{, also } c \cdot e = b \cdot f$$

so fallen die Geraden zusammen, das heißt, es existieren unendlich viele Lösungen. Nur dann, wenn

$$\frac{a}{b} \neq \frac{d}{e} \text{, also } a \cdot e \neq b \cdot d \text{ gilt, existiert eine und genau eine Lösung.}$$

Wir besprechen nun die gängigen Lösungsmethoden, die wir zunächst verbal beschreiben und anhand eines Beispiels erläutern. Die gängigen Lösungsmethoden sind das

- o   Additionsverfahren, das
- o   Einsetzungsverfahren und das
- o   Gleichsetzungsverfahren.

Additionsverfahren:

Beim Additionsverfahren werden die beiden Gleichungen addiert oder subtrahiert und zwar so, dass eine der Unbekannten verschwindet. Bevor die Addition oder Subtraktion vorgenommen wird, sind gegebenenfalls Umformungen der Gleichungen vorzunehmen, sodass die Unbekannte, die eliminiert werden soll, in beiden Gleichungen mit demselben Koeffizienten vorkommt. Nach Elimination einer Unbekannten, kann die verbleibende Gleichung für die verbleibende Unbekannte gelöst werden. Diese kann dann in einer der Ausgangsgleichungen eingesetzt und damit die zweite Unbekannte berechnet werden.

Beispiel:

Ausgangsgleichung/ Zwischenergebnis	Ziel	Rechenoperation
(I) $2 \cdot y = 4 - 5 \cdot x$ (II) $3 \cdot x = 7 \cdot y - 55$	Unbekannte und absolute Größen auf jeweils eine Seite bringen	(I) $+5 \cdot x$ (II) $-7 \cdot y$
(I) $5 \cdot x + 2 \cdot y = 4$ (II) $3 \cdot x - 7 \cdot y = -55$	Die Koeffizienten von x auf den gleichen Wert bringen	(I) $\cdot 3$ (II) $\cdot 5$
(I) $15 \cdot x + 6 \cdot y = 12$ (II) $15 \cdot x - 35 \cdot y = -275$	x eliminieren	(I)-(II)
(I) $41 \cdot y = 287$	y berechnen	:41
(II) $y = 7$		
(II) $3 \cdot x = 7 \cdot y - 55$	x berechnen	$y=7$ in (II) einsetzen
(II) $3 \cdot x = -6$	x berechnen	:3
$x = -2$		

Einsetzungsverfahren:

Beim Einsetzungsverfahren wird eine der Gleichungen nach einer der Unbekannten aufgelöst. Das Ergebnis wird in die andere Ausgangsgleichung eingesetzt. Auf diese Weise erhält man eine Gleichung mit einer Unbekannten, die man lösen kann. Mit dem Ergebnis geht man wieder in eine der Ausgangsgleichungen, um die zweite Unbekannte zu bestimmen.

Beispiel:

Wir benutzen dasselbe Beispiel wie oben:

Ausgangsgleichung/ Zwischenergebnis	Ziel	Rechenoperation
(I) $2 \cdot y = 4 - 5 \cdot x$ (II) $3 \cdot x = 7 \cdot y - 55$	y in (I) isolieren.	(I) :2
(I) $y = 2 - 5/2 \cdot x$ (II) $3 \cdot x = 7 \cdot y - 55$	Den Ausdruck für y in (II) einsetzen.	
(I) $y = 2 - 5/2 \cdot x$ (II) $3 \cdot x = 7 \cdot (2 - 5/2 \cdot x) - 55$	In (II) die Klammer auflösen	
(I) $y = 2 - 5/2 \cdot x$ (II) $3 \cdot x = 14 - 35/2 \cdot x - 55$	x in (II) auf eine Seite bringen	(II) $+35/2 \cdot x$
(I) $y = 2 - 5/2 \cdot x$ (II) $3 \cdot x + 35/2 \cdot x = 14 - 55$	In (II) die x-Terme und Zahlen zusammenfassen	
(I) $y = 2 - 5/2 \cdot x$ (II) $41/2 \cdot x = -41$	x aus (II) berechnen	(II): 41/2
(I) $y = 2 - 5/2 \cdot x$ (II) $x = -2$	y aus (I) berechnen	x=-2 in (I) einsetzen
(I) $y = 7$ (II) $x = -2$		

Gleichsetzungsverfahren:

Beim Gleichsetzungsverfahren werden beide Gleichungen nach derselben Unbekannten aufgelöst und die daraus resultierenden Terme gleichgesetzt. Dadurch entsteht eine lineare Gleichung mit einer Unbekannten, die gelöst werden kann. Das Ergebnis wird in einer der Ausgangsgleichungen eingesetzt und dann die zweite Unbekannte berechnet.

Wir verwenden wieder das obige Beispiel.

Ausgangsgleichung/ Zwischenergebnis	Ziel	Rechenoperation
(I) $2 \cdot y = 4 - 5 \cdot x$ (II) $3 \cdot x = 7 \cdot y - 55$	x in beiden Gleichungen isolieren.	(I): $+5 \cdot x - 2 \cdot y$; $:5$ (II): $:3$
(I) $x = 4/5 - 2/5 \cdot y$ (II) $x = 7/3 \cdot y - 55/3$	x durch Gleichsetzen von (I) und (II) eliminieren	(I)=(II)
$4/5 - 2/5 \cdot y = 7/3 \cdot y - 55/3$	y isolieren	$+2/5 \cdot y$
$4/5 = 7/3 \cdot y + 2/5 \cdot y - 55/3$	y isolieren	$+55/3$
$4/5 + 55/3 = 7/3 \cdot y + 2/5 \cdot y$	y isolieren	Alle Brüche auf 15 erweitern
$12/15 + 275/15 = 35/15 \cdot y + 6/5 \cdot y$	y isolieren	Terme zusammenfassen
$287/15 = 41/15 \cdot y$	y isolieren	$\cdot 15$
$287 = 41 \cdot y$	y berechnen	$:41$
$y = 7$		
(I) $2 \cdot y = 4 - 5 \cdot x$	x berechnen	y in Gleichung (I) einsetzen
$x = -2$		

Die beschriebenen Verfahren lassen ahnen, dass bei der Auswahl des Verfahrens und dann auch im Rahmen des Verfahrens jede Menge Intuition gefragt ist, um den optimalen Lösungsweg zu finden. Das bedeutet aber dann auch viel Übung. Auch die eingangs entwickelten

Formeln sind nicht gerade sonderlich gut zu merken. Wir nennen an dieser Stelle noch einmal die Gleichungen und die entwickelten Lösungsformeln:

Gleichungssystem:

(I) $a \cdot x + b \cdot y = c$
(II) $d \cdot x + e \cdot y = f$

Lösungsformeln:

$$x = \frac{c \cdot e - b \cdot f}{a \cdot e - b \cdot d}$$

$$y = \frac{a \cdot f - c \cdot d}{a \cdot e - b \cdot d} \, .$$

Zugegeben, das sieht ziemlich abenteuerlich aus. Aber es gibt eine schöne Möglichkeit, sich diese Lösungsformeln zu merken. Wir schreiben die beiden Gleichungssysteme so untereinander, dass die entsprechenden linearen Terme sowie der absolute Term untereinander stehen. Vorher nehmen wir noch eine Umbenennung der Größen vor: Die Unbekannten nennen wir x_1 und x_2, die Koeffizienten von x_1 a_{11} (Koeffizient von x_1 in der ersten Gleichung) und a_{21} (Koeffizient von x_1 in der zweiten Gleichung) und die Koeffizienten von x_2 a_{12} (Koeffizient von x_2 in der ersten Gleichung) und a_{22} (Koeffizient von x_2 in der zweiten Gleichung). Und schließlich die absoluten Terme b_1 und b_2. Damit sehen die Gleichungen wie folgt aus:

(I) $a_{11} \cdot x_1 + a_{12} \cdot x_2 = b_1$
(II) $a_{21} \cdot x_1 + a_{22} \cdot x_2 = b_2$

Wir ordnen nun die Koeffizienten und absoluten Terme b_1 und b_2 in sogenannten Matrizen an:

$$\begin{pmatrix} a_{11} & a_{12} \\ a_{21} & a_{22} \end{pmatrix}, \begin{pmatrix} b_1 & a_{12} \\ b_2 & a_{22} \end{pmatrix} \text{ und } \begin{pmatrix} a_{11} & b_1 \\ a_{21} & b_2 \end{pmatrix}$$

110

Die erste Matrix nennen wir die Hauptmatrix des Gleichungssystems, auch Koeffizientenmatrix oder Matrix der Koeffizienten, die beiden anderen Nebenmatrizen, die erste davon Nebenmatrix für x_1, die zweite Nebenmatrix für x_2. Was diese Bezeichnungen zu bedeuten haben, darauf kommen wir noch. Wir definieren nun noch folgende für alle Matrizen geltende Rechenvorschrift:

$$\left| \begin{pmatrix} a_{11} & a_{12} \\ a_{21} & a_{22} \end{pmatrix} \right| = a_{11} \cdot a_{22} - a_{12} \cdot a_{21}$$

| | steht für Determinante und ist eine Rechenoperation für Matrizen.

Allgemein versteht man unter einer Matrix (Plural Matrizen) eine Anordnung (Tabelle) von Elementen (mathematische Objekte, zum Beispiel Zahlen). Mit diesen Objekten lässt sich dann in bestimmter Weise rechnen, indem man Matrizen addiert oder miteinander multipliziert. Mathematisch gesehen stecken hinter den Matrizen Abbildungen. Eine der Matrizenoperationen ist die Bildung der Determinante. Die Determinante einer Matrix mit Zahlen als Elemente, ist eine Zahl. Sie wird berechnet wie oben beschrieben. Eine Beschäftigung mit dieser Thematik würde den Inhalt dieses Büchleins sprengen. In der Literatur zum Kapitel findest Du weitergehende Informationen.

Für die Lösung unseres Problems genügt die obige Definition der Determinantenbildung. Dabei lassen wir die runden Klammern innerhalb des Determinantenzeichens ab sofort weg.

Wir übersetzen nun die erarbeiteten Lösungen für x und y in die Matrix-Welt. Es ist

$$x = \frac{c \cdot e - b \cdot f}{a \cdot e - b \cdot d} = \frac{\begin{vmatrix} c & b \\ f & e \end{vmatrix}}{\begin{vmatrix} a & b \\ d & e \end{vmatrix}}$$

und

$$y = \frac{a \cdot f - c \cdot d}{a \cdot e - b \cdot d} = \frac{\begin{vmatrix} a & c \\ d & f \end{vmatrix}}{\begin{vmatrix} a & b \\ d & e \end{vmatrix}}$$

Den Clou dieser Vorgehensweise erkennst Du erst, wenn Du die neu eingeführten Bezeichnungen für die Koeffizienten einsetzt. Dann ist nämlich

$$x_1 = \frac{b_1 \cdot a_{22} - a_{12} \cdot b_2}{a_{11} \cdot a_{22} - a_{12} \cdot a_{21}} = \frac{\begin{vmatrix} b_1 & a_{12} \\ b_2 & a_{22} \end{vmatrix}}{\begin{vmatrix} a_{11} & a_{12} \\ a_{21} & a_{22} \end{vmatrix}}$$

und

$$x_2 = \frac{b_1 \cdot a_{22} - a_{12} \cdot b_2}{a_{11} \cdot a_{22} - a_{12} \cdot a_{21}} = \frac{\begin{vmatrix} a_{11} & b_1 \\ a_{21} & b_2 \end{vmatrix}}{\begin{vmatrix} a_{11} & a_{12} \\ a_{21} & a_{22} \end{vmatrix}}.$$

Die Determinante im Nenner der beiden Brüche ist die Determinante der Koeffizientenmatrix. Die Determinanten im Zähler sind die Determinanten der Nebenmatrizen für die Unbekannten x_1 und x_2. In einer Matrix nennt man die senkrecht angeordneten Elemente Spalten, die waagerecht angeordneten Zeilen. Die Elemente der Matrix werden in den Zeilen von links nach rechts und in den Spalten von oben nach unten gezählt. Für die Berechnung der Unbekannten x_1 wird die erste Spalte in der Koeffizientenmatrix durch den Vektor (quasi eine Matrix mit einer Spalte) der absoluten Terme der Gleichungen ersetzt und die Determinante dieser Matrix durch die Koeffizientenmatrix dividiert. Entsprechend wird verfahren, um die Lösung x_2 zu erhalten. Nun können wir die sogenannte Determinantenmethode in ihrer ganzen Schönheit formulieren:

Determinantenmethode:

Die Lösungen eines linearen Gleichungssystems mit zwei Unbekannten und reellen Koeffizienten und konstanten Termen der Form

$a_{11} \cdot x_1 + a_{12} \cdot x_2 = b_1$

$a_{21} \cdot x_1 + a_{22} \cdot x_2 = b_2$

ist der Quotient aus der Determinante der Koeffizientenmatrix, in der die erste bzw. zweite Spalte durch den Vektor der absoluten Terme ersetzt wird und der Determinante der Koeffizientenmatrix selbst. Formal gilt

$$x_1 = \frac{\begin{vmatrix} b_1 & a_{12} \\ b_2 & a_{22} \end{vmatrix}}{\begin{vmatrix} a_{11} & a_{12} \\ a_{21} & a_{22} \end{vmatrix}}$$

und

$$x_2 = \frac{\begin{vmatrix} a_{11} & b_1 \\ a_{21} & b_2 \end{vmatrix}}{\begin{vmatrix} a_{11} & a_{12} \\ a_{21} & a_{22} \end{vmatrix}} \cdot$$

Die Determinantenmethode ist wohl die mathematischste der Lösungsmethoden. Wendet man sie formal an, verliert man aber leicht den Bezug zu dem eigentlichen Sachverhalt. Sie wird im Unterricht deshalb auch oft eher später im Zusammenhang mit der Behandlung von Matrizen gelehrt. Das Kapitel abschließend wenden wir die Determinantenmethode auf unser Beispielsystem an.

Ausgangsgleichung/ Zwischenergebnis	Ziel	Rechenoperation
(I) $2 \cdot y = 4 - 5 \cdot x$ (II) $3 \cdot x = 7 \cdot y - 55$	Herstellung der Standardform	(I) $+5 \cdot x$ (II) $-7 \cdot y$
(I) $5 \cdot x + 2 \cdot y = 4$ (II) $3 \cdot x - 7 \cdot y = -55$	Koeffizientenmatrix	$\begin{pmatrix} 5 & 2 \\ 3 & -7 \end{pmatrix}$
	Determinante der Koeffizientenmatrix	$5 \cdot (-7) - 2 \cdot 3 = -41$
(I) $5 \cdot x + 2 \cdot y = 4$ (II) $3 \cdot x - 7 \cdot y = -55$	Nebenmatrix für x	$\begin{pmatrix} 4 & 2 \\ -55 & -7 \end{pmatrix}$
	Determinante der Nebenmatrix für x	$4 \cdot (-7) - 2 \cdot (-55) = -28 + 110 = 82$
	x berechnen	$-82/41$
$x = -2$		
(I) $5 \cdot x + 2 \cdot y = 4$ (II) $3 \cdot x - 7 \cdot y = -55$	Nebenmatrix für y	$\begin{pmatrix} 5 & 4 \\ 3 & -55 \end{pmatrix}$
	Determinante der Nebenmatrix für y	$5 \cdot (-55) - 4 \cdot 3 = -275 - 12 = -287$
	y berechnen	$-287/(-41)$
$y = 7$		

Das Rechnen mit Prozenten

Prozent kommt aus dem Lateinischen und heißt so viel wie „von Hundert". Genaugenommen handelt es sich bei der Prozentrechnung um das Rechnen mit Brüchen mit dem Nenner 100. Wir teilen also ein Ganzes in 100 Teile. Ziel der Prozentrechnung ist es, den Vergleich von Anteilen einer Gesamtheit zu erleichtern. Zahlenangaben in Prozent sollen Größenverhältnisse veranschaulichen und vergleichbar machen, indem die Größen zu einem Grundwert ins Verhältnis gesetzt werden. In älteren Texten und Abhandlungen, vor allem in älteren Gesetzestexten wird häufig noch der Ausdruck „vom Hundert" (abgekürzt: vH oder v. H.) verwendet. Durchgesetzt hat sich die Schreibweise mit dem Prozentzeichen %, zum Beispiel 75 %. Dabei wird zwischen der Prozentzahl und dem Prozentzeichen ein Leerzeichen gesetzt. Im Rahmen der Prozentrechnung spielen drei Begriffe die entscheidende Rolle. Dies sind

- o der Grundwert G,
- o der Prozentwert W und
- o der Prozentsatz p.

Grundwert:

Der Grundwert G ist die Ausgangsgröße, auf die sich die Prozentaussage bezieht.

Beispiele für Grundwerte sind:

- o Anzahl der wahlberechtigten Bürger bei einer Wahl,
- o Einwohner Deutschlands,
- o Anzahl der Verkehrstoten im Jahr 2015,
- o Kontostand eines Kontos zum 31.12.2018,
- o weltweiter CO_2-Austoß in Tonnen,
- o Preis für 250 g Butter.

Das Rechnen mit Prozenten:

Der Prozentwert W ist der in Hundertstel angegebene Anteil des Grundwertes G.

$$W = \frac{p}{100} \cdot G$$

p heißt dabei Prozentsatz. Beide Größen G und W haben die gleiche Dimension, werden also in denselben Einheiten angegeben. p dagegen ist dimensionslos. p ist die Anzahl der Hundertstel des Grundwertes. Man schreibt statt

$$\frac{p}{100}$$

einfach p%. Die obige Formel wird damit zu

$$W = p\% \cdot G.$$

Löst man nach p% auf, ergibt sich

$$p\% = \frac{p}{100} = \frac{W}{G}$$

und nach Multiplikation mit 100

$$p = 100 \cdot \frac{W}{G}.$$

Beispiele für Prozentwerte sind:
- Anzahl der Wahlberechtigten, die CDU gewählt haben,
- Einwohner eines Bundeslandes in Relation zur Einwohnerzahl Deutschlands,
- Anzahl der Verkehrstoten im Jahr 2017 gegenüber 2015,
- Erhöhung des Kontostands innerhalb eines Jahres,
- CO_2-Austoß Deutschlands in Relation zum weltweiten Ausstoß,
- Reduzierter Preis für 250 g Butter.

Beispiele:

(1) Wähler/Wahlberechtigte

G: Die Anzahl der wahlberechtigten Deutschen bei der Europawahl 2019 lag bei 64,8 Millionen. Die Wahlbeteiligung lag bei p=61,5 %.

Damit haben

$$W = \frac{p}{100} \cdot G = \frac{61,5}{100} \cdot 64,8 = 39,9 \text{ Millionen Wahlberechtigte gewählt.}$$

(2) Einwohner Rheinland-Pfalz/Einwohner Deutschland

G: Deutschland hat etwa 81 Millionen Einwohner
W: Rheinland Pfalz hat etwa 4,1 Millionen Einwohner

Damit ist

$$p = \frac{4,1}{81} \cdot 100 = 19,8 \%.$$

19,8 % der Einwohner Deutschlands sind Rheinland-Pfälzer

(3): EU-weiter/weltweiter CO_2-Ausstoß

G: Der weltweite CO_2-Ausstoß lag in 2018 bei 37,1 Milliarden Tonnen
W: Der CO_2-Ausstoß der EU betrug 10 %.

Damit folgt

$$W = \frac{p}{100} \cdot G = \frac{10}{100} \cdot 3,7$$

EU-weit wurden also 3,7 Milliarden Tonnen CO_2 ausgestoßen

Hinweis:

Häufig wird nach der Veränderung des Grundwertes nach einer prozentualen Erhöhung oder Reduzierung gefragt. Wir bezeichnen die Änderung des Grundwertes mit

$$\Delta G \Rightarrow G \pm \Delta G = G \pm W = G \pm G \cdot \frac{p}{100} = G \cdot (1 \pm \frac{p}{100}) = G \cdot (1 + p\%) \ .$$

Weitere Beispiele:

(1): Verkehrstote 2015/2017 in Deutschland

G: Die Anzahl der Verkehrstoten lag in 2015 bei 3.475.
p: In 2017 waren es 8,58 % weniger Verkehrstote.

Damit ist

$$W = G \cdot p\% = 3.475 \cdot 8,58\% = 298$$

$$G - W = 3.475 - 298 = 3.177$$

Die Anzahl der Verkehrstoten lag also in 2017 bei 3.177.

(2): Kontostand am Jahresende 2017/2018

G: Der Kontostand am 31.12.2017 betrug 10.000 Euro
p: Der Betrag wurde mit 2 % verzinst (siehe auch „Zinsrechnung" im nächsten Kapitel).

Damit ist

$$W = G \cdot p\% = 10.000 \cdot 2,0\% = 200$$

$$G + W = 10.000 + 200 = 10.200$$

Der Kontostand am 31.12.2018 beträgt also 10.200 Euro.

(3): Reduzierter Preis für 250g Butter/Normalpreis

In einer Sonderaktion wird der Preis für 250 g Butter gegenüber dem Normalpreis von 2,50 Euro um 30 % reduziert.

$$W = \frac{30}{100} \cdot 2,50 = 0,75$$

$$G - W = 2,50 - 0,75 = 1,75$$

250 g Butter kosten also während der Sonderaktion nur 1,75 Euro.

Prozentwerte können auch schon mal verwirren und sind deshalb nicht immer eine gute Wahl. Häufig wird auch mit dem Grundwert nicht sorgsam genug umgegangen. Wir machen auch dazu noch zwei Beispiele.

Es käme wahrscheinlich niemand auf die Idee, folgende Aussage zu treffen: Die Anzahl der Rotschwänzchenpaare, die in unserem Garten nisten, ist gegenüber dem letzten Jahr um 100 % angestiegen, falls der Grundwert (nistende Rotschwänzchenpaare im letzten Jahr) gleich eins war. Das Wachstum um 100 % wäre nämlich

$$W = \frac{100}{100} \cdot 1 = 1$$

und die Anzahl der nistenden Rotschwänzchenpaare in diesem Jahr gerade mal 2.

Hinweis:

Bei „kleinen" Grundwerten ist eine Prozentangabe mit Vorsicht zu lesen.

Für einen nicht sorgfältigen Umgang mit dem Grundwert wählen wir folgende Aussagen:

Frauen verdienen im Durchschnitt 10 % weniger als Männer. Männer verdienen im Durchschnitt 10 % mehr als Frauen.

Wir nehmen an, dass Männer 2.500 Euro verdienen. Dann verdienen Frauen

$$W = 2.500 \cdot \frac{10}{100} \cdot 2.500 = 250$$

weniger, also 2.250 Euro.

Wir nehmen an, dass Frauen 2.250 Euro verdienen und Männer 10 % mehr, dann verdienen Männer

$$W = 2.250 \cdot \frac{10}{100} \cdot 2.250 = 225$$

mehr als Frauen, also 2.475 Euro.

Was bei dieser Rechnung nicht stimmt, ist ziemlich klar. Der Grundwert wurde zwischen den Berechnungen kurzerhand gewechselt. Wenn wir zum Beispiel den Verdienst der Frauen von 2.250 Euro als Grundwert wählen und Männer 10 % mehr verdienen als Frauen, dann verdienen Männer 2.475 Euro. Falls wir dagegen den Verdienst der Männer von 2.475 als Grundwert wählen, verdienen Frauen 9,0 % weniger als Männer:

$$p\% = \frac{G}{W} \cdot 100 = \frac{2.250}{2.475} \cdot 100 = 91$$

also 100 % - 91 % = 9 %.

Zinsrechnung

Der Zins ist der Preis für Geld. Wenn Du Dein Geld auf die Bank bringst, leihst Du der Bank Geld. Du verkaufst gewissermaßen Dein Geld für eine gewisse Zeit lang. Du bekommst dafür von der Bank Geld, die Zinsen für Guthaben. Kaufst Du bei der Bank Geld, das heißt, leihst Du bei der Bank Geld, um zum Beispiel ein Auto zu kaufen, verlangt die Bank einen Preis, die Darlehenszinsen. Die Zinsrechnung ist ein Rechenverfahren zur Berechnung von Zinsen, die als Entgelt auf geliehene Geldbeträge erhoben bzw. gezahlt werden.

Bei der Zinsrechnung wird unterschieden nach der „Einfachen Zinsrechnung" und der Zinseszinsrechnung. Bei der einfachen Zinsrechnung werden die am Ende der Zinsperiode angefallenen Zinsen ausgezahlt. Bei der Zinseszinsrechnung werden die Zinsen am Ende der Zinsperiode dem Kapitel hinzugefügt. Sie erhöhen quasi das Basiskapitel als Grundlage für die Zinsrechnung der nächsten Zinsperiode.

Die Zinsrechnung ist eine Anwendung der Prozentrechnung. Im Rahmen der Zinsrechnung werden üblicherweise folgende Bezeichnungen verwendet:

- o das Kapital K,
- o die Zinsen Z und der
- o Zinssatz p.

Hinzu kommt noch die Laufzeit n in Jahren, Monaten oder Tagen.

Da die Zinsrechnung eine Anwendung der Prozentrechnung ist, gibt es Entsprechungen zu den Größen der Prozentrechnung. Siehe dazu die folgende Tabelle.

Prozentrechnung		Zinsrechnung	
G:	Grundwert	K:	Kapital
W:	Prozentwert	Z:	Zins
P:	Prozentsatz	P:	Zinssatz

Der Zinssatz bezieht sich in der Regel auf ein Jahr. Wird also ein Geldbetrag K für ein Jahr angelegt, entstehen Zinsen in Höhe von

$$Z = \frac{p}{100} \cdot K \,.$$

Bei deutschen Banken wird mit 12 Monaten und 360 Tagen pro Jahr gerechnet. Wir kennzeichnen nun die relevanten Größen durch ein tiefgestelltes M für die Monatsverzinsung und durch ein tiefgestelltes T für die Tagesverzinsung. Wenn also ein Geldbetrag K für n_M Monate angelegt wird, entstehen Zinsen in Höhe von

$$Z_M = \frac{p}{100} \cdot \frac{n_M}{12} \cdot K \,.$$

Entsprechend lässt sich mit Tagen rechnen. Wird ein Geldbetrag K für n_T Tage angelegt, entstehen Zinsen in Höhe von

$$Z_T = \frac{p}{100} \cdot \frac{n_T}{360} \cdot K$$

Beispiele:

Wir legen 10.000 Euro für ein Jahr zu einem Zinssatz von 5 % an. Der Zins beträgt damit

$$Z = \frac{p}{100} \cdot K = \frac{5}{100} \cdot 10.000 = 500$$

Legen wir die 10.000 Euro für 9 Monate an, so ergeben sich

122

$$Z_M = \frac{p}{100} \cdot \frac{n_M}{12} \cdot K = \frac{p}{100} \cdot \frac{9}{12} \cdot 10.000 = 375 \text{ Euro.}$$

Wenn die Zinsen zum Bestandteil des Kapitals werden (Zinskapitalisierung nennt man das), spricht man vom Zinseszins. Es hört sich kompliziert an, ist im Grunde aber ganz einfach: die Zinsen werden dem Grundkapital zugeschlagen und von diesem erhöhten, um den Zins kapitalisierten Kapital, im Folgejahr der Zins berechnet. Es ergibt sich folgende Entwicklung des Kapitals. Dabei ist K_0 das Anfangskapital und K_n das Kapital nach n Jahren. Es entsteht die Kapitalfolge

$$K_0$$

$$K_1 = K_0 + K_0 \cdot \frac{p}{100} = K_0 \cdot \left(1 + \frac{p}{100}\right)$$

$$K_2 = K_1 + K_1 \cdot \frac{p}{100} = K_1 \cdot \left(1 + \frac{p}{100}\right) = K_0 \cdot \left(1 + \frac{p}{100}\right)^2 .$$

Setzt man die Reihe auf diese Weise fort, erhält man die Zinseszinsformel, die das Kapital nach n Jahren angibt:

Zinseszinsformel:

$$K_n = K_0 \cdot \left(1 + \frac{p}{100}\right)^n .$$

Dies gibt uns Gelegenheit, ein mathematisches Beweisverfahren vorzustellen, das der „Schluss von n auf n+1" genannt wird. Mathematischer ausgedrückt handelt es sich um das Beweisverfahren der vollständigen Induktion.

Man zeigt zunächst, dass eine Aussage für n=0 oder eine beliebige, aber feste natürliche Zahl richtig ist. Dann folgt der Induktionsbeweis, indem man zeigt, das aus der Gültigkeit der Aussage für n (Induktionsannahme), die Gültigkeit der Aussage für n+1 folgt

(Vollständige Induktion). Damit gilt die Aussage für alle Zahlen, die größer sind, als die anfänglich angenommene.

Im Falle der Zinseszinsformel haben wir gezeigt, dass

$$K_1 = K_0 \cdot \left(1 + \frac{p}{100} \right)$$

gilt.

Wir nehmen nun an (Induktionsannahme), dass

$$K_n = K_0 \cdot \left(1 + \frac{p}{100} \right)^n \quad \text{für alle } n \geq 1$$

gilt.

Schluss von n auf n+1 (Induktionsschluss):

$$K_{n+1} = K_n + K_n \cdot \frac{p}{100}$$

$$= K_n \cdot \left(1 + \frac{p}{100} \right)$$

$$= K_0 \cdot \left(1 + \frac{p}{100} \right)^n \cdot \left(1 + \frac{p}{100} \right)$$

$$= K_0 \cdot \left(1 + \frac{p}{100} \right)^{n+1}.$$

Damit gilt die Zinseszinsformel für alle $n \geq 1$.

Beispiel:

Kapitel in Höhe von 10.000 Euro wird zu einem Zinssatz von 5 % für 10 Jahre festgelegt. In den 10 Jahren wächst das Kapital auf stattliche

$$K_{10} = K_0 \cdot \left(1 + \frac{p}{100}\right)^{10} = 10.000 \cdot 1,05^{10} \approx 16.289 \text{ Euro.}$$

Die Potenz lässt Du bei großen Exponenten am besten durch einen geeigneten Taschenrechner oder auch durch einen virtuellen Rechner im Netz ausrechnen. Zu Fuß ist das sehr schnell ziemlich mühsam.

Die Strahlensätze

Die Strahlensätze gehören zu den grundlegenden Aussagen der elementaren Geometrie. Sie machen Aussagen über Streckenverhältnisse und ermöglichen es, bei vielen geometrischen Fragestellungen, unbekannte Streckenlängen auszurechnen.

Wir behandeln zunächst zwei der insgesamt drei Strahlensätze. Zunächst konstruieren wir die Geometrie, die die Grundlage für die Aussagen der Strahlensätze bildet.

Wir betrachten zwei durch einen Punkt S (Scheitel) verlaufende Geraden und schneiden diese durch zwei parallele Geraden, die insbesondere nicht durch den Scheitel gehen. Die vier Schnittpunkte nennen wir A, B, C und D. Die Längen der Strecken zwischen Punkten kennzeichnen wir dadurch, dass wir die Punktbezeichnungen ohne Zwischenraum hintereinander schreiben, zum Beispiel AB für die Strecke zwischen A und B.

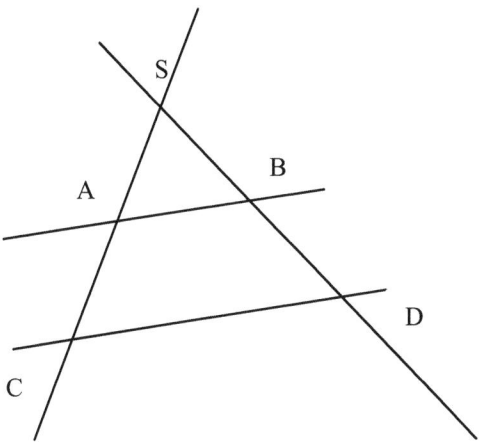

Wir formulieren nun an Hand der Abbildung die ersten beiden Strahlensätze:

Strahlensatz 1:

Es verhalten sich je zwei Abschnitte auf der einen Geraden so zueinander wie die ihnen entsprechenden Abschnitte auf der anderen Geraden:

$$\frac{SA}{AC} = \frac{SB}{BD}.$$

Strahlensatz 2:

Es verhalten sich die Abschnitte auf den Parallelen wie die ihnen entsprechenden, vom Scheitel aus gemessenen Strecken auf jeweils derselben Geraden

$$\frac{AB}{CD} = \frac{SA}{SC} = \frac{SB}{SD}.$$

Für die Formulierung des dritten Strahlungssatzes ziehen wir eine dritte Gerade durch den Punkt S. Siehe dazu die folgende Abbildung.

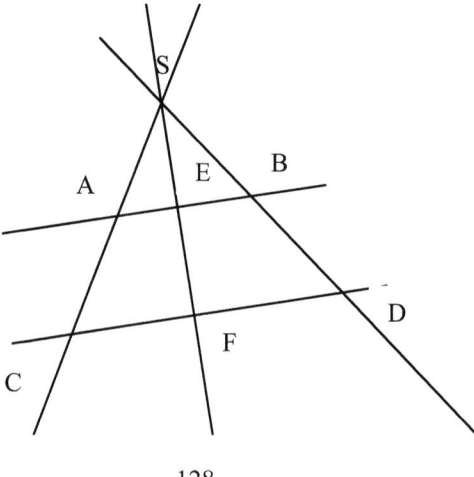

Strahlensatz 3:

Es stehen je zwei Abschnitte auf den Parallelen, die einander entsprechen, in gleichem Verhältnis zueinander

$$\frac{AE}{CF} = \frac{EB}{FD} ..$$

Der erste Strahlensatz bezieht sich also auf die Verhältnisse von Strahlenabschnitten, der zweite auf die Verhältnisse von Strahlen- und Parallelenabschnitten und der dritte auf die Verhältnisse von Parallelenabschnitten.

Der Scheitelpunkt S kann auch innerhalb der beiden parallelen Geraden liegen. Siehe dazu die nächste Abbildung. Die Strahlensätze gelten dann unverändert.

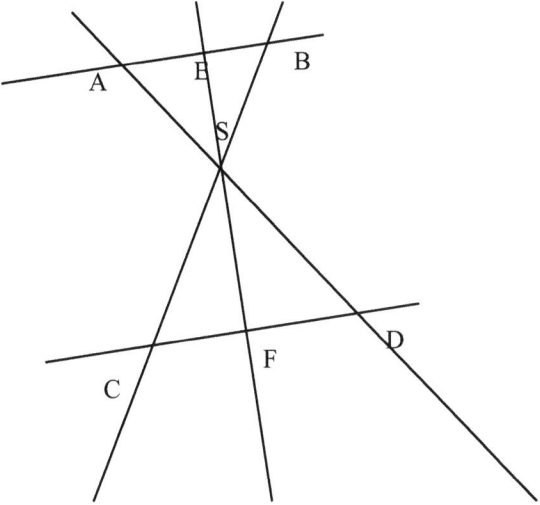

Der erste Strahlensatz lässt sich mithilfe von Flächeninhalten beteiligter Dreiecke beweisen, die beiden anderen dann mithilfe des ersten (eine schöne Übung!). Wir beschränken uns deshalb auf den Beweis des ersten Strahlensatzes. Der Beweis ist etwas mühsam, aber auch eine schöne Übung. Allerdings kommen wir dabei nicht daran vorbei, erneut unser Vorhaben zu brechen, keine Ergebnisse vorwegzunehmen. Aber es geht nicht anders. Du kannst natürlich den Beweis übergehen und erst einmal die Flächenbestimmung des Dreiecks studieren. Die benötigen wir nämlich. Hier sei nur so viel gesagt, dass sich der Flächeninhalt eines Dreiecks aus Grundlinie g mal Höhe h durch 2 ergibt (siehe auch die folgenden Abbildungen). Möglicherweise weißt Du das ja auch so und so schon. Es gilt also:

$$F = \frac{g \cdot h}{2}.$$

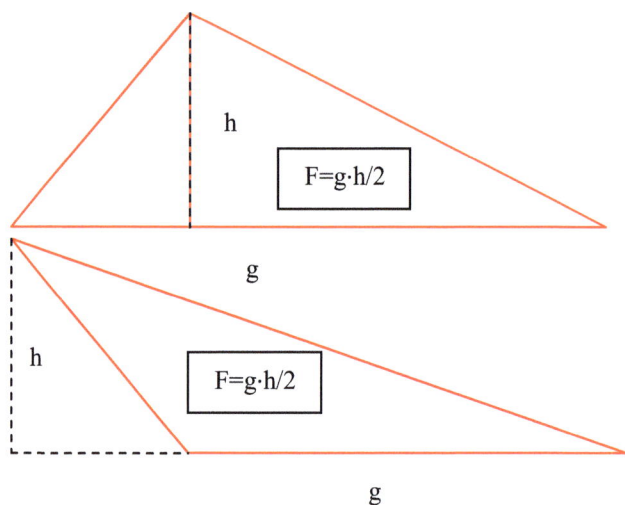

Wir führen den Beweis anhand der folgenden Abbildung. Zu beweisen haben wir

$$\frac{SA}{AC} = \frac{SB}{BD}..$$

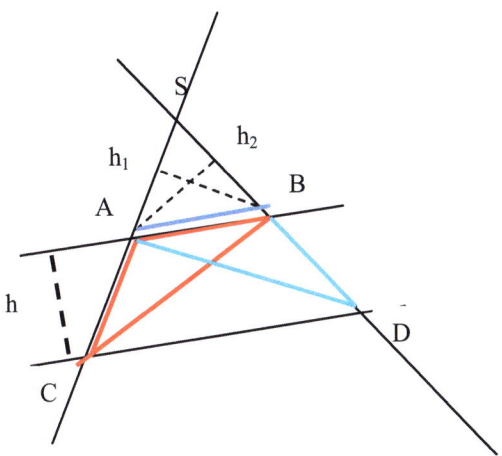

Die Beweisstrategie besteht darin, Dreiecke mit gleichem Flächeninhalt zu finden, die gleichzeitig eine der Strecken aus dem Strahlensatz als Seite besitzen und die Flächeninhalte dieser Dreiecke ins Verhältnis zu setzen.

Wir identifizieren zunächst das rot und das blau markierte Dreieck ABC und ABD. Sie besitzen dieselbe Grundlinie AB und verfügen über die gleiche Höhe h, nämlich den Abstand der beiden Parallelen. Sie sind damit flächengleich. Wir schreiben

$|ABC| = |ABD|$.

Addieren wir auf beiden Seite die Fläche des Dreiecks ABS, so ist

$$|ABC| + |ABS| + |ABD| + |ABS|$$

und damit

$$|SAD| = |SCB|.$$

Es ist also

131

$$\frac{|ABS|}{|ACB|} = \frac{|ABS|}{|ADB|}.$$

Mit der Formel für den Flächeninhalt eines Dreiecks aus Grundfläche und Höhe ist

$$\frac{|ABS|}{|ACB|} = \frac{\frac{SA \cdot h_1}{2}}{\frac{AC \cdot h_1}{2}} = \frac{SA}{AC} = \frac{|ABS|}{|ADB|} = \frac{\frac{SB \cdot h_2}{2}}{\frac{BD \cdot h_2}{2}} = \frac{SB}{BD}..$$

Damit ist der erste Strahlensatz bewiesen.

Es gibt interessante klassische Anwendungen der Strahlensätze. Zwei wollen wir im Folgenden vorstellen. Es geht dabei um die Messung von Entfernungen in nicht oder schwer zugänglichem Gelände und um die Teilung einer Strecke in einem bestimmten Verhältnis. Im ersten Fall wollen wir die Breite eines Flusses messen, den wir nur von einer Seite erreichen können (Beispiel und Abbildung aus Wikipedia).

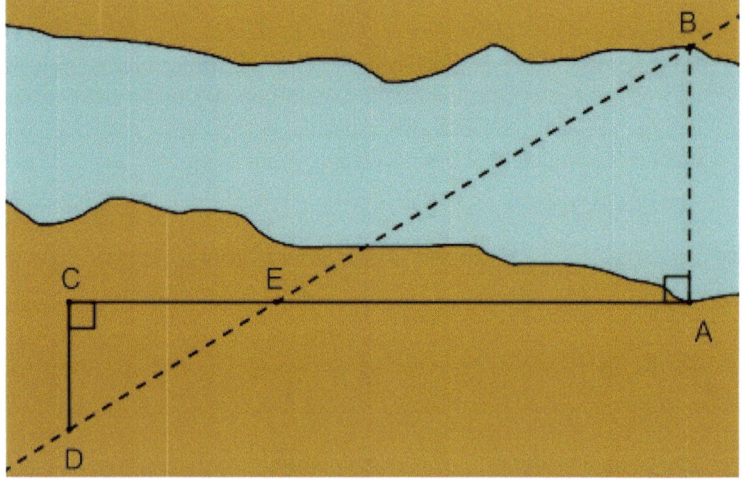

Zunächst markiert man die Endpunkte A und B der zu bestimmenden Strecke. Dann konstruiert man eine zu AB rechtwinklige Strecke AC.

132

Auf der Strecke AC wählt man einen beliebigen Punkt E von dem aus man den Punkt B am anderen Ufer anpeilt und die Strecke BE dann über E hinaus verlängert. Dann konstruiert man im Punkt C eine zu AC rechtwinklige Strecke, die die Verlängerung von BE im Punkt D schneidet. Da die Strecken AE, CE und CD alle auf derselben Uferseite liegen, lassen sie sich einfach vermessen und der zweite Strahlensatz liefert die gesuchte Flussbreite. Es ist nämlich

$$\frac{AB}{CD} = \frac{AE}{CE}.$$

und damit

$$AB = CD \cdot \frac{AE}{CE}.$$

Eine weitere schöne Anwendung haben wir ebenfalls bei Wikipedia gefunden. Und zwar geht es dabei um die Teilung einer Strecke im Verhältnis n zu m. Wir wollen die Strecke von A bis B im Verhältnis n zu m teilen (siehe Abbildung). Wir wählen im Beispiel 2 zu 5 und gehen wie folgt vor:

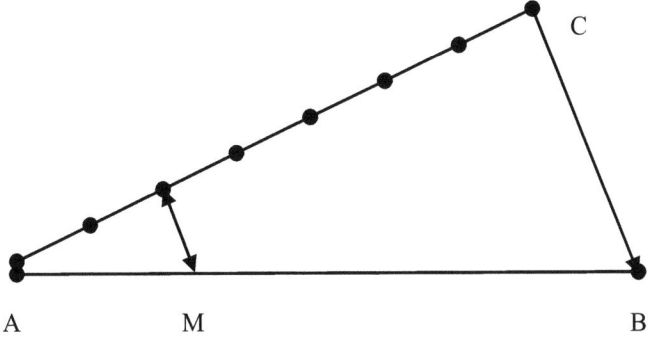

Wir zeichnen eine Gerade, die die gegebene im Punkt A schneidet (A als Scheitelpunkt). Dann teilen wir diese in n+m, hier 7, gleich lange Abschnitte auf. Das Ende des letzten Teilabschnitt, hier Punkt C, verbinden wir mit dem Endpunkt B der ursprünglichen Geraden. Dann zeichnen wir Parallelen zur Geraden BC, die durch die konstruierten Teilungspunkte gehen. Der Schnittpunkt der n-ten Parallele, hier der 2., schneidet die ursprüngliche Strecke im Punkt M, der die Strecke im Verhältnis n zu m, hier 2 zu 5 teilt.

Der Satz des Pythagoras

Der Satz des Pythagoras ist einer der fundamentalen Sätze der Geometrie. Pythagoras lebte vor etwa 2500 Jahren. Man sollte annehmen, dass jeder halbwegs ausgebildete Mensch den Satz inzwischen kennt und verstanden hat. Dennoch wollen wir kurz auf den Satz blicken und ihn an dieser Stelle auch beweisen. Im Folgenden werden wir die Aussage des Satzes noch häufig benötigen.

Zunächst zum Satz:

Satz des Pythagoras:

In einem rechtwinkligen Dreieck ist die Summe der Kathetenquadrate gleich dem Hypotenusenquadrat.

Das ist kurz und knapp der Satz des Pythagoras.

Um ihn zu verstehen, musst Du trivialerweise wissen, was ein rechtwinkliges Dreieck ist, was Katheten und Hypotenuse sind und was Kathetenquadrate und Hypotenusenquadrat bedeuten. Ich denke, was ein Dreieck ist und was ein Quadrat ist, das weißt Du. Und wir müssen an dieser Stelle nicht weiter darauf eingehen. Ein rechtwinkligen Dreieck ist nun, wie es die Bezeichnung sagt, ein Dreieck mit einem rechten, einem 90°-Winkel also (siehe Abbildung):

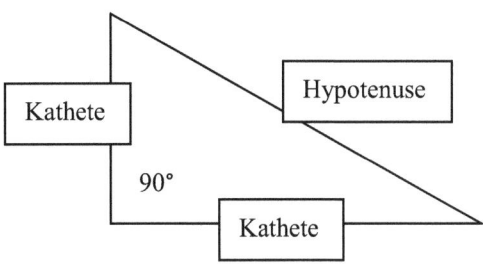

Die dem rechten Winkel gegenüberliegende Seite heißt Hypotenuse, die beiden an dem rechten Winkel liegenden Seiten Katheten. Das Hypotenusenquadrat ist das Quadrat, dessen Seitenlänge der Hypotenusenlänge entspricht. Die Kathetenquadrate sind die Quadrate, deren Seitenlängen den Längen der Katheten entsprechen.

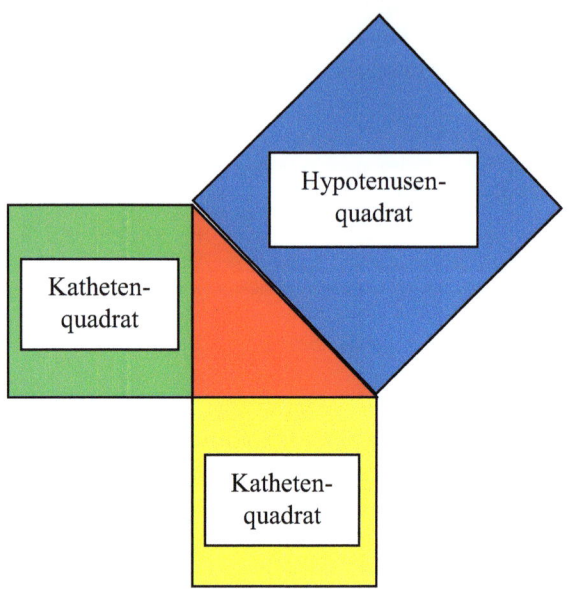

Etwas genauer als oben formuliert heißt der Satz des Pythagoras

In einem rechtwinkligen Dreieck ist die Summe der Flächen der Kathetenquadrate gleich der Fläche des Hypotenusenquadrats.

Du weißt sicher, dass sich die Fläche eines Quadrats dadurch ergibt, dass man die Seitenlänge mit sich selbst multipliziert (wir kommen im Kapitel „Flächen und Volumina" darauf zurück), also quadriert, dann ergibt sich für den Satz des Pythagoras folgende grafische Darstellung

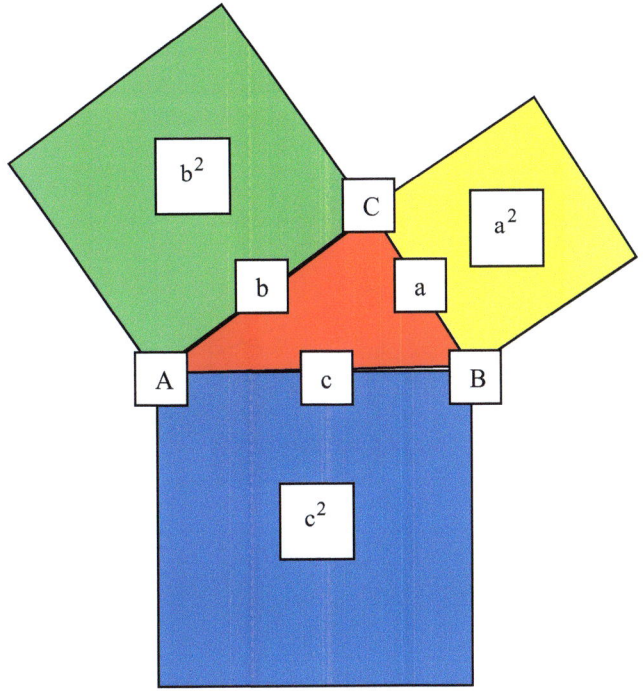

Um den Satz, wie versprochen, zu beweisen, müssen wir ein paar Dinge als bekannt voraussetzen, ohne dass wir sie explizit besprochen hätten und auch nicht mehr besprechen werden. Dazu zählt die Tatsache, dass in jedem Dreieck die Summe der Innenwinkel 180° ist. In einem rechtwinkligen Dreieck ist das unmittelbar einzusehen, wenn Du das Dreieck zu einem Rechteck ergänzt:

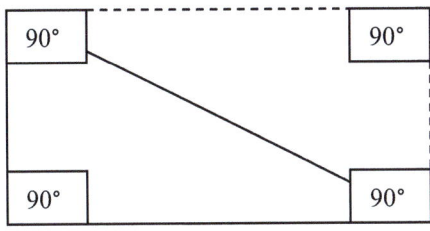

Ein rechtwinkliges Dreieck ist damit ein Dreieck, das genau einen Innenwinkel von 90° besitzt. Die beiden anderen Winkel müssen dann notwendigerweise und nach Adam Riese kleiner als 90° sein. Zwei Dreiecke, deren Winkel gleich groß sind, heißen ähnlich. In ähnlichen Dreiecken ist das Verhältnis zwischen entsprechenden Seiten gleich groß. Wir sehen uns das anhand zweier rechtwinkliger Dreiecke mit den Seiten a, b und c bzw. a′, b′ und c′ an.

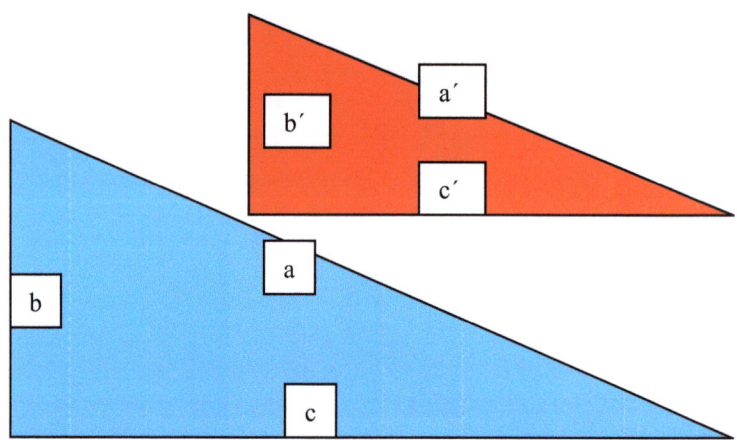

Die Winkel im roten und blauen Dreieck sind gleich groß. Wir schieben nun das rote Dreieck in das blaue, sodass die rechten Winkel quasi übereinanderliegen. Damit erhalten wir eine Konstruktion, auf die wir die im letzten Kapitel kennengelernten Strahlensätze anwenden können:

Es gilt also zum Beispiel:

$$\frac{a}{a'} = \frac{b}{b'} = \frac{c}{c'}.$$

Und damit

$$\frac{a}{b} = \frac{a'}{b'}, \quad \frac{b}{c} = \frac{b'}{c'} \quad \text{und} \quad \frac{a}{c} = \frac{a'}{c'}.$$

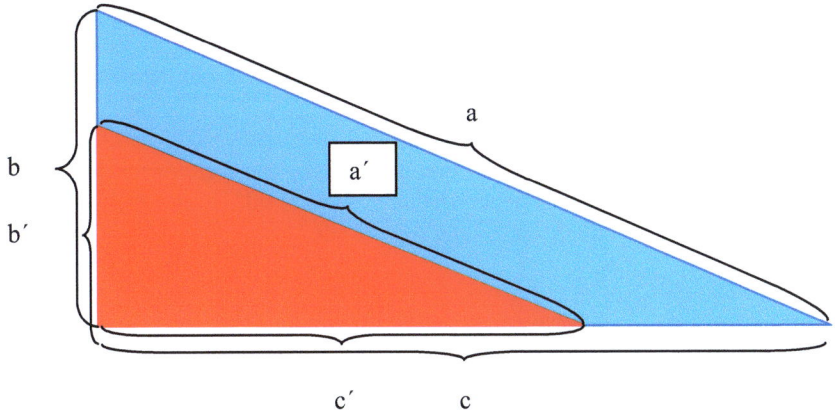

Wir sehen uns nun so ein rechtwinkliges Dreieck an:

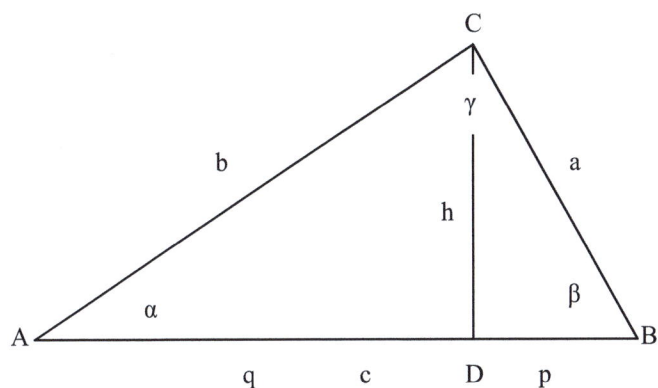

Es ist leicht einzusehen, dass die Teildreiecke ADC und DBC und das umfassende Dreieck ABC ähnlich sind:

Die Winkel α des umfassenden Dreiecks ABC ist auch Winkel des Teildreiecks ADC und β Winkel des Teildreiecks DBC. Der rechte Winkel γ hingegen wird durch die Strecke DC aufgeteilt. Der im Bild linke Teil gehört zum Teildreieck ADC. Er hat die Größe

139

180-90-α=90-α=β.

Der im Bild rechte Teil gehört zum Dreieck DBC. Er hat die Größe

180-90-β=90-β=α.

Damit haben wir in den drei Dreiecken, den Teildreiecken ADC und DBC sowie im Dreieck ABC die Winkel 90°, α und β. Die Dreiecke sind also ähnlich zueinander und es gilt

$$\frac{c}{a} = \frac{a}{p} \quad \text{und} \quad \frac{c}{b} = \frac{b}{q}.$$

Daraus folgt

$$a^2 = c \cdot p \quad \text{und} \quad b^2 = c \cdot q.$$

Und daraus

$$a^2 + b^2 = c \cdot p + c \cdot q = c \cdot (p+q) = c^2.$$

Das ist also der Satz des Pytaghoras. Es heißt deshalb auch oft einfach

"a-Quadrat plus b-Quadrat gleich c-Quadrat"

oder noch einfacher

$$a^2 + b^2 = c^2$$

Im nächsten Kapitel werden wir ihn relativ oft in Anspruch nehmen müssen, den 2.500 Jahre alten "Pythagoras".

Flächeninhalte und Volumina

Geometrie nennt sich der Zweig der Mathematik, der sich unter anderem mit zwei- und dreidimensionalen Figuren beschäftigt. Wir beschränken uns auf Vierecke, Dreiecke und den Kreis als zweidimensionale geometrische Objekte sowie auf Würfel, Säulen, Pyramiden, Kegel und die Kugel als dreidimensionale Objekte. Für jede der zweidimensionalen geometrischen Objekte berechnen wir den Flächeninhalt und den Umfang, für jedes der dreidimensionalen das Volumen und die Oberfläche.

Wir beginnen mit den zweidimensionalen geometrischen Figuren, zunächst mit dem Quadrat, dem Rechteck und dem gleichschenkligen Trapez.

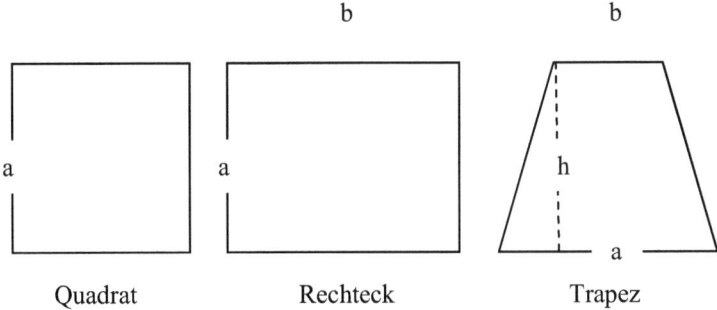

Quadrat   Rechteck   Trapez

Das Quadrat ist festgelegt durch vier gleich große Seiten, die rechtwinklig zueinander stehen. Die Länge der Seite in einem Längenmaß, zum Beispiel cm oder m, bezeichnen wir mit a. Für den Umfang U und den Flächeninhalt A gelten dann

$$U = 4 \cdot a$$

$$A = a \cdot a = a^2.$$

Aus dem Satz des Pytaghoras folgt mit d für die Diagonale:

$$d = \sqrt{a^2 + a^2} = \sqrt{2 \cdot a^2} = a \cdot \sqrt{2}.$$

141

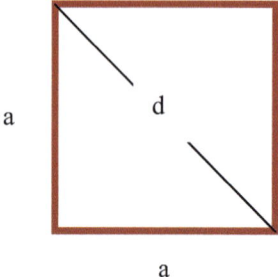

Im sogenannten Einheitsquadrat, für das also a=1 gilt, entspricht die Diagonale der Wurzel aus 2.

Beispiel:

Wir wählen ein Quadrat mit der Seitenlänge a=5 cm (siehe Abbildung). Für den Umfang U ergibt sich

U=4·5 cm =20 cm.

Jedes der 25 Quadrate mit der Seitenlänge 1 cm hat einen Flächeninhalt von 1 cm^2. Damit ergeben sich für den Flächeninhalt des großen Quadrats 25 cm^2.

A=5 cm · 5 cm = 25 cm^2.

Ein Rechteck ist festgelegt durch vier Seiten, von denen jeweils 2 gleich lang sind und parallel verlaufen. Alle Seiten verlaufen damit rechtwinklig zueinander. Die Seiten bezeichnen wir mit a und b.

Für den Umfang U und den Flächeninhalt A gilt

U=2·a+2·b=2·(a+b).

A=a·b.

Beispiel:

Das Rechteck in der Abbildung hat die Seitenlängen a=5 cm und b=3 cm. Damit gilt

U=2·5 cm + 2·3 cm = 16 cm

und

A=a·b=5 cm ·3 cm = 15 cm^2.

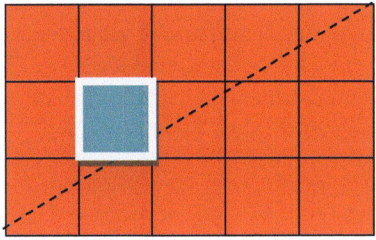

Die Länge der Diagonale d des Rechtecks (gestrichelte Linie) ergibt sich wieder aus dem Gesetz des Pythagoras:

$$d^2 = a^2 + b^2$$

und damit

$$d = \sqrt{a^2 + b^2} \ .$$

Im obigen Fall ist also

143

$$d = \sqrt{25+9} = \sqrt{34}\ .$$

Das gleichschenklige Trapez lässt sich festlegen durch zwei parallel verlaufende ungleich lange Seiten a und b, die „Höhe" h als Abstand zwischen diesen und gleiche Innenwinkel zwischen den „Schenkeln" und den parallel verlaufenden Seiten (siehe Abbildung).

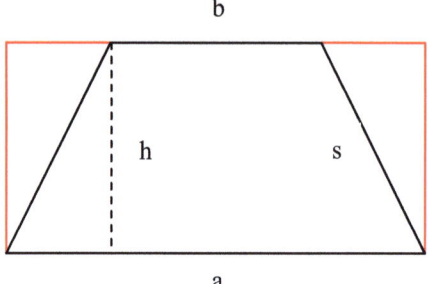

Mit den obigen Angaben lässt sich weder der Umfang noch der Flächeninhalt ohne Weiteres berechnen. Für den Umfang benötigen wir nämlich die Länge der nicht parallel verlaufenden Seiten. Diese beiden Seiten, die wir mit s bezeichnen, sind als Folge der Gleichschenkligkeit, die wir angenommen haben, gleich lang. Sie können mit dem Gesetz des Pythagoras berechnet werden. Es ist nämlich

$s = (a-b)^2 + h^2$

und damit

$$s = \sqrt{(a-b)^2 + h^2}\ .$$

Somit gilt

$$U = a + 2 \cdot \sqrt{(a-b)^2 + h^2} + b.$$

Im vorliegenden Fall ist

$$s = \sqrt{(5-3)^2 + 3^2} = \sqrt{4+9} = \sqrt{13}$$

und damit

$$U = 5 + 2 \cdot \sqrt{13} + 3 = 8 + 2 \cdot \sqrt{13} = 2 \cdot (4 + \sqrt{3}).$$

Den Flächeninhalt des gleichschenkligen Trapezes können wir berechnen, in dem wir den Flächeninhalt des umfassenden Rechtecks berechnen und die Flächen der beiden rot umrandeten rechtwinkligen Dreiecke davon abziehen. Da wir den Flächeninhalt von Dreiecken erst noch behandeln, lassen wir das so stehen und kommen bei der Behandlung von Dreiecken darauf zurück.

Nun also zu den Dreiecken. Ein Dreieck ist dadurch gekennzeichnet, dass es über drei Seiten und eine innere Winkelsumme von 180 Grad verfügt. Sonderformen sind das rechtwinklige Dreieck, das gleichschenklige und das gleichseitige Dreieck (siehe Abbildung).

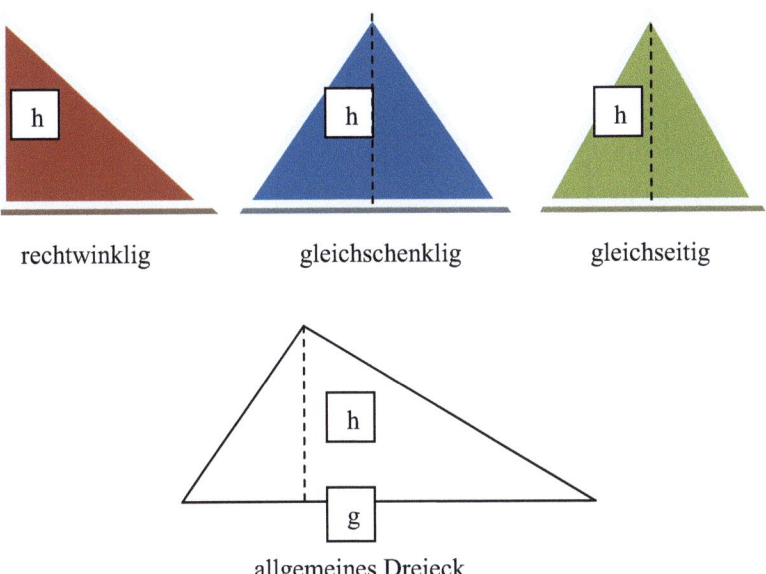

rechtwinklig   gleichschenklig   gleichseitig

allgemeines Dreieck

Die Grundlinie des Dreiecks bezeichnen wir mit g, den Abstand der Grundlinie bis zur gegenüberliegenden Spitze mit h (h von Höhe).

Dreiecke sind eine Spielwiese für die Anwendung der Formel des Pythagoras. Schon um aus den genannten Größen g und h den Umfang zu berechnen, benötigen wir bei den ersten beiden Sonderformen die Hilfe des Pythagoras.

Rechtwinkliges Dreieck:

Die dem rechten Winkel gegenüber liegende Seite – wir nennen sie s – berechnen wir mit dem Satz des Pythagoras:

$$s = \sqrt{g^2 + h^2}$$

Damit ist

$$U = g + 2 \cdot \sqrt{g^2 + h^2} + h.$$

Bei der Fläche ist es einfacher. Die Fläche des Dreiecks entspricht nämlich der Hälfte der Fläche des umfassenden Rechtecks und die ist

$$A = g \cdot h,$$

sodass für die gesuchte Dreiecksfläche

$$A = \frac{g \cdot h}{2}$$

gilt.

An dieser Stelle beschäftigen wir uns, wie angekündigt, mit dem Flächeninhalt des gleichschenkligen Trapezes.

Von der Fläche des unfassenden Rechtecks ziehen wir die Flächen der beiden rechtwinkligen Dreiecke mit der Grundlinie (a-b)/2 und der Höhe h ab. Im Ergebnis ist

$$A = a \cdot h - 2 \cdot \frac{\frac{a-b}{2} \cdot h}{2} = a \cdot h - (a-b) \cdot \frac{h}{2}$$

$$= \frac{2 \cdot a \cdot h - (a - b) \cdot h}{2} = \frac{2 \cdot a \cdot h - a \cdot h + b \cdot h}{2}$$

$$= \frac{a \cdot h + b \cdot h}{2} = \frac{a + b}{2} \cdot h \ .$$

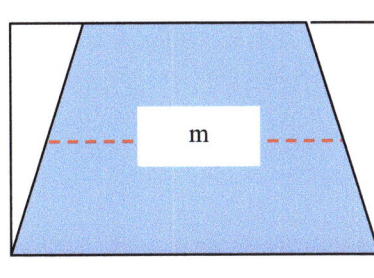

$$m = \frac{a + b}{2}$$

ist nichts anderes als die sogenannte Mittellinie des Trapezes. Siehe dazu die obige Abbildung.

Gleichschenkliges Dreieck:

Beim gleichschenkligen Dreieck wissen wir, dass die Grundlinie g von einem Lot von der gegenüberliegenden Spitze geteilt wird. Wenn wir die Seiten s nennen, ist also

$$s = \sqrt{\left(\frac{g}{2}\right)^2 + h^2} \ .$$

Für den Umfang ergibt sich damit

$$U = g + 2 \cdot s = g + 2 \cdot \sqrt{\left(\frac{g}{2}\right)^2 + h^2} \ .$$

Beim Flächeninhalt gehen wir wieder von dem Rechteck aus, das das Dreieck umfasst.

Dies hat den Flächeninhalt

$$A = g \cdot h$$

Davon müssen wir zweimal den Flächeninhalt des Dreiecks mit der halben Grundlinie und der Höhe h abziehen (siehe Abbildung). Der Flächeninhalt dieses Dreiecks ist

$$\frac{\frac{g}{2} \cdot h}{2}.$$

Zweimal das Ganze ergibt für die Fläche der beiden Dreiecke

$$\frac{g \cdot h}{2}.$$

Wenn wir deren Fläche von der Fläche des Rechtecks subtrahieren, ergibt sich für die gesuchte Dreiecksfläche

$$A = g \cdot h - \frac{g \cdot h}{2} = \frac{g \cdot h}{2}.$$

Gleichseitiges Dreieck:

Für den Umfang des gleichseitigen Dreiecks haben wir es einfach. Da alle Seiten die gleiche Länge haben, gilt

$$U = 3 \cdot g.$$

Die Ermittlung der Fläche des gleichseitigen Dreiecks verläuft vergleichbar mit der beim gleichschenkligen Dreieck. Der Unterschied liegt darin, dass zur Festlegung des gleichseitigen Dreiecks nur die Länge der Grundlinie g ausreicht. Die Höhe h liegt dadurch fest und kann berechnet werden, wieder einmal mit dem Satz des Pythagoras. Es ist

$$h^2 = g^2 - \left(\frac{g}{2}\right)^2 = g^2 - \frac{g^2}{4} = \frac{3}{4} \cdot g^2.$$

Damit ist

$$h = \frac{g}{2} \cdot \sqrt{3}.$$

Für die Flächeninhalte der Dreiecke, die zum Abzug zu bringen sind, gilt dann

$$A = \frac{\frac{g}{2} \cdot \frac{g}{2} \cdot \sqrt{3}}{2} = \frac{\frac{g^2}{4} \cdot \sqrt{3}}{2}.$$

Das Ganze wieder mal zwei ergibt

$$A = \frac{g^2}{4} \cdot \sqrt{3}.$$

Für die Fläche des Rechtecks gilt

$$A = g \cdot h = g \cdot \frac{g}{2} \cdot \sqrt{3} = \frac{g^2}{2} \cdot \sqrt{3}.$$

Abzüglich der Flächen der beiden Dreieicke erhälst Du schließlich für die gesuchte Dreiecksfläche

$$A = \frac{g^2}{4} \cdot \sqrt{3}.$$

Allgemeines Dreieck:

Wir beschäftigen uns nun mit dem allgemeinen Dreieck. Zunächst gehen wir davon aus, dass die Länge einer der Grundlinien, die wir wieder mit g bezeichnen und die der dazugehörigen Höhe bekannt sind. Die Höhe bezeichnen wir wieder mit h. Das Lot von der der Grundlinie gegenüberliegenden Spitze fällt entweder auf die Grundlinie oder auf die Verlängerung der Grundlinie. Siehe dazu die folgende Abbildung.

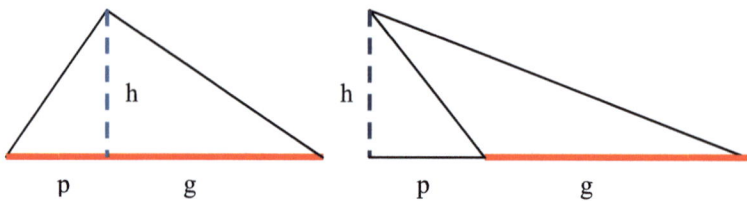

Wir gehen die beiden Fälle durch. Im ersten Fall betrachten wir das Rechteck mit den Seitenlängen g und h, das das Dreieck umfasst. Die Fläche des Dreiecks ergibt sich dann aus der Fläche des Rechtecks abzüglich der Flächeninhalte der beiden rechtwinkligen Dreiecke mit der Grundlinie p und der Höhe h und der Grundlinie g-p und der Höhe h. Es ist also

$$A = g \cdot h - \frac{p \cdot h}{2} - \frac{(g-p) \cdot h}{2} = g \cdot h - \frac{p \cdot h}{2} - \frac{g \cdot h}{2} + \frac{p \cdot h}{2}$$

und schließlich

$$A = \frac{g \cdot h}{2}.$$

Im zweiten Fall ergibt sich der Flächeninhalt des Dreiecks aus dem Flächeninhalt des Rechtecks mit den Seitenlängen p+g und h abzüglich der beiden Dreiecke mit der Grundlinie p und der Höhe h und der Grundlinie g+p und der Höhe h:

$$A = (p+g) \cdot h - \frac{p \cdot h}{2} - \frac{(g+p) \cdot h}{2} = p \cdot h + g \cdot h - \frac{p \cdot h}{2} - \frac{g \cdot h}{2} - \frac{p \cdot h}{2}$$

$$= p \cdot h + g \cdot h - \frac{p \cdot h}{2} - \frac{g \cdot h}{2} - \frac{p \cdot h}{2}$$

$$= \frac{g \cdot h}{2}.$$

Im Ergebnis gilt für den Flächeninhalt A eines Dreiecks, von dem die Länge einer Grundlinie g und die der dazu gehörigen Höhe h bekannt sind

$$A = \frac{g \cdot h}{2}.$$

Den Umfang des Dreiecks kannst Du mit diesen Angaben nicht berechnen. Das erkennst Du an der folgenden Abbildung. Es gibt nämlich unzählige Dreiecke mit der Grundlinie g und der dazugehörigen Höhe h. Wir haben als Beispiele drei eingezeichnet, das rote, das grüne und das blaue Dreieck. Um das Dreieck festzulegen, benötigen wir also noch mindestens eine Angabe, etwa die Länge einer weiteren Seite des Dreiecks oder beispielsweise die Länge des Abschnitts, den wir oben mit p bezeichnet haben. Erst dann können wir das konkrete Dreieck konstruieren und dessen Umfang berechnen. Noch einfacher ist es natürlich, wenn die Längen aller Seiten bekannt sind.

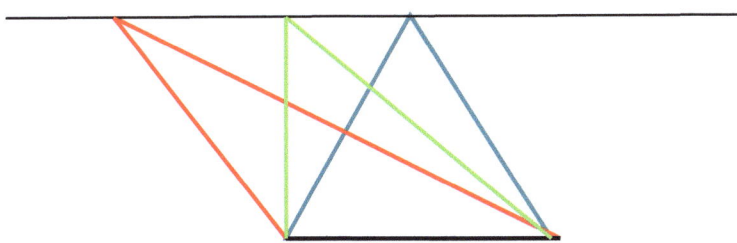

Dann ist es allerdings nicht so einfach mit der Berechnung des Flächeninhalts. Das sehen wir uns an und benennen die Seiten des Dreiecks mit a, b und c (siehe Abbildung).

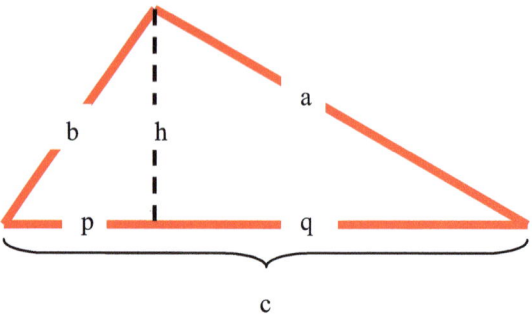

In diesem Fall gilt die Formel von Heron:

$$A = \sqrt{s \cdot (s-a) \cdot (s-b) \cdot (s-c)}$$

mit

$$s = \frac{a+b+c}{2}.$$

Die Herleitung dieser Formel kostet ein wenig Mühe. Du kannst Sie überspringen und Dich später damit befassen.

Unabhängig davon werden wir sie hier herleiten. Die Höhe h teile die Seite c in die Abschnitte p und q. Um die Übersicht nicht zu verlieren, nummerieren wir die einzelnen Gleichungen. Zunächst erhalten wir mit dem Satz des Pythagoras

(1) $\quad h^2 = b^2 - p^2$

(2) $\quad h^2 = a^2 - q^2$

Das linke Teildreieck mit den Seiten p, h und b hat den Flächeninhalt

$$\frac{p \cdot h}{2}$$

das rechte mit den Seiten q, h und a

152

$$\frac{q \cdot h}{2}$$

Beide Flächen zusammen ergeben die Fläche des großen Dreiecks mit

$$A = \frac{p \cdot h}{2} + \frac{q \cdot h}{2} = (p+q) \cdot \frac{h}{2} = \frac{c \cdot h}{2}.$$

Mit g=c ist dies die gängige Formel

$$\textbf{(3)} \quad A = \frac{g \cdot h}{2}.$$

Wir zeigen nun, dass die heronische Formel dieser Formel entspricht, falls man nur die Längen der Seiten a, b und c kennt, insbesondere also nicht die Höhe h. Im linken Teildreieck gilt (siehe (1))

$$\textbf{(4)} \quad p^2 = b^2 - h^2$$

und im rechten (siehe (2))

$$q^2 = a^2 - h^2, \text{ umgestellt}$$

$$a^2 = h^2 + q^2$$

und wegen

$$q = c - p$$

$$a^2 = h^2 + (c-p)^2$$

Mit der binomischen Formel ist dann

$$a^2 = h^2 + c^2 - 2 \cdot c \cdot p + p^2.$$

Wir ersetzen p bzw. p^2 durch die rechte Seite von (4) und erhalten

$$a^2 = h^2 + c^2 - 2 \cdot c \cdot \sqrt{b^2 - h^2} + b^2 - h^2.$$

Wir sortieren um, sodass der Wurzelterm isoliert wird:

153

$$c^2 + b^2 - a^2 = 2 \cdot c \cdot \sqrt{b^2 - h^2} \ .$$

Wir quadrieren das Ganze

$$(c^2 + b^2 - a^2)^2 = 4 \cdot c^2 \cdot (b^2 - h^2),$$

formen um, sodass h^2 auf einer Seite steht

$$h^2 = \frac{1}{4 \cdot c^2} \cdot (4 \cdot c^2 \cdot b^2 - (c^2 + b^2 - a^2)^2)$$

und ziehen nun noch die Wurzel

$$(5) \quad h = \frac{1}{2 \cdot c} \cdot \sqrt{4 \cdot c^2 \cdot b^2 - (c^2 + b^2 - a^2)^2} \ .$$

Für die Fläche des Dreiecks ergibt sich damit

$$(6) \quad A = \frac{c \cdot h}{2} = \frac{1}{4} \cdot \sqrt{4 \cdot c^2 \cdot b^2 - (c^2 + b^2 - a^2)^2} \ .$$

Wir multiplizieren den Term unter der Wurzel aus und ordnen geschickt um:

$$4 \cdot c^2 \cdot b^2 - (c^2 + b^2 - a^2)^2$$

$$= 4 \cdot c^2 \cdot b^2 - (c^2 + b^2 - a^2) \cdot (c^2 + b^2 - a^2)$$

$$=$$

$$4 \cdot c^2 \cdot b^2 - (c^4 + b^2 \cdot c^2 - a^2 \cdot c^2 + c^2 \cdot b^2 + b^4 - a^2 \cdot b^2 - c^2 \cdot a^2 - b^2 \cdot a^2 + a^4)$$

$$=$$

$$4 \cdot c^2 \cdot b^2 - (c^4 + c^2 \cdot b^2 - c^2 \cdot a^2 + b^4 + b^2 \cdot c^2 - b^2 \cdot a^2 + a^4 - a^2 \cdot b^2 - a^2 \cdot c^2)$$

$$= -a^4 - b^4 - c^4 + 2 \cdot a^2 \cdot b^2 + 2 \cdot a^2 \cdot c^2 + 2 \cdot b^2 \cdot c^2 \ .$$

Damit ist

(7) $A = \dfrac{a \cdot h}{2} = \dfrac{1}{4} \cdot \sqrt{-a^4 - b^4 - c^4 + 2 \cdot a^2 \cdot b^2 + 2 \cdot a^2 \cdot c^2 + 2 \cdot b^2 \cdot c^2}$

Wir zeigen nun, dass die heronische Formel genau zu diesem Ergebnis führt. Nach Heron ist

$$A = \sqrt{s \cdot (s-a) \cdot (s-b) \cdot (s-c)}$$

mit

$$s = \dfrac{a+b+c}{2}$$

Wir entwickeln den Term unter der Wurzel:

$s \cdot (s-a) \cdot (s-b) \cdot (s-c)$

$= \dfrac{a+b+c}{2} \cdot (\dfrac{a+b+c}{2} - a) \cdot (\dfrac{a+b+c}{2} - b) \cdot (\dfrac{a+b+c}{2} - c)$

$= \dfrac{a+b+c}{2} \cdot (\dfrac{a+b+c-2 \cdot a}{2}) \cdot (\dfrac{a+b+c-2 \cdot b}{2}) \cdot (\dfrac{a+b+c-2 \cdot c}{2})$

$= \dfrac{a+b+c}{2} \cdot \dfrac{-a+b+c}{2} \cdot \dfrac{a-b+c}{2} \cdot \dfrac{a+b-c}{2} \,.$

Wir klammern den Nenner aus und beschäftigen uns mit dem Zählen:

$(a+b+c) \cdot (-a+b+c) \cdot (a-b+c) \cdot (a+b-c)$

Wir stellen um und wenden mehrmals die binomischen Formeln an, im Übrigen eine gute Übung für den Umgang damit und für das Rechnen mit Klammern.

$(b+c+a) \cdot (b+c-a) \cdot (a+(b-c)) \cdot (a-(b-c))$

$= ((b+c)^2 - a^2) \cdot (a^2 - (b-c)^2)$

$= (b+c)^2 \cdot a^2 - a^4 - (b+c)^2 \cdot (b-c)^2 + a^2 \cdot (b-c)^2$

$$-a^4 + (b+c)^2 \cdot a^2 + a^2 \cdot (b-c)^2 - (b+c)^2 \cdot (b-c)^2$$

$$-a^4 + ((b+c)^2 + (b-c)) \cdot a^2 - (b+c)^2 \cdot (b-c)^2$$

$$-a^4 + (b^2 + 2 \cdot b \cdot c + c^2 + b^2 - 2 \cdot b \cdot c + c^2) \cdot a^2 - (b+c)^2 \cdot (b-c)^2$$

$$-a^4 + 2 \cdot a^2 \cdot b^2 + 2 \cdot a^2 \cdot c^2 - (b+c)^2 \cdot (b-c)^2 .$$

Den rechten Term klammern wir ein, um mit den Vorzeichen nicht durcheinander zu geraten, sodass wir folgendes Zwischenergebnis haben:

$$-a^4 + 2 \cdot a^2 \cdot b^2 + 2 \cdot a^2 \cdot c^2 - ((b+c)^2 \cdot (b-c)^2)$$

Nun berechnen wir den Ausdruck in der Klammer, indem wir zunächst zweimal die binomische Formel anwenden und dann ausmultiplizieren:

$$((b+c)^2 \cdot (b-c)^2) = (b^2 + 2 \cdot b \cdot c + c^2) \cdot (b^2 - 2 \cdot b \cdot c + c^2)$$

$$= (b^4 + 2 \cdot b^3 \cdot c + b^2 \cdot c^2 - 2 \cdot b^3 \cdot c - 4 \cdot b^2 \cdot c^2 - 2 \cdot b \cdot c^3 + b^2 \cdot c^2 + 2 \cdot b \cdot c^3 + c^4)$$

mit dem Zwischenergebnis

$$(b^4 - 2 \cdot b^2 \cdot c^2 + c^4).$$

Dieses setzen wir nun in die obige Gleichung ein, lösen die Klammer auf und sortieren um

$$-a^4 + 2 \cdot a^2 \cdot b^2 + 2 \cdot a^2 \cdot c^2 - (b^4 - 2 \cdot b^2 \cdot c^2 + c^4)$$

$$= -a^4 + 2 \cdot a^2 \cdot b^2 + 2 \cdot a^2 \cdot c^2 - b^4 + 2 \cdot b^2 \cdot c^2 - c^4$$

$$= -a^4 - b^4 - c^4 + 2 \cdot a^2 \cdot b^2 + 2 \cdot a^2 \cdot c^2 + 2 \cdot b^2 \cdot c^2$$

Damit haben wir das gesuchte Ergebnis

$$A = \frac{1}{4} \cdot \sqrt{-a^4 - b^4 - c^4 + 2 \cdot a^2 \cdot b^2 + 2 \cdot a^2 \cdot c^2 + 2 \cdot b^2 \cdot c^2} \ .$$

Es ist also

$$\frac{c \cdot h_c}{2} = \sqrt{s \cdot (s-a) \cdot (s-b) \cdot (s-c)}.$$

Dabei steht h_c für die Höhe auf der Seite c und s für

$$s = \frac{a+b+c}{2} \ .$$

Hallo Nik, ich melde mich mal wieder. Lass Dich von diesen mathematischen Tricksereien nicht entmutigen. Auch gestandene Mathematiker werden diesen Beweis der Heron-Formel nicht ohne Weiteres hinbekommen.

Kreis:

Im Zusammenhang mit dem Kreis begegnen wir einer völlig neuen Situation. Du wirst sicher schon einmal von der Quadratur des Kreises gehört haben. Davon ist immer dann die Rede, wenn eine schier unlösbare Aufgabe im Raum steht. Vereinfacht ausgedrückt: Wir suchen ein Quadrat mit der Seitenlänge a, das den gleichen Inhalt hat wie ein Kreis mit dem Radius r. Aber der Reihe nach. Der Radius, auch Halbmesser, bestimmt tatsächlich einen Kreis voll und ganz. Das heißt, ist der Radius r bekannt, ist auch der Kreis bekannt, das heißt, sein Umfang und auch sein Flächeninhalt.

Die Quadratur des Kreises ist ein **klassisches Problem** der Geometrie. Die Aufgabe besteht darin, aus einem gegebenen **Kreis** in endlich vielen Schritten ein **Quadrat** mit demselben **Flächeninhalt** zu konstruieren. Die Aufgabe ist äquivalent zur sogenannten Rektifikation des Kreises, also der Konstruktion einer geraden Strecke, die dem Kreisumfang entspricht. Beschränkt man sich bei der Konstruktion auf Lineal und Zirkel als Hilfsmittel, ist die Aufgabe aufgrund der Transzendenz der Kreiszahl π nicht lösbar (siehe auch weiter unten). Der Begriff

„Quadratur des Kreises" ist deshalb zu einer Metapher für eine unlösbare Aufgabe geworden

Das Problem liegt darin, dass die Zahl π, die bei der Berechnung des Kreisumfanges und der Kreisfläche eine zentrale Rolle spielt, keine rationale Zahl ist, das heißt, die Dezimalstellen weder abbrechen noch sich periodisch wiederholen. Vielmehr bilden sie eine gewissermaßen unendlich lange Zahlenfolge. In praxi reicht gewöhnlich allerdings die Rechnung mit zwei Dezimalstellen:

$\pi = 3{,}14$

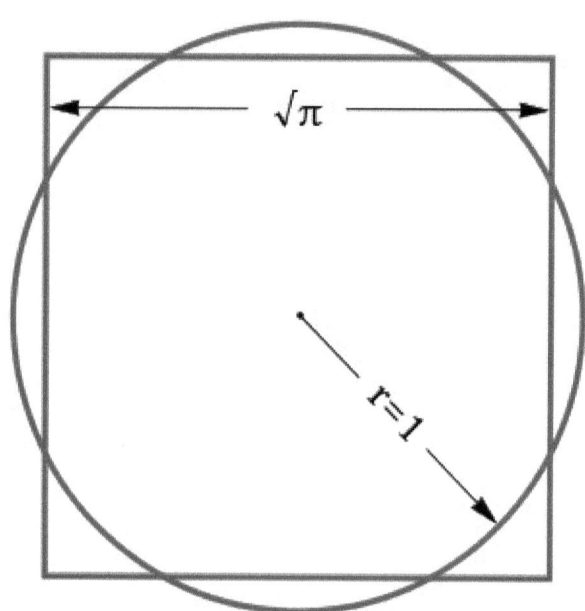

Die Quadratur des Kreises

Für den Umfang des Kreises gilt

$U = 2 \cdot \pi \cdot r = d \cdot \pi.$

Dabei ist

$d = 2 \cdot \pi$

der Durchmesser des Kreises. Es ist also

$$\pi = \frac{U}{d}.$$

π wird als Kreiszahl bezeichnet. Für den Flächeninhalt gilt

$$A = r^2 \cdot \pi.$$

Vom Kreis abgeleitet werden zwei weitere interessante geometrische Objekte und zwar der Kreisausschnitt, auch Kreissektor und der Kreisabschnitt, auch Kreissegment.

Kreisausschnitt und Kreisabschnitt:

Ein Kreisausschnitt, auch Kreissektor, ist die Teilfläche einer Kreisfläche, die von einem Kreisbogen und zwei Kreisradien begrenzt wird. Der Kreisausschnitt entspricht bildlich gesprochen dem Tortenstück einer Kuchentorte, wobei über die Größe des Tortenstücks nichts gesagt wird. Es kann im Grenzfall auch die ganze Torte ausmachen.

Ein Kreisabschnitt, auch Kreissegment, ist die Teilfläche einer Kreisfläche, die von einem Kreisbogen und einer Kreissehne begrenzt wird. Dabei ist die Kreissehne die Verbindung zwischen den beiden Endpunkten des Bogens auf dem Kreisumfang.

Die Abbildung zeigt beides, einen Kreisausschnitt und einen Kreisabschnitt eines Kreises mit dem Radius r. Der Kreisausschnitt wird begrenzt durch den Kreisbogen b und die beiden Radien die von dessen Endpunkten A und B ausgehen. Der sogenannte Öffnungswinkel α oder die Länge des Bogens bestimmen eindeutig die Größe des Kreisausschnitts eines Kreises mit dem Radius r. Die Sehne s schneidet den Kreisabschnitt vom Kreisausschnitt quasi ab. Eine weitere Größe, die bei den Berechnungen eine Rolle spielt, ist die Höhe h des

Kreisabschnitts. Sie entspricht dem Abstand zwischen Sehne und dem Kreisumfang als Teil des senkrecht zur Sehne verlaufenden Radius.

Wir berechnen nun die Länge des Kreisbogens b sowie die Fläche des Kreisausschnitts und die des Kreisabschnitts.

Zwischen dem Öffnungswinkel α und der Länge des Bogens b besteht folgende Relation:

$$\frac{\alpha}{360} = \frac{b}{2 \cdot \pi \cdot r}.$$

Das heißt, der Öffnungswinkel α verhält sich zum Winkel von 360 Grad (entspricht dem Vollkreis) wie die Bogenlänge b zum Umfang des Kreises.

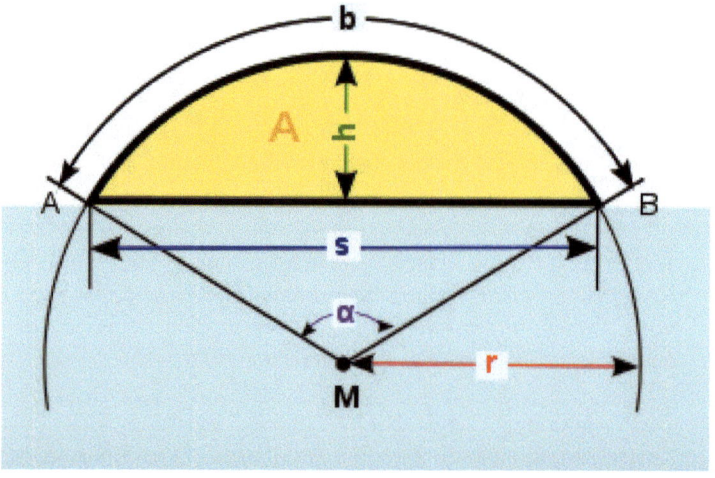

Wenn also der Winkel α gegeben ist, erhält man die Bogenlänge b aus

$$b = \frac{\alpha \cdot \pi \cdot r}{180}.$$

Das obige Verhältnis können wir auch für die Berechnung der Fläche A des Kreissektors heranziehen:

$$\frac{\alpha}{360} = \frac{A}{r^2 \cdot \pi}$$

Damit ist

$$A = \frac{\alpha \cdot \pi \cdot r^2}{360}.$$

Wenn wir umformen und die Relation für die Bogenlänge verwenden, erhalten wir

$$A = \frac{\alpha \cdot \pi \cdot r^2}{360} = \frac{\alpha \cdot \pi \cdot r}{180} \cdot \frac{1}{2} \cdot r = \frac{1}{2} \cdot b \cdot r.$$

Die Fläche des Kreisabschnitts berechnen wir für den Fall, dass die Höhe h gegeben ist und für den Fall, dass die Länge der Sehne s gegeben ist.

Wir gehen in beiden Fällen so vor, dass wir die Fläche des zugehörigen Kreissektors berechnen und davon den Flächeninhalt des gleichschenkligen Dreiecks mit den Ecken A, B und M (siehe Abbildung) abziehen.

Mit bekannter Höhe h ergibt sich für die Länge der Sehne s

$$\left(\frac{s}{2}\right)^2 = r^2 - (r-h)^2.$$

Nach Auflösung der Klammer auf der rechten Seite folgt

$$\left(\frac{s}{2}\right)^2 = r^2 - (r-h)^2 = r^2 - r^2 + 2 \cdot r \cdot h - h^2 = 2 \cdot r \cdot h - h^2 = h \cdot (2 \cdot r - h)$$

und dann

161

$$s = 2 \cdot \sqrt{h \cdot (2 \cdot r - h)} \ .$$

Die Fläche des Dreiecks ist dann

$$A = \frac{s \cdot (r - h)}{2} \ .$$

Von der Sektorfläche abgezogen, folgt schließlich für die Fläche des Kreisabschnitts

$$A = \frac{r \cdot b}{2} - \frac{s \cdot (r - h)}{2}$$

und mit s ausgeführt

$$A = \frac{r \cdot b}{2} - (r - h) \cdot \sqrt{h \cdot (2 \cdot r - h)} \ .$$

Falls s bekannt ist, gilt mit dem Satz des Pythagoras

$$(r - h)^2 = r^2 - \left(\frac{s}{2} \right)^2 \ .$$

Daraus folgt

$$r - h = \sqrt{r^2 - \left(\frac{s}{2} \right)^2} = \frac{1}{2} \cdot \sqrt{4 \cdot r^2 - s^2} \ .$$

und schließlich

$$h = r - \frac{1}{2} \cdot \sqrt{4 \cdot r^2 - s^2} \ .$$

Die Fläche des Dreiecks ist dann

$$\frac{s \cdot (r - h)}{2} = \frac{s}{4} \cdot \sqrt{4 \cdot r^2 - s^2}$$

und schließlich die Fläche des Kreisabschnitts

162

$$A = \frac{r \cdot b}{2} - \frac{s}{4} \cdot \sqrt{4 \cdot r^2 - s^2} \ .$$

Wir beschäftigen uns nun mit dreidimensionalen geometrischen Objekten. Wir beschränken uns dabei auf den Würfel, den Quader, die Pyramide, die Rundsäule, auch Zylinder, den Kegel und die Kugel. Wir berechnen in allen Fällen die Oberfläche, die wir mit O bezeichnen und das Volumen, auch Rauminhalt, das bzw. den wir mit V bezeichnen. Wir beginnen mit dem Würfel.

Würfel:

Der Würfel hat sechs gleich große quadratische Seiten – in der Abbildung ist die Vorderseite rot markiert –, die allesamt rechtwinklig zueinander stehen. Die Länge der insgesamt 12 Kanten (in der Abbildung grün markiert) des Würfels bezeichnen wir mit a.

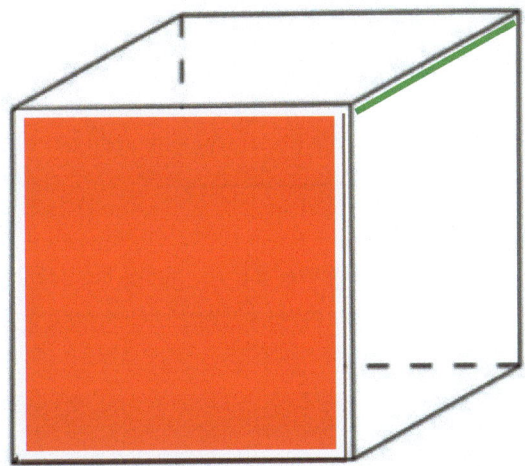

Für die Oberfläche des Würfels ergibt sich:

$$O = 6 \cdot a^3$$

163

und für das Volumen

$$V = a^3.$$

Mit dem Satz des Pytaghoras lassen sich interessante Berechnungen anstellen. Wir demonstrieren dies an Hand des Einheitswürfels. Der Einheitswürfel ist dadurch definiert, dass die Kanten die Länge a=1 haben (siehe Abbildung).

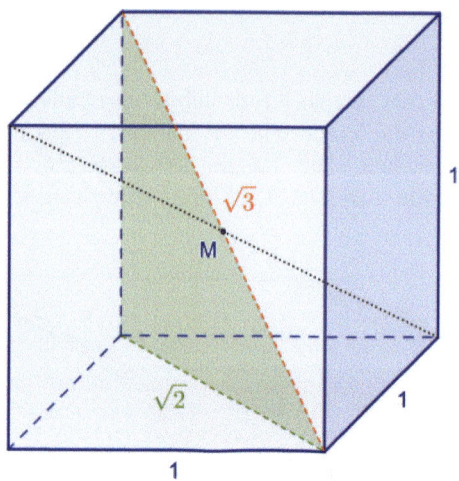

Die Diagonalen der Seitenflächen, die wir mit d_F bezeichnen, haben die Länge (als Beispiel siehe grün gestrichelte Linie in der obigen Abbildung)

$$d_F = \sqrt{a^2 + a^2} = \sqrt{2 \cdot a^2} = a \cdot \sqrt{2}.$$

Im Einheitswürfel ist also

$$d_F = \sqrt{2}.$$

Die Raumdiagonalen bezeichnen wir mit d_R. Die rot gestrichelte Linie in der obigen Abbildung, die von der rechten vorderen und unteren Ecke zur linken hinteren und oberen Ecke führt, ist zum Beispiel eine der Raumdiagonalen. Sie hat allgemein die Länge

$$d_R = \sqrt{d_F^2 + a^2} = \sqrt{\left(a \cdot \sqrt{2}\right)^2 + a^2} = \sqrt{2 \cdot a^2 + a^2} = \sqrt{3 \cdot a^2} = a \cdot \sqrt{3}$$.

Im Einheitswürfel ist also

$$d_R = \sqrt{3}$$.

Quader:

Der Quader, auch Rechtecksäule, hat als Grundfläche ein Quadrat oder Rechteck. Ein Quader besitzt sechs Seitenflächen, die im rechten Winkel aufeinander stehen, acht rechtwinkelige Ecken und zwölf Kanten, von denen jeweils vier gleiche Längen besitzen und zueinander parallel sind. Gegenüberliegende Flächen eines Quaders sind deckungsgleich.

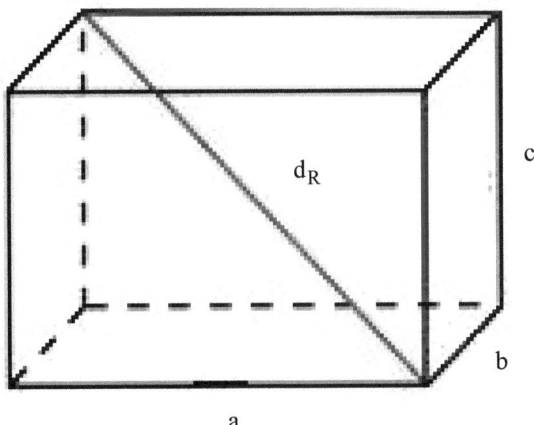

165

Der Würfel ist gewissermaßen eine Sonderform des Quaders, für den a=b=c gilt.

Im Quader sind von den sechs Seitenflächen jeweils 2 deckungsgleich. Die Oberfläche des Quaders, also die Summe der Seitenflächen hat damit die Größe

$$O = 2 \cdot a \cdot b + 2 \cdot b \cdot c + 2 \cdot a \cdot c = 2 \cdot (a \cdot b + b \cdot c + a \cdot c).$$

Für den Rauminhalt gilt

$$V = a \cdot b \cdot c.$$

Dabei haben wir die Seite mit der Fläche a·b als Basisfläche gewählt. Wir können aber auch jede andere wählen:

$$V = b \cdot c \cdot a$$

oder

$$V = c \cdot a \cdot b.$$

Auch in diesem Fall berechnen wir die Raumdiagonale d_R von der Ecke vorne unten rechts bis zur Ecke hinten oben links. Für die Seitendiagonale ist

$$d_F = \sqrt{a^2 + b^2}$$

Und für die Raumdiagonale

$$d_R = \sqrt{d_F^2 + c^2} = \sqrt{a^2 + b^2 + c^2}.$$

Pyramide:

Die Pyramide ist ein **geometrischer Körper**, dessen Grundfläche ein Vieleck (**Polygon**) und dessen Seitenflächen Dreiecke sind, die auf dem Rand des Vielecks fußen und sich in einem Punkt, der Spitze der Pyramide treffen. Das Vieleck heißt auch Grundfläche und die Dreiecke zusammen Mantelfläche der Pyramide.

Diese Festlegung ist sehr allgemein. Wir beschränken uns auf Pyramiden, die Quadrate, Rechtecke und gleichseitige Dreiecke als Grundfläche besitzen und die insbesondere gerade sind. Bei geraden Pyramiden fällt das Lot von der Pyramidenspitze mit dem Mittelpunkt der Grundfläche, dem sogenannten Fußpunkt zusammen. Siehe Abbildung.

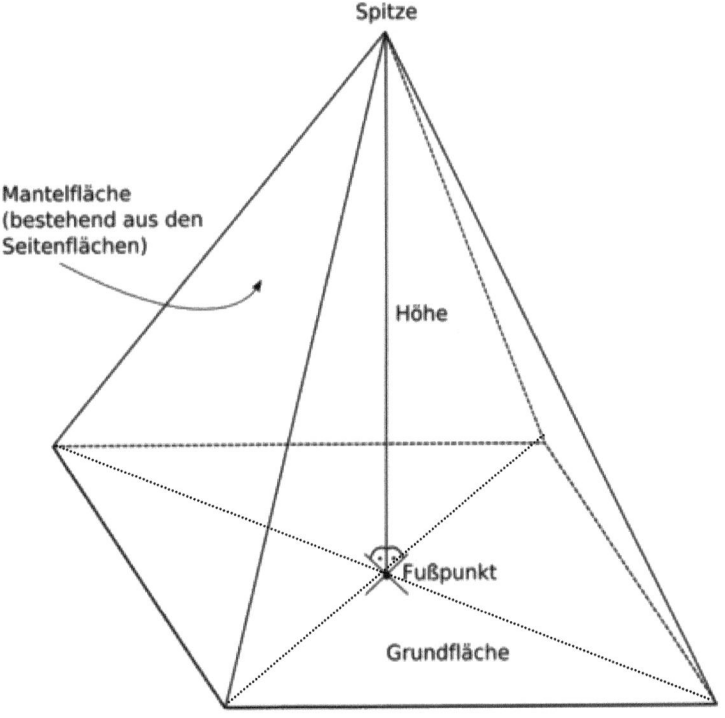

Wir benennen die Pyramiden nach ihren Grundflächen, also quadratische Pyramide, Rechteckpyramide und Dreieckspyramide.

Quadratische Pyramide:

Die quadratische Pyramide ist vollständig festgelegt durch die Seitenlänge a des Quadrats der Grundfläche und durch ihre Höhe h, dem Abstand zwischen der Pyramidenspitze und dem Fußpunkt. Die Kanten bezeichnen wir mit s und die Höhe der Seitendreiecke mit h_S. Siehe Abbildung.

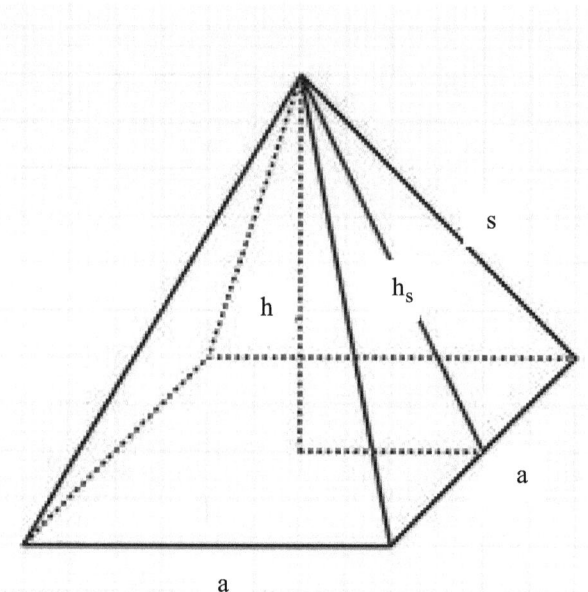

Wir berechnen die Oberfläche der Pyramide. Diese besteht aus der Grundfläche G und der Mantelfläche M. Die Mantelfläche besteht aus den Flächen der vier kongruenten, das heißt, deckungsgleichen Seitendreiecken, die wir mit SD bezeichnen:

$$O = G + M = G + 4 \cdot SD = a^2 + 4 \cdot \frac{a \cdot h_s}{2} = a^2 + 2 \cdot a \cdot h_s.$$

Wir benötigen nun nur noch die Höhe der Seitenfläche. Diese ergibt sich wieder mit dem Satz des Pytaghoras (siehe Abbildung):

$$h_s^2 = \left(\frac{a}{2}\right)^2 + h^2.$$

Damit folgt

$$O = a^2 + 2 \cdot a \cdot h_s = a^2 + 2 \cdot a \cdot \sqrt{\left(\frac{a}{2}\right)^2 + h^2}$$

$$= a^2 + 2 \cdot a \cdot \sqrt{\frac{a^2}{4} + h^2}$$

$$= a^2 + a \cdot \sqrt{a^2 + 4 \cdot h^2}.$$

Wir fassen zusammen:

$$O = a^2 + a \cdot \sqrt{a^2 + 4 \cdot h^2}.$$

Wir berechnen nun den Rauminhalt der Pyramide. Am einfachsten ist der Nachweis des Volumens einer Pyramide mithilfe der Integralrechnung. Diese ist eine Disziplin der höheren Mathematik, über die wir in einem späteren Kapitel sprechen. Hier machen wir uns die Formel für den Rauminhalt der quadratischen Pyramide anschaulich klar.

Wir stellen uns dazu einen Würfel mit der Kantenlänge a vor und dessen vier Raumdiagonalen. Diese bilden 6 Pyramiden, deren Grundflächen den 6 Seiten des Würfels entsprechen und deren Höhen der halben Kantenlänge des Würfels (siehe Abbildung).

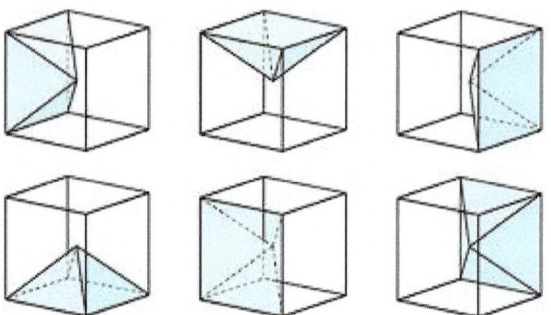

Nun gilt für den Zusammenhang zwischen dem Rauminhalt V_P der Pyramide und dem des Würfels V_w

$$6 \cdot V_P = V_W = a^3 = a^2 \cdot a = a^2 \cdot 2 \cdot h = 2 \cdot a^2 \cdot h$$

und schließlich

$$V_P = \frac{1}{3} \cdot a^2 \cdot h \, .$$

Der Rauminhalt einer quadratischen Pyramide ergibt sich also aus ihrer Grundfläche multipliziert mit ihrer Höhe geteilt durch drei:

$$V_P = \frac{1}{3} \cdot G \cdot h.$$

Diese Formel gilt im Übrigen für alle Pyramidenarten, also zum Beispiel auch für die Rechteckpyramide und für die Pyramide über einem gleichseitigen Dreieck.

Rechteckpyramide:

Die Grundfläche der Rechteckpyramide ist ein Rechteck mit den Seiten der Länge a und b. Damit gilt für die Grundfläche G

$$G = a \cdot b$$

und für das Volumen der Pyramide

$$V_P = \frac{1}{3} \cdot G \cdot h = \frac{1}{3} \cdot a \cdot b \cdot h.$$

Für die Berechnung der Mantelfläche benötigen wir wieder die Seitenhöhen, die wir mithilfe der Seite Kennzeichen. Es ist also h_a die Höhe der Seite auf der Grundlinie a und h_b die Höhe der Seite auf der Grundlinie b. Wir verwenden wieder einmal den Satz des Pythagoras:

$$h_a = \left(\frac{b}{2}\right)^2 + h^2$$

und

$$h_b = \left(\frac{a}{2}\right)^2 + h^2.$$

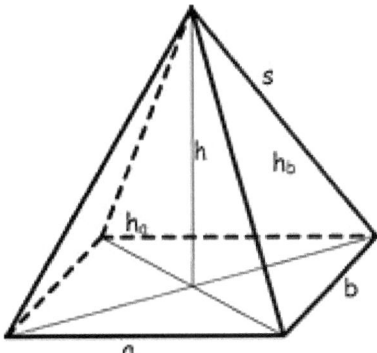

Die entsprechenden Seitendreiecke haben dann den Flächeninhalt

$$SD_a = \frac{a \cdot h_a}{2} = \frac{a}{2} \cdot \left(\left(\frac{b}{2}\right)^2 + h^2\right)$$

und

171

$$SD_b = \frac{b \cdot h_b}{2} = \frac{b}{2} \cdot \left(\left(\frac{a}{2} \right)^2 + h^2 \right)$$

Für die Mantelfläche gilt somit

$$M = 2 \cdot SD_a + 2 \cdot SD_b = a \cdot h_a + b \cdot h_b$$

$$= a \cdot \left(\left(\frac{b}{2} \right)^2 + h^2 \right) + b \cdot \left(\left(\frac{a}{2} \right)^2 + h^2 \right)$$

$$= \frac{a}{4} \cdot \left(b^2 + 4 \cdot h^2 \right) + \frac{b}{4} \cdot \left(a^2 + 4 \cdot h^2 \right)$$

und für die Oberfläche der Rechteckpyramide

$$O = a \cdot b + M = a \cdot b + a \cdot h_a + b \cdot h_b.$$

Pyramide über einem gleichseitigen Dreieck:

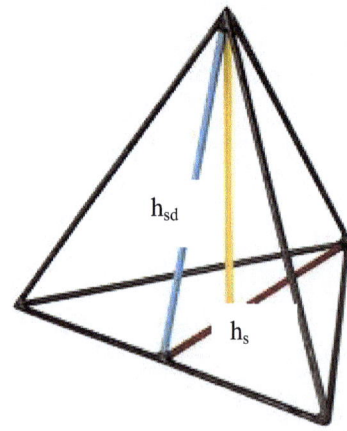

Wir beschäftigen uns nur mit Pyramiden über einem gleichseitigen Dreieck. Die Seiten der Grundfläche bezeichnen wir mit s, die Höhe des Grundflächendreiecks mit h_s und die Höhe der Seitendreiecke mit h_{sd}.

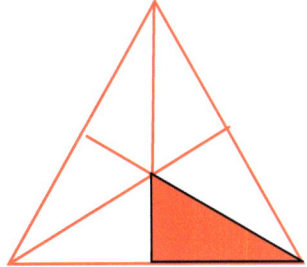

Grundfläche des gleichseitigen Dreiecks

Für die Grundfläche gilt:

$$G = \frac{s \cdot h_s}{2} = \frac{s}{2} \cdot \sqrt{s^2 - \left(\frac{s}{2}\right)^2} = \frac{s}{2} \cdot \sqrt{s^2 - \frac{s^2}{4}} = \frac{s}{2} \cdot \sqrt{3 \cdot \frac{s^2}{4}} = \frac{s^2}{4} \cdot \sqrt{3}.$$

Damit ist das Volumen

$$V = \frac{s^2}{12} \cdot \sqrt{3} \cdot h.$$

Um die Seitenflächen berechnen zu können, benötigen wir den Abstand des Fußpunktes der Seitenflächenhöhe vom Mittelpunkt des Grundflächendreiecks.

Wenn wir diesen mit p bezeichnen, können wir die Höhe des Seitenflächendreiecks h_{ds} berechnen (siehe vorletzte Abbildung):

$$h_{ds}^2 = p^2 + h^2.$$

Wir sehen uns die Situation anhand der obigen Abbildung an, die die Dreiecksgrundfläche zeigt. Es gilt:

$$p^2 = (h_s - p)^2 - \left(\frac{s}{2}\right)^2 = h_s^2 - 2 \cdot h \cdot p + p^2 - \frac{s^2}{4}$$

173

Wir stellen um und erhalten

$$2 \cdot p \cdot h_s = h_s^2 - \frac{s^2}{4}.$$

Wegen

$$h_s^2 = s^2 - \left(\frac{s}{2}\right)^2 = \frac{3}{4} \cdot s^2$$

und damit

$$h_s = \frac{s}{2} \cdot \sqrt{3}$$

folgt aus der obigen Gleichung

$$2 \cdot p \cdot h_s = h_s^2 - \frac{s^2}{4} = \frac{3}{4} \cdot s^2 - \frac{1}{4} \cdot s^2 = \frac{1}{2} \cdot s^2,$$

also

$$2 \cdot p \cdot h_s = \frac{1}{2} \cdot s^2$$

und dann

$$p = \frac{1}{4} \cdot \frac{s^2}{h_s} = \frac{1}{4} \cdot \frac{s^2}{\frac{s}{2} \cdot \sqrt{3}} = \frac{1}{2} \cdot \frac{s}{\sqrt{3}}.$$

Daraus folgt

$$h_s - p = h_s - \frac{1}{2} \cdot \frac{s}{\sqrt{3}} = \frac{s}{2} \cdot \sqrt{3} - \frac{s}{2 \cdot \sqrt{3}} = \frac{3 \cdot s - s}{2 \cdot \sqrt{3}} = \frac{s}{\sqrt{3}}$$

Der Mittelpunkt des Dreiecks schneidet die Höhen des Dreiecks also im Verhältnis

$$\frac{h-p}{p} = \frac{\frac{s}{\sqrt{3}}}{\frac{s}{2\cdot\sqrt{3}}} = 2.$$

Damit gilt für Höhe des Seitenflächendreiecks

$$h_{ds}^2 = p^2 + h^2 = \left(\frac{1}{3}\cdot h_s\right)^2 + h^2$$

$$= \frac{1}{9}\cdot h_s^2 + h^2 = \frac{1}{9}\cdot\frac{3}{4}\cdot s^2 + h^2 = \frac{s^2}{12} + h^2 = \frac{1}{3}\cdot\left(\frac{s^2}{4} + 3\cdot h^2\right)$$

und schließlich

$$h_{ds} = \frac{1}{\sqrt{3}}\cdot\sqrt{\frac{s^2}{4} + 3\cdot h^2}.$$

Für die Dreiecke des Mantels ist also

$$A = \frac{s}{2\cdot\sqrt{3}}\cdot\sqrt{\frac{s^2}{4} + 3\cdot h^2}.$$

Für die Mantelfläche ergibt sich damit

$$M = \frac{3\cdot s}{2\cdot\sqrt{3}}\cdot\sqrt{\frac{s^2}{4} + 3\cdot h^2}$$

und für Oberfläche der Dreieckspyramide

$$O = \frac{s^2}{4}\cdot\sqrt{3} + \frac{3\cdot s}{2\cdot\sqrt{3}}\cdot\sqrt{\frac{s^2}{4} + 3\cdot h^2} = \frac{s}{2}\cdot\sqrt{3}\cdot\left(\frac{s}{2} + \sqrt{\frac{s^2}{4} + 3\cdot h^2}\right).$$

Ein interessanter Fall ergibt sich, wenn alle vier Dreiecksflächen deckungsgleich sind. Es handelt sich dann um einen sogenannten Tetraeder, auch Vierflach. Sämtliche Größen, die bei der Volumen- und

Oberflächenberechnung eine Rolle spielen, können nun aus der Länge der Pyramidenseiten, die wir mit s bezeichnen, abgeleitet werden.

Für die Höhe h_s der Grundfläche und der Seitenflächen erhalten wir

$$h_s^2 = s^2 - \left(\frac{s}{2}\right)^2 = \frac{3}{4} \cdot s^2$$

und damit

$$h_s = \frac{s}{2} \cdot \sqrt{3}\,.$$

Die Höhe h der Pyramide berechnen wir wie im obigen Fall aus dem Abschnitt p mit

$$p = \frac{h_s}{3}$$

und der Seitenflächenhöhe h_s:

$$h^2 = h_s^2 - p^2 = h_s^2 - \left(\frac{h_s}{3}\right)^2 = \frac{8}{9} \cdot h_s^2 = \frac{2}{3} \cdot s^2$$

Schließlich ergibt sich für das Volumen der Pyramide

$$V = \frac{G \cdot h}{3} = \frac{\frac{s \cdot h_s}{2} \cdot h}{3} = \frac{\frac{s \cdot \frac{s}{2} \cdot \sqrt{3}}{2} \cdot \frac{\sqrt{2}}{\sqrt{3}} \cdot s}{3} == \frac{s^3 \cdot \sqrt{2}}{12}\,.$$

Für die Oberfläche erhält man

$$O = 4 \cdot G = 4 \cdot \frac{s \cdot h_s}{2} = 4 \cdot \frac{s \cdot \frac{s}{2} \cdot \sqrt{3}}{2} = s^2 \cdot \sqrt{3}.$$

Zylinder:

Wir behandeln nur den geraden Kreiszylinder, dessen Grund- und Deckfläche deckungsgleiche Kreise sind. Das Lot vom Mittelpunkt der Deckfläche ist der Mittelpunkt der Grundfläche (gerader Zylinder). Den Radius der beiden Kreise nennen wir r und die Höhe des Zylinders, also den Abstand zwischen Grund- und Deckfläche h. Siehe Abbildung.

Das Volumen des Zylinders ergibt sich aus der Grundfläche multipliziert mit der Höhe h:

$$V = G \cdot h = r^2 \cdot \pi \cdot h.$$

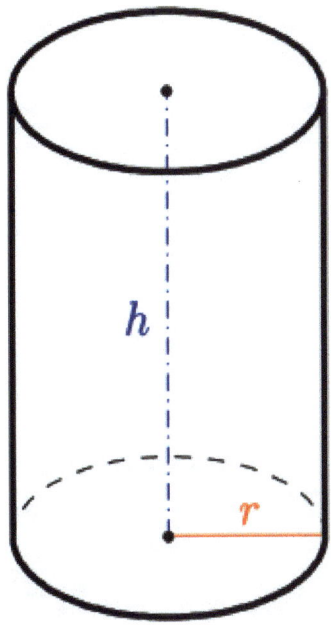

Der Mantel des Zylinders entspricht einem Rechteck mit den Seitenlängen 2·π·r, dem Umfang der beiden Kreise, und h. Das sieht man sofort ein, wenn man sich den Mantel von dem Zylinder abgerollt vorstellt. Der Mantel hat also die Fläche

$$M = 2 \cdot \pi \cdot r \cdot h.$$

Für die Oberfläche gilt dann

$$O = 2 \cdot r^2 \cdot \pi + 2 \cdot \pi \cdot r \cdot h = 2 \cdot r \cdot \pi \cdot (r + h).$$

Im Zusammenhang mit der Volumenberechnung des Kreiszylinders ergibt sich eine interessante Fragestellung, die schon mal als Tankproblem bezeichnet wird. Dabei wird ein umliegender Kreiszylinder als Tank aufgefasst, in dem bis zu einer bestimmten Höhe eine Flüssigkeit steht. Die Frage ist, wieviel Flüssigkeit ist in dem Tank bzw. wieviel Flüssigkeit fehlt bzw. geht noch hinein. Wenn wir uns den Querschnitt des Tanks ansehen (siehe Abbildung), sind wir sofort an den Kreisabschnitt erinnert.

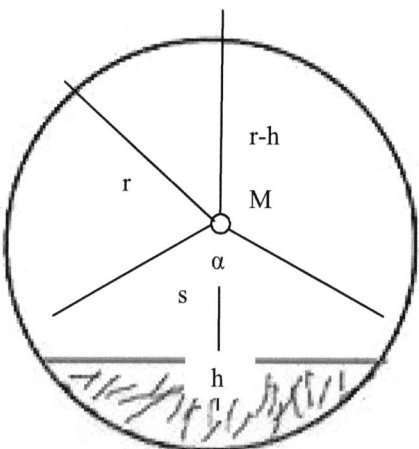

Wir sollten bei den folgenden Berechnungen erhöhte Aufmerksamkeit auf die verwendeten Bezeichnungen legen. Unter der Höhe h verstehen wir im vorliegenden Zusammenhang die Höhe des Flüssigkeitsstandes im Tank. Die Höhe des Zylinders, die der Länge des Tanks entspricht, bezeichnen wir, um Verwechslungen zu vermeiden, mit l.

Wir berechnen nun zunächst die Fläche des Kreisabschnitts. Dazu drehen wir den Tank gedanklich einfach um. Diese Vorgehensweise erlaubt uns, die bei der Behandlung des Kreisabschnitts abgeleiteten Formeln unmittelbar anzuwenden. Wir werden dabei allerdings auf ein weiteres mathematisches Problem stoßen, das wir dann auch noch lösen müssen. Dabei handelt es sich um die sogenannten Winkelfunktionen.

Für den Kreisabschnitt erhalten wir

$$A = \frac{r \cdot b}{2} - (r - h) \cdot \sqrt{h \cdot (2 \cdot r - h)}.$$

und für das von der Flüssigkeit eingenommenen Volumen

$$V = A \cdot 1 = \left(\frac{r \cdot b}{2} - (r - h) \cdot \sqrt{h \cdot (2 \cdot r - h)} \right) \cdot 1.$$

An dieser Formel erkennen wir das Problem, von dem wir gesprochen haben. Um die Formel anwenden zu können, müssten wir zwei Größen messen, nämlich neben der Höhe des Flüssigkeitsstandes h die Länge des Kreisbogens b. Das ist ziemlich unschön. Statt der Länge des Bogens könnten wir natürlich auch den Öffnungswinkel verwenden.

Mit

$$b = \frac{\alpha}{180} \cdot \pi \cdot r$$

wäre dann

$$V = \left(\frac{\alpha}{360} \cdot r^2 \cdot \pi - (r - h) \cdot \sqrt{h \cdot (2 \cdot r - h)} \right) \cdot 1.$$

Aber das ist nicht weniger schön. Bei diesem Problem helfen uns die Winkelfunktionen. Aber bis dahin ist es noch ein kleiner Schritt. Zunächst beschäftigen wir uns noch mit dem Kreiskegel.

179

Kegel:

Wir behandeln nur den geraden Kegel, dessen Grundfläche ein Kreis ist. Das Lot von der Kegelspitze ist der Mittelpunkt der Grundfläche (gerader Zylinder). Den Radius des Grundkreises nennen wir r und die Höhe des Kegels, also den Abstand zwischen Grundfläche und Kegelspitze h. Siehe Abbildung.

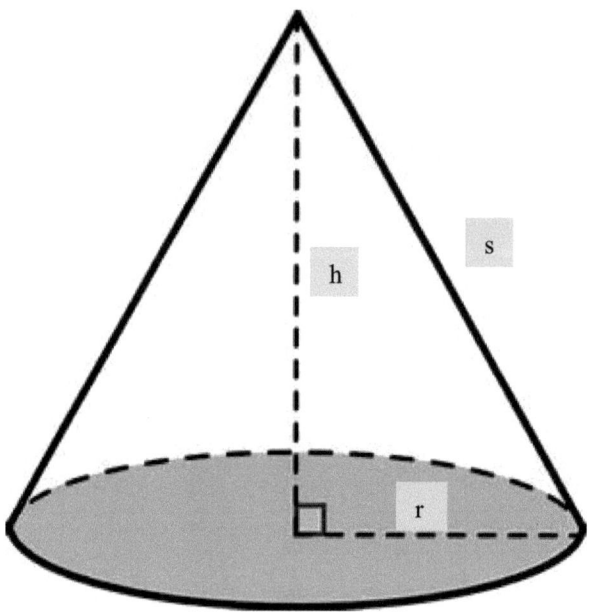

Das Volumen des Zylinders ergibt sich aus der Grundfläche multipliziert mit der Höhe h geteilt durch 3:

$$V = \frac{G \cdot h}{3} = \frac{r^2 \cdot \pi \cdot h}{3}.$$

Die Formel für das Volumen lässt sich, wie schon bei der Pyramide, am elegantesten mithilfe der Integralrechnung entwickeln. Im Kapitel

Differentiale und Integrale kommen wir darauf zurück. An dieser Stelle akzeptieren wir die Formel erst einmal.

Wickelt man den Mantel eines Kegels ab, so erhält man den Kreissektor eines Kreises, dessen Radius der Seitenhöhe s des Kegels entspricht. Der Bogen des Kreissektors hat die Länge des Umfangs der Grundfläche des Kegels, also 2·π·r. Siehe Abbildung.

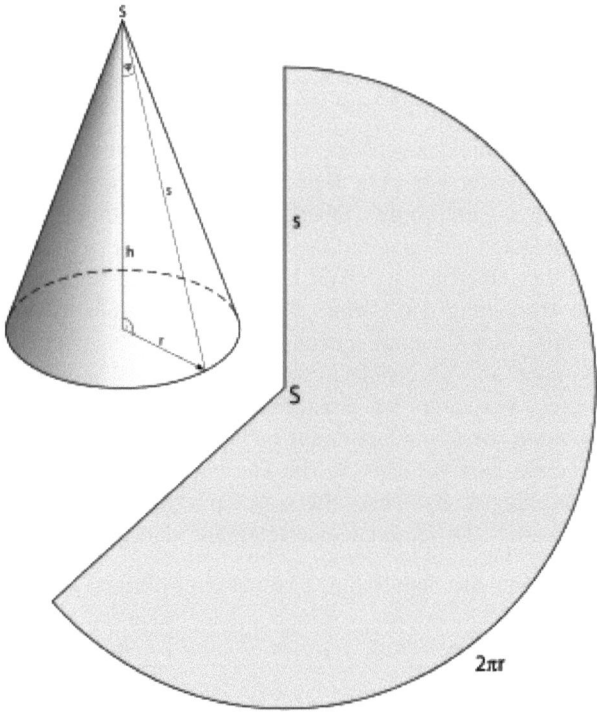

Daraus ergibt sich die Mantelfläche des Kegels mit

$$M = \frac{1}{2} \cdot b \cdot s = \frac{1}{2} \cdot 2 \cdot \pi \cdot r \cdot s = \pi \cdot r \cdot s.$$

Mit

$$s = \sqrt{r^2 + h^2}$$

ist dann

$$M = \pi \cdot r \cdot \sqrt{r^2 + h^2}.$$

Für die Oberfläche des Kegels gilt schließlich

$$O = G + M = 2 \cdot \pi \cdot r + \pi \cdot r \cdot \sqrt{r^2 + h^2}.$$

Kugel:

An dem Objekt Kugel könnten wir uns austoben. In Anlehnung an den Kreis können wir zum Beispiel Kugelausschnitte und Kugelabschnitte definieren und ihre Oberflächen und Volumina berechnen. Wir beschränken uns aber auf die Vollkugel und berechnen deren Volumen V und ihre Oberfläche O. Wir beginnen in diesem Fall mit dem Volumen. Die Herleitung der Formel für das Kugelvolumen erfolgt in der Regel mithilfe der Integralrechnung. Ein „altes" Verfahren, das mit dem Zylinder als Vergleichskörper operiert, geht auf Archimedes zurück. Dieses Verfahren ist einigermaßen abenteuerlich. Und wir sind der Meinung, dass wir uns damit nicht mehr beschäftigen sollten. Falls Du Interesse hast, kannst Du die Herleitung beispielsweise bei Wikipedia nachschlagen. An dieser Stelle akzeptieren wir die Formel und kommen im Kapitel „Differentiale und Integrale" darauf zurück. Hier genügt uns:

Eine Kugel mit dem Radius r besitzt ein Volumen von

$$V = \frac{4}{3} \cdot \pi \cdot r^3.$$

Hat man einmal die Formel für das Volumen, lässt sich die für die Oberfläche O relativ einfach daraus ableiten. Und zwar denken wir uns das Kugelvolumen ausgefüllt mit quadratischen Pyramiden, deren Spitzen im Kugelmittelpunkt und deren Grundflächen G_i Teile der Oberfläche der Kugel sind. Ihre Höhen entsprechend damit dem Radius r der Kugel. Je größer die Zahl der Pyramiden, umso kleiner ist die einzelne Pyramidengrundfläche G_i und umso besser approximiert die

Summe dieser Grundflächen die Oberfläche der Kugel. Wir nehmen n Pyramiden an mit der Grundfläche G_i. Dann gilt also

$$V = \sum_{i=1}^{n} \frac{1}{3} \cdot r \cdot G_i = \frac{1}{3} \cdot r \cdot \sum_{i=1}^{n} G_i = \frac{1}{3} \cdot r \cdot O.$$

Damit ist

$$O = 3 \cdot \frac{V}{r}$$

und wegen

$$V = \frac{4}{3} \cdot \pi \cdot r^3$$

$$O = 3 \cdot \frac{\frac{4}{3} \cdot \pi \cdot r^3}{r} = 4 \cdot \pi \cdot r^2.$$

Wir geben zu, dass diese Herleitung nicht ausgesprochen mathematisch ist. Aber sie soll uns an dieser Stelle genügen. Auch die Formel für die Oberfläche der Kugel lässt sich am elegantesten und mathematischsten und auch letztlich am einfachsten mithilfe der Integralrechnung herleiten. Da wir dafür aber noch weitere Voraussetzungen benötigen und besprechen müssten, verzichten wir darauf. Dennoch kommen wir auf das Oberflächenproblem im Kapitel „Differentiale und Integrale" noch einmal zurück und stellen dort eine verblüffende Lösung mithilfe Differentialrechnung vor.

Die Winkelfunktionen

Die Winkelfunktionen, in der Mathematik eher als trigonometrische Funktionen bezeichnet, stellen Zusammenhänge zwischen Winkeln und Seitenverhältnissen in rechtwinkligen Dreiecken her. Die trigonometrischen Funktionen sind zudem die grundlegenden Funktionen zur Beschreibung periodischer Vorgänge in den Naturwissenschaften.

Ursprünglich waren die Winkelfunktionen nur für Winkel zwischen 0 und 90° in einem rechtwinkligen Dreieck definiert.

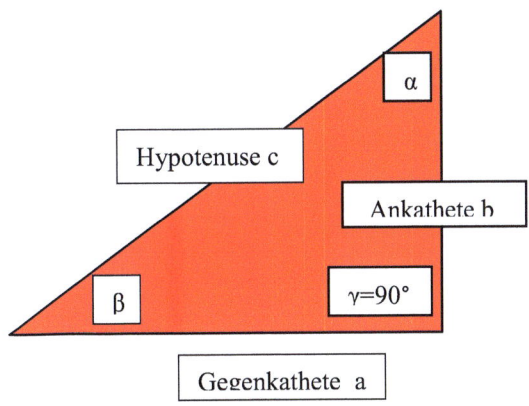

Zunächst zum Sprachgebrauch (zum Teil Wiederholung aus dem Kapitel „Satz des Pythagoras"): In einem rechtwinkligen Dreieck heißt die Seite, die dem rechten Winkel – hier γ – gegenüber liegt, Hypotenuse. Diese bezeichnen wir mit c. Die beiden anderen Winkel im Dreieck – hier α und β - sind stets kleiner als 90 Grad. Dies folgt aus der Tatsache, dass die Winkelsumme im Dreieck 180 Grad ist, was leicht einsehbar ist, wenn Du das Rechteck betrachtet, das das Dreieck umgibt. Ein Rechteck ist aber durch vier rechte Winkel definiert, die zusammen logischerweise 360° ausmachen. Die einem der anderen als dem rechten Winkel gegenüber liegende Seite, beispielsweise die Seite gegenüber dem Winkel α heißt Gegenkathete von α, hier a, die anliegende Seite Ankathete von α, hier b.

Aus Sicht des Winkels β ist b die Gegenkathete und a die Ankathete. Nun sind wir soweit, dass wir die Winkelfunktionen im rechtwinkligen Dreieck definieren können. Wir beschränken uns dabei zunächst auf die beiden grundlegenden Funktionen Sinus, abgekürzt sin und Kosinus, abgekürzt cos.

$$\sin(\alpha) = \frac{\text{Gegenkathete}}{\text{Hypotenuse}} = \frac{a}{c} \qquad \sin(\beta) = \frac{\text{Gegenkathete}}{\text{Hypotenuse}} = \frac{b}{c}$$

$$\cos(\alpha) = \frac{\text{Ankathete}}{\text{Hypotenuse}} = \frac{b}{c} \qquad \cos(\beta) = \frac{\text{Ankathete}}{\text{Hypotenuse}} = \frac{a}{c}$$

In allen Dreiecken, die über gleich große Winkel verfügen, ist das Verhältnis der Katheten zur Hypotenuse gleich. Das macht man sich wiederrum schnell klar, wenn man zwei Dreiecke ineinander zeichnet (siehe Abbildung). Letztendlich liegt dies an den Strahlensätzen, die wir weiter unten noch kennenlernen.

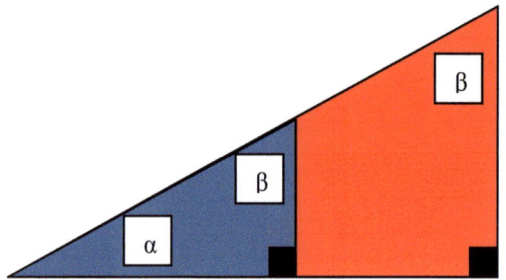

Da die Definition der Winkelfunktionen unabhängig ist von der Größe des Dreiecks, können wir auch ein Dreieck wählen, dessen Hypotenuse gleich 1 ist. Gleichzeitig wäre es von Vorteil, wenn wir die Abhängigkeit der Winkelfunktion vom Winkel grafisch darstellen könnten. Dazu geeignet ist der sogenannte Einheitskreis, also ein Kreis mit dem Radius r=1. Siehe dazu die nächste Abbildung.

Wenn wir uns den Radius als Uhrzeiger vorstellen, der sich – in diesem Fall gegen den Uhrzeigersinn – um den Kreismittelpunkt dreht, so überstreicht dieser Winkel, ausgehend von der waagerechten Linie bis zur senkrechten Linie, 0 bis 90°.

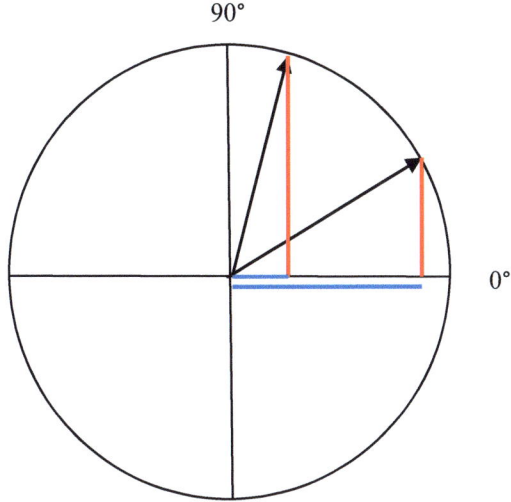

Die rot markierten Abschnitte entsprechen dem Sinus des Winkels, den der Radius (Uhrzeiger) mit der waagerechten Achse bildet, die blau markierten Geraden den Kosinus. Was Du sicher sofort erkennst, sind die Werte der Winkelfunktionen für die Winkel 0 und 90 °. Es gilt nämlich

$\sin(0°) = 0$,

$\sin(90°) = 1$,

$\cos(0°) = 1$,

$\cos(90°) = 0$.

Aber auch für andere Winkel lassen sich die Sinus- und Kosinuswerte direkt angeben. Wir wählen die Winkel 30, 45 und 60° und bedienen uns einiger weniger mathematischer Tricks. Zunächst zum 45°-Winkel. Wir

187

wählen ein gleichschenkliges und rechtwinkliges Dreieck mit der Schenkellänge a und der Hypotenuse c. Siehe Abbildung.

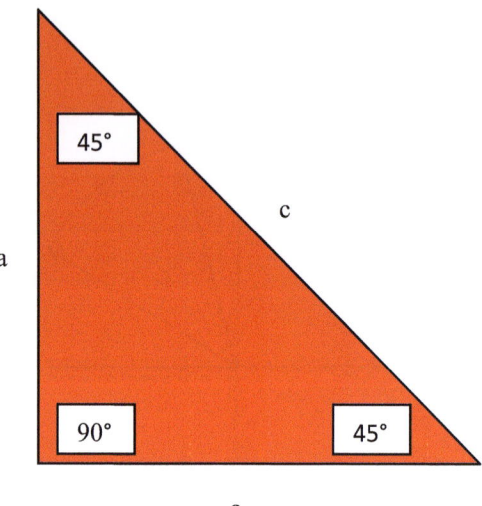

Dann gilt

$$\sin(45°) = \frac{a}{a \cdot \sqrt{2}} = \frac{1}{\sqrt{2}} = \frac{\sqrt{2}}{2}.$$

Da Kathete und Ankathete übereinstimmen, gilt dies natürlich auch für den Kosinus:

$$\cos(45°) = \frac{\sqrt{2}}{2}.$$

Für die Berechnung der beiden anderen Winkel, also 30 und 60°, wählen wir ein gleichseitiges Dreieck mit der Seitenlänge a. Siehe Abbildung.

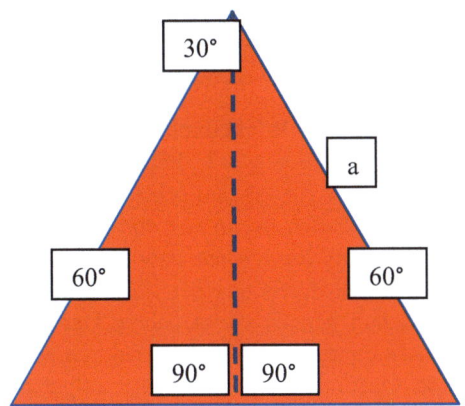

Für den 30°-Winkel gilt

$$\sin(30°) = \frac{\frac{a}{2}}{a} = \frac{1}{2}$$

und

$$\cos(30°) = \frac{\sqrt{a^2 - \left(\frac{a}{2}\right)^2}}{a} = \frac{\sqrt{\frac{3}{4} \cdot a^2}}{a} = \frac{\frac{a}{2} \cdot \sqrt{3}}{a} = \frac{\sqrt{3}}{2}$$

und

schließlich für den 60°-Winkel

$$\sin(60°) = \frac{\sqrt{a^2 - \left(\frac{a}{2}\right)^2}}{a} = \frac{\frac{a}{2} \cdot \sqrt{3}}{a} = \frac{\sqrt{3}}{2}$$

und

$$\cos(60°) = \dfrac{\dfrac{a}{2}}{a} = \dfrac{1}{2}.$$

Jetzt wird es Zeit, die Winkelfunktionen auch für Winkel, die größer sind als 90°, zu definieren. Wir drehen dazu unseren Uhrzeiger einfach weiter und über 90° hinaus und sehen uns an, wie sich die Sinus- und Kosinuswerte verhalten, wenn wir von derselben Definition ausgehen, also vom Verhältnis von Kathete bzw. Ankathete zur Hypotenuse. Dazu denken wir uns den Kreis in einem rechtwinkligen Koordinatensystem, wie wir es schon kennengelernt haben. Den Ursprung (0;0) versetzen wir in den Mittelpunkt des Kreises. Dadurch wird das den Einheitskreis umfassende Quadrat in vier Bereiche aufgeteilt, in die sogenannten Quadranten. Von der Waagerechten (rechts) gegen den Uhrzeiger vorgehend in den Quadranten I bis rechts unten zum Quadranten IV. Wir kürzen ab mit Q I bis Q IV.

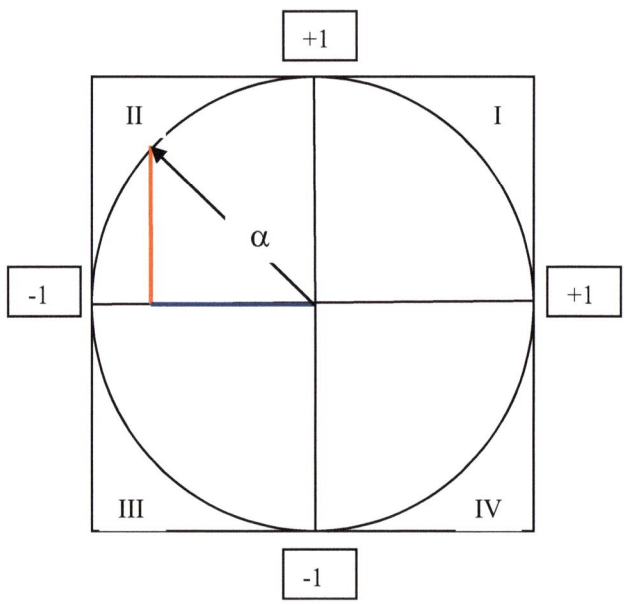

Wenn wir nun unseren Uhrzeiger über 90° hinaus drehen, erhalten wir Öffnungswinkel bis 360°. So umfasst Q I Winkel von 0 bis 90°, Q II von 90 bis 180°, Q III von 180 bis 270° und schließlich Q IV Winkel von 270 bis 360°. Damit sind wir wieder bei 0° angelangt. Ein 360°-Winkel entspricht also nach dieser Systematik einem Winkel von 0°. Du kannst die Winkel auch im Uhrzeigersinn bilden. Dann umfasst Q IV beispielsweise Winkel von 0 bis -90°. Wenn wir uns die Vorzeichen der Sinus- und Kosinuswerte in den Quadranten ansehen, so kommen wir zu folgendem Ergebnis:

	Q I	Q II	Q III	Q IV
sin	+	+	-	-
cos	+	-	-	+

Die Sinus- und Kosinuswerte überstreichen das Intervall von -1 bis +1. Nun können wir auch unsere Tabelle der Sinus- und Kosinuswerte für bestimmte Winkel erweitern. Wir machen das in Form einer Sinus/Kosinus-Uhr, die wir bei Wikipedia gefunden haben. Siehe Abbildung.

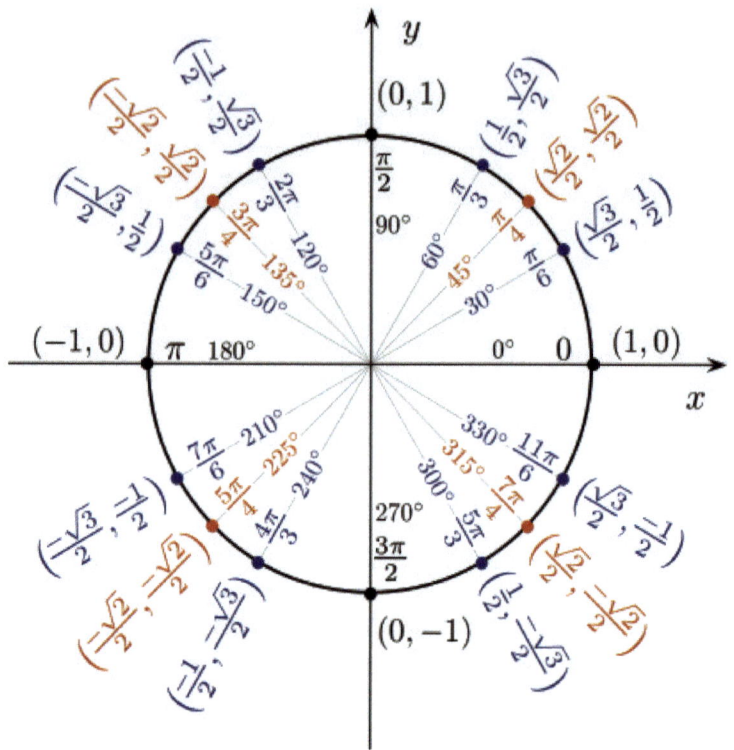

Häufig wird der Winkel statt im Gradmaß im sogenannten Bogenmaß angegeben. Nicht selten führt dies beim Einsatz von Taschenrechnern zu Irritationen. Wir erinnern uns: Im Kreis verhält sich ein Kreisbogen b zum Umfang des Kreises wie der entsprechende Öffnungswinkel α im Gradmaß (in Grad) zu 360°:

$$\frac{\alpha}{360} = \frac{b}{2 \cdot \pi \cdot r}$$

Im Einheitskreis ist dann

$$b = \frac{\pi}{180} \cdot \alpha$$

b heißt Bogenmaß des Winkels α. Die Tabelle zeigt das Bogenmaß als Vielfaches von π für einige ausgewählte Winkel in Grad.

0°	45°	90°	135°	180°	225°	270°	315°	360°
0	$\dfrac{\pi}{4}$	$\dfrac{\pi}{2}$	$\dfrac{3 \cdot \pi}{4}$	π	$\dfrac{5 \cdot \pi}{4}$	$\dfrac{3 \cdot \pi}{2}$	$\dfrac{7 \cdot \pi}{4}$	$2 \cdot \pi$

Die Verwendung des Bogenmaßes macht es uns auch leichter, die Uhr gewissermaßen zu überdrehen, das heißt, mit dem Zeiger auch noch über die 360° hinauszugehen und die Funktion in einem „normalen" Koordinatensystem abzubilden. Siehe dazu die unten stehende Abbildung.

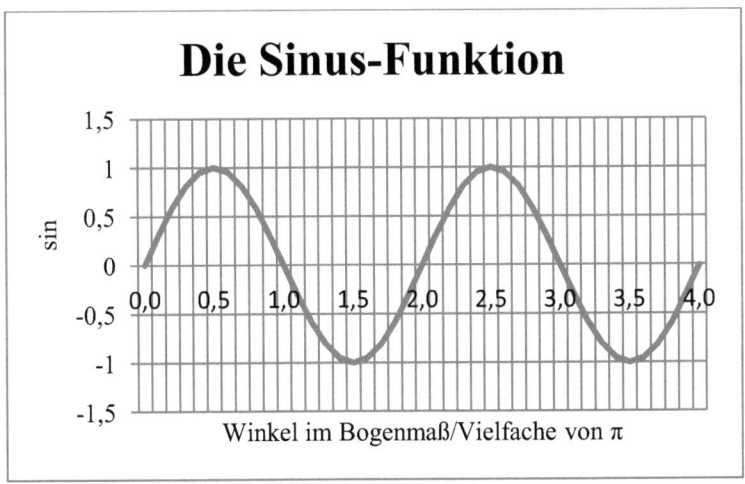

Die Sinus-Funktion

193

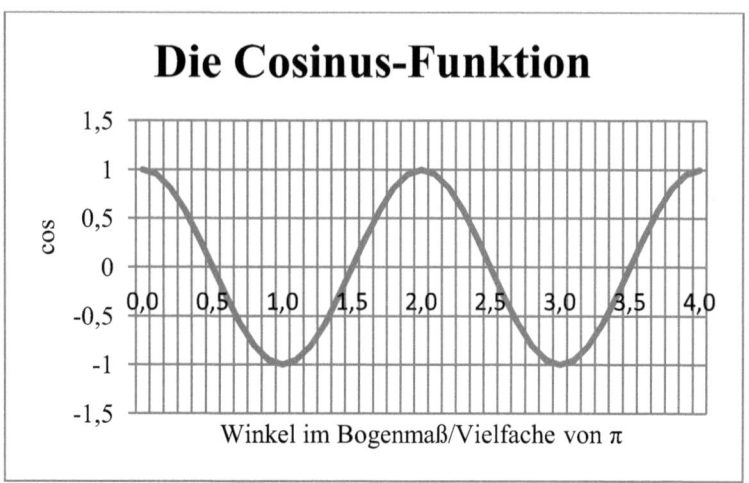

Die Cosinus-Funktion

Winkel im Bogenmaß/Vielfache von π

Beide Schaubilder zeigen den Wesen der beiden Funktionen. Sie repräsentieren Schwingungen und leisten der Physik damit unverzichtbare Dienste. Du siehst auch sehr schön die 90°-Verschiebung zwischen der Sinus- und der Kosinusschwingung.

Rund um die Winkelfunktionen existieren unzählige Formeln. Dazu zählen die Additionstheoreme, der Sinussatz und der Kosinussatz. Die Beweise können zum Teil geometrisch, auch mit allerlei mathematischen Tricks, aber auch elegant mathematisch geführt werden. Für die letztere Variante sind aber weiterführende Kenntnisse notwendig, die wir hier nicht vermitteln können. Dazu zählen die komplexen Zahlen und die Entwicklung von Reihen und deren Konvergenzverhalten. Mit beiden Themen werden wir uns in späteren Kapiteln noch befassen und in diesem Zusammenhang auch noch einmal auf die Winkelfunktionen zu sprechen kommen. Ungeachtet dessen nennen wir hier einige der wichtigsten Sätze und Formeln:

Additionstheoreme:

$$\sin(\alpha \pm \beta) = \sin(\alpha) \cdot \cos(\beta) \pm \sin(\beta) \cdot \cos(\alpha)$$

$$\cos(\alpha \pm \beta) = \cos(\alpha) \cdot \cos(\beta) \mp \sin(\alpha) \cdot \sin(\beta)$$

Daraus folgt mit α=β

$\sin(2 \cdot \alpha) = \sin(\alpha) \cdot \cos(\alpha) + \sin(\alpha) \cdot \cos(\alpha)$ und damit

$$\sin(2 \cdot \alpha) = 2 \cdot \sin(\alpha) \cdot \cos(\alpha)$$

und

$\cos(2 \cdot \alpha) = \cos(\alpha) \cdot \cos(\alpha) - \sin(\alpha) \cdot \sin(\alpha)$, also

$$\cos(2 \cdot \alpha) = \cos^2(\alpha) - \sin^2(\alpha).$$

Die beiden letzten Rechnungen zusammengefasst ist also

$$\sin(2 \cdot \alpha) = 2 \cdot \sin(\alpha) \cdot \cos(\alpha)$$

$$\cos(2 \cdot \alpha) = \cos^2(\alpha) - \sin^2(\alpha)$$

Ein wichtiger Zusammenhang zwischen den Winkelfunktionen lässt sich wieder einmal mit Hilfe des Satzes von Pythagoras herleiten. Es ist nämlich (siehe obige Abbildung des Einheitskreises):

$$r^2 = \sin^2(\alpha) + \cos^2(\alpha).$$

Da die Werte der Winkelfunktionen für alle Radien gelten, ist insbesondere im Einheitskreis

$$1 = \sin^2(\alpha) + \cos^2(\alpha)$$

und damit

$$\sin^2(\alpha) = 1 - \cos^2(\alpha)$$

und

$$\cos^2(\alpha) = 1 - \sin^2(\alpha)$$

und wenn wir dann noch die Wurzel ziehen:

$$\sin(\alpha) = \sqrt{1 - \cos^2(\alpha)} \quad \text{und} \quad \cos(\alpha) = \sqrt{1 - \sin^2(\alpha)}$$

Wenn Du Dir Abbildungen und Videos zu den Winkelfunktionen ansiehst, dann wird Dir immer auch die Funktion Tangens, abgekürzt tan, begegnen. Tangens ist tatsächlich eine weitere Winkelfunktion, die wie folgt definiert ist:

$$\tan(\alpha) = \frac{\text{Gegenkathete}}{\text{Ankathete}}.$$

Daraus folgt

$$\tan(\alpha) = \frac{\text{Gegenkathete}}{\text{Ankathete}} = \frac{\dfrac{\text{Gegenkathete}}{\text{Hypotenuse}}}{\dfrac{\text{Ankathete}}{\text{Hypotenuse}}} = \frac{\sin(\alpha)}{\cos(\alpha)}.$$

Wir fragen uns, was dies im Einheitskreis bedeutet.

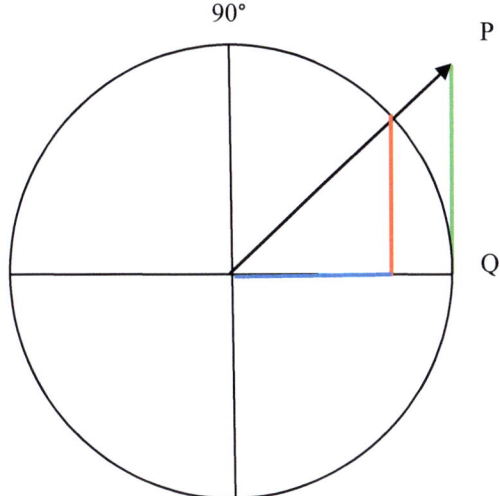

Wir haben die Strahlensätze zwar immer noch nicht kennengelernt. Wenn Du aber bis dahin akzeptierst, dass sich (siehe Abbildung) rot zu blau wie grün zu schwarz verhält, dann ist

$$\tan(\alpha) = \frac{\text{rot}}{\text{blau}} = \frac{\text{grün}}{\text{schwarz}}.$$

Schwarz ist aber der Radius des Einheitskreises. Somit ist

$$\tan(\alpha) = \text{grün}.$$

$\tan(\alpha)$ ist also im Einheitskreis die y-Koordinate des Punktes P (siehe obige Abbildung). Diesen erhältst Du als Schnittpunkt P der verlängerten Winkellinie (Radius) und der Tangente im Punkt Q an den Kreis (Tangente: Senkrechte auf dem Radius in einem Punkt der Kreislinie).

Zu guter Letzt benötigen wir, um das Tankproblem aus dem Kapitel Flächen und Volumina zufriedenstellend lösen zu können, die Umkehrfunktionen der Winkelfunktionen.

Wir erinnern uns. Im Kapitel „Funktionen" hatten wir auch kurz über Umkehrfunktionen gesprochen. Wir wiederholen an dieser Stelle: Die Umkehrfunktion g einer Funktion f ist die Funktion, die auf Funktionswerte von f, also f(x), angewandt, wieder den Ausgangswert x liefert. Es ist also

$g(f(x)) = x.$

Die Umkehrfunktionen der Winkelfunktionen heißen Arkussinus, Arkuskosinus und Arkustangens, in mathematischer Schreibweise arcsin, arccos und arctan. Es ist also

$arcsin(sin(x)) = x,$

$arccos(cos(x)) = x$

und

$arctan(tan(x)) = x.$

Eine besondere Herausforderung ist die Klärung des Bereiches, für den die Umkehrfunktionen definiert sind. Wenn Du zum Beispiel die Sinus-Funktion hernimmst, dann stellst Du fest, dass im Bereich von 0 bis π unterschiedliche Winkel zum selben Funktionswert führen. Die Umkehrfunktion hätte damit gewisse Schwierigkeiten, wie wir gesehen haben. Deshalb sind die Umkehrfunktionen der Winkelfunktionen nur für bestimmte Wertebereiche definiert. So gilt beispielsweise für die Sinusfunktion

$arcsin(x)$ für

$$x \in \left[-\frac{\pi}{2}; \frac{\pi}{2} \right]$$

und für die Kosinusfunktion

$arccos(x)$ für $x \in \left[0; \pi \right]$.

Dabei bedeutet beispielsweise

$x \in [0; \pi]$,

dass x aus dem Intervall von 0 bis π ist, 0 und π eingeschlossen (abgeschlossenes Intervall).

Abschließend lösen wir noch das Tankproblem. Wir vergegenwärtigen uns noch einmal das Restproblem, das wir noch zu lösen haben.

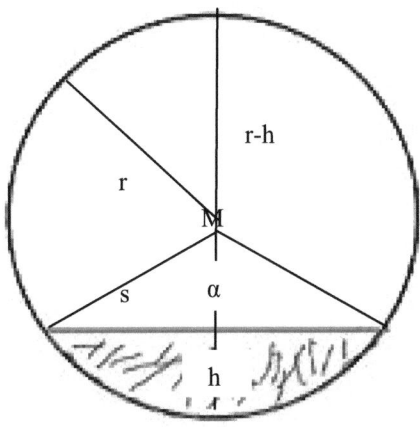

Bisher hatten wir ermittelt

$$V = \left(\frac{\alpha}{360} \cdot r^2 \cdot \pi - (r-h) \cdot \sqrt{h \cdot (2 \cdot r - h)} \right) \cdot 1$$

Gestört hat uns, dass wir für die Berechnung zwei Größen messen müssten, nämlich die Höhe h des Flüssigkeitsstandes, was sicher auch technisch kein Problem ist und den Winkel α, was ziemlich unschön ist. Unser Ziel ist es also, α mithilfe der anderen bekannten Größen oder mithilfe von h auszudrücken. Mit der Kosinusfunktion und ihrer Umkehrfunktion Arkuskosinus können wir das nun. Es ist nämlich

199

$$\cos\left(\frac{\alpha}{2}\right) = \frac{\frac{s}{2}}{r} = \frac{s}{2 \cdot r}.$$

Wegen (siehe oben)

$$\frac{s}{2} = \sqrt{h \cdot (2 \cdot r - h)}$$

ist dann nach Anwendung der Umkehrfunktion arccos

$$\frac{\alpha}{2} = \arccos\left(\frac{\sqrt{h \cdot (2 \cdot r - h}}{r}\right)$$

und dann

$$\alpha = 2 \cdot \arccos\left(\frac{\sqrt{h \cdot (2 \cdot r - h)}}{r}\right).$$

Mit diesem Ergebnis gehen wir nun in die Relation für das Flüssigkeitsvolumen und erhalten

$$V = \left(\frac{\arccos\left(\frac{\sqrt{h \cdot (2 \cdot r - h)}}{r}\right)}{180} \cdot r^2 \cdot \pi - (r - h) \cdot \sqrt{h \cdot (2 \cdot r - h)}\right) \cdot 1$$

Damit haben wir die Formel für das Flüssigkeitsvolumen in Abhängigkeit von den Größen des Tanks, nämlich r und 1 und der gemessenen Höhe des Flüssigkeitsvolumens im Tank. Okay, das war ein ordentliches Stück Arbeit, aber eine gute Übung für kleine Mathematiker. So, jetzt beenden wir aber endgültig das Kapitel über die Winkelfunktionen, wenn es auch noch Vieles zu erzählen gäbe. Zur Erholung widmen wir uns jetzt einer leichteren Kost, dem Rechnen mit Mengen.

Das Rechnen mit Mengen

Die Mengenlehre ist ein grundlegendes Teilgebiet der Mathematik, das sich mit der Untersuchung von Mengen beschäftigt. Dabei ist eine Menge die Zusammenfassung von Objekten. Die gesamte moderne Mathematik ist im Prinzip in der Sprache der Mengenlehre formuliert. Die meisten mathematischen Objekte, die zum Beispiel in den mathematischen Teilgebieten Algebra, Analysis, Geometrie, Stochastik oder Topologie behandelt werden, lassen sich als Mengen definieren. Wir werden in diesem Kapitel einen winzigen Teil dieses Teilgebietes der Mathematik kennenlernen.

Zunächst beschäftigen wir uns mit der innerhalb der Mengenlehre üblichen Notation. Mengen werden üblicherweise in geschweifte Klammern eingefasst. Für eine Menge A aus Objekten, beispielsweise Zahlen von x_1 bis x_n, schreibt man:

$$A = \left\{ x_1, x_2, x_3, \ldots, x_n \right\}.$$

Wenn man ausdrücken will, dass beispielsweise x_1 zur Menge A gehört, sagt man x_1 ist Element aus A und schreibt

$$x_1 \in A.$$

Für Elemente, beispielsweise y_1, die nicht aus A sind, schreibt man

$$y_1 \notin A.$$

Wichtig ist die sogenannte beschreibende Notation. Sie kommt dann zum Zug, wenn man eine Menge dadurch beschreiben will, dass ihre Elemente eine bestimmte Eigenschaft haben, beispielsweise die Eigenschaft, eine natürliche Zahl kleiner als 100 zu sein. Diese Menge, wie nennen sie A, kann man wie folgt formal beschreiben:

$$A = \left\{ n \in \mathbb{N} \,\middle|\, n \leq 100 \right\},$$

gesprochen: A ist die Menge aller natürlichen Zahlen, die kleiner oder gleich 100 sind.

Oder die Menge aller geraden natürlichen Zahlen:

$$A = \left\{ n \in N \,\middle|\, \frac{n}{2} \in N \right\},$$

gesprochen: A ist die Menge der natürlichen Zahlen, die durch zwei geteilt wieder eine natürliche Zahl ergeben.

Bevor wir uns mit den Mengenoperationen, also mit dem „Rechnen" mit Mengen befassen können, benötigen wir noch die Definition einiger Begriffe.

Teilmenge:

A ist eine Teilmenge von B, wenn jedes Element aus A, Element aus B ist. Man schreibt

$A \subseteq B.$

Formal gilt:

$A \subseteq B \Leftrightarrow x \in A \Rightarrow x \in B$.

Dies bedeutet: A ist genau dann – das bedeutet der Doppelpfeil – Teilmenge von B, wenn jedes Element x aus A auch Element aus B ist, wenn also aus x Element aus A x Element aus B folgt – der einfache Pfeil steht für „folgt".

A ist eine „echte" Teilmenge von B, wenn es mindestens ein Element aus B gibt, das nicht Element aus A ist. Man schreibt

$A \subset B$.

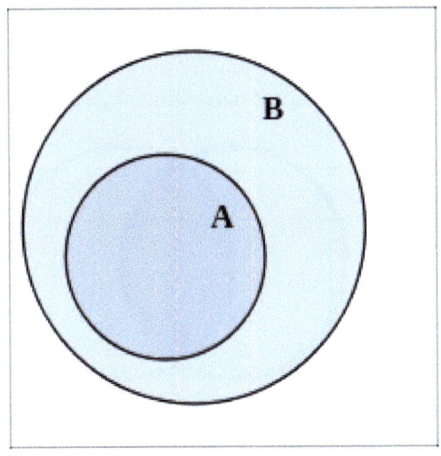

A ist Teilmenge von B

Leere Menge:

Die leere Menge ist die Menge, die kein Element enthält. Man schreibt

$A = \emptyset.$

Die Definition der leeren Menge mutet auf den ersten Blick etwas seltsam an. Wir werden aber sehen, dass die leere Menge durchaus Sinn macht, ihre Definition sogar notwendig ist.

Wir sind nun in der Lage, einfache Mengenoperationen zu definieren und zu verstehen. Mengenoperationen sind, das sei noch gesagt, Operationen zwischen Mengen. Man geht also von mehreren, mindestens aber zwei Mengen aus und bildet aus diesen neue Mengen.

Schnittmenge:

Unter der Schnittmenge – auch Durchschnittsmenge – von Mengen versteht man die Menge, die aus genau den Elementen besteht, die Elemente jeder der Ausgangsmengen sind.

Dieses Definitionsungetüm lässt sich für zwei Mengen grafisch sehr schön vereinfachen (siehe Abbildung).

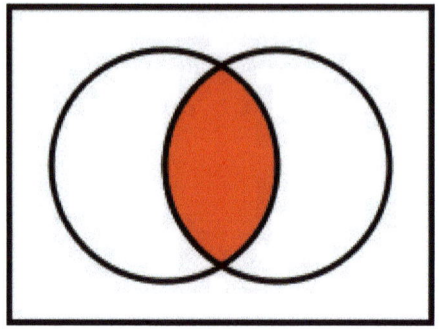

Schnittmenge

Formal verwendet man für die Schnittmengenbildung das Zeichen ∩ Sind also A und B Mengen, so ist C mit

$$C = A \cap B$$

die Schnittmenge von A und B.

Vereinigungsmenge:

Unter der Vereinigungsmenge von Mengen versteht man die Menge, die aus allen Elementen jeder der Ausgangsmengen besteht.

Für die Vereinigungsoperation wird das Zeichen ∪ verwendet:

$$C = A \cup B.$$

Grafisch kann man sich die Vereinigung zweier Mengen wie folgt veranschaulichen (siehe Abbildung).

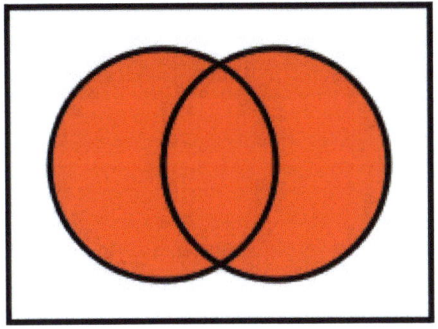

Vereinigungsmenge

Differenzmenge:

Unter der Differenzmenge zweier Mengen A und B – auch A ohne B – versteht man die Menge, die aus den Elementen aus A besteht, die nicht Elemente von B sind. Wir schreiben

$C = A \setminus B$.

Auch hier wieder die grafische Veranschaulichung:

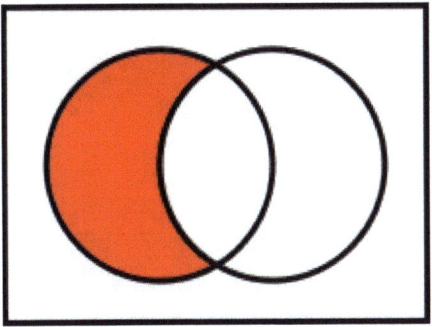

Differenzmenge

Beispiele:

(1) Die Ziffer 11 unserer mathematischen Uhr aus der Einleitung hat folgendes Aussehen:

$$\left| \bigcup_{n=0}^{10} \{n\} \right|.$$

Jede der Mengen, die vereinigt werden sollen, besteht aus einer einzigen Zahl, nämlich der Zahl null und den natürlichen Zahlen von 1 bis 10. Die Vereinigung dieser Mengen ist dann die Menge

$$\{0\} \cup \{1\} \cup \{2\} \cup ... \cup \{10\} = \{1, 2, 3, ...\}.$$

Die Anzahl der Elemente dieser Menge, die auch Mächtigkeit oder Ordnung genannt wird – symbolisiert durch die senkrechten Striche – ist 11.

(2) Die Vereinigung der ungeraden natürlichen Zahlen U mit den geraden natürlichen Zahlen G ergibt die Menge der natürlichen Zahlen N.

$$\mathbb{N} = \{n \in \mathbb{N} | n \text{ ungerade}\} \cup \{n \in \mathbb{N} | n \text{ gerade}\}.$$

(3) Die Vereinigung der natürlichen Zahlen mit der Menge, die nur aus der Zahl 0 besteht, ergibt die Menge $\mathbb{N}_0$:

$$\mathbb{N}_0 = \mathbb{N} \cup \{0\}.$$

(4) Die Schnittmenge aus den ganzen Zahlen $\mathbb{Z}$ und der Menge $\mathbb{N}_0$ ist die Menge $\mathbb{N}_0$:

$$\mathbb{N}_0 = \mathbb{Z} \cap \mathbb{N}_0.$$

(5) Die Schnittmenge der ungeraden natürlichen Zahlen mit der Menge der geraden natürlichen Zahlen ist leer:

$$\{n \in \mathbb{N} \mid n \text{ ungerade}\} \cap \{n \in \mathbb{N} \mid n \text{ gerade}\} = \varnothing.$$

Wir gehen noch auf ein paar wichtige Symbole ein, die im Zusammenhang mit der Beschreibung von Mengen eine Rolle spielen.

Es existiert ein Element x aus A mit einer bestimmten Eigenschaft, wird geschrieben als

$$\exists x \in A:$$

Beispiel:

$$A = \{1, 3, 5, 7, 9, 10\}$$

$$\exists x \in A : x^2 = 9.$$

Die Aussage „für alle x aus A" wird geschrieben als

$$\forall x \in A:$$

Beispiel:

$$A = \{1, 3, 5, 7, 9, 10\}$$

$$\forall x \in A : x \in \mathbb{N}.$$

Zum Abschluss des Kapitels bilden wir noch eine Menge, die uns später noch einmal begegnen wird, die sogenannte Potenzmenge. Wir beschränken uns dabei auf Mengen mit endlich vielen Elementen. Bei Mengen mit unendlich vielen Elementen führt die Potenzmenge in mathematische Höhen, die wir hier nicht behandeln können.

Sei M eine Menge mit

$$M = \{x_1, x_2, ..., x_n\}, n \in \mathbb{N},$$

dann heißt die Menge aller Teilmengen von M Potenzmenge P(M) von M. Insbesondere sind die leere Menge und die Ausgangsmenge M Elemente dieser Menge.

Für die die Mächtigkeit der Potenzmenge P(M) einer endlichen Menge M gilt:

$$|P(M)| = 2^{|M|}.$$

Beispiel:

Die Ausgangsmenge M bestehe aus den Zahlen 1 bis 3. Dann ist

$$|P(M)| = \left|\{\varnothing, M, \{1\}, \{2\}, \{3\}, \{1,2\}, \{1,3\}, \{2,3\}\}\right| = 2^3 = 8.$$

Mit

$$M = \{1, 2, 3, 4\}$$

ist

$$P(M) = \{\varnothing,$$

$$\{1\}, \{2\}, \{3\}, \{4\},$$

$$\{1,2\}, \{1,3\}, \{1,4\}, \{2,3\}, \{2,4\}, \{3,4\}$$

$$\{1,2,3\}, \{1,2,4\}, \{1,3,4\}, \{2,3,4\},$$

$$\{1,2,3,4\}\}.$$

Damit ist also

$$|P(M)| = 2^4 = 16 \cdot$$

Beweisen lässt sich die Behauptung elegant mithilfe der vollständigen Induktion:

Für eine Menge mit einem Element (n=1) ist die Aussage richtig. Sei

$$M = \{1\},$$

Dann ist

$$|M| = 1$$

und

$$P(M) = \{\varnothing, \{M\}\}$$

und damit

$$|P(M)| == 2^{|M|} = 2^1 = 2.$$

Induktionsannahme:

$$\forall n \in N \wedge |M| = n : |P(M)| = 2^{|M|} = 2^n.$$

Wir erweitern die Menge M um ein Element m zur Menge M' mit $|M'| = n+1$ und bilden die Teilmengen der neuen Menge. Es ist:

$$P(M') = \{P(M)\} \cup \{m\} \cup \{A' = A \cup \{m\} | A \in P(M) \div \varnothing\}$$

und damit

$$|P(M')| = |P(M)| + |\{m\}| + |\{A' = A \cup \{m\} | A \in P(M) \div \varnothing\}|$$

$$2^n + 1 + 2^n - 1 = 2 \cdot 2^n = 2^{n+1} = 2^{|M'|}.$$

Und damit gilt die Behauptung.

Folgen und Reihen

Ordnet man jeder natürlichen Zahl $n \in \mathbb{N}$ oder auch nur einer Teilmenge davon eine reelle Zahl zu – wir betrachten nur reellwertige Folgen –, so entsteht eine Folge. Die einzelnen Werte heißen Folgenglieder a_n und werden mit $n \in \mathbb{N}$, zum Beispiel n=1, 2, 3, ... indiziert. Man schreibt:

$$(a)_n = a_1, a_2, a_3, ..., a_n .$$

Die Definition einer Folge kann auf zwei Arten geschehen und zwar durch Angabe eines sogenannten Bildungsgesetzes oder durch die Festlegung eines ersten Folgegliedes und einer Vorschrift, wie sich ein Folgenglied aus einem vorhergehenden berechnen lässt. Wir bringen einige Beispiele.

Angabe von Bildungsgesetzen:

Beispiel (1):

Folge der geraden natürlichen Zahlen:

$$(a_n)_{n \in \mathbb{N}} = (2 \cdot n)_{n \in \mathbb{N}} = 2, 4, 6, ...$$

Beispiel (2):

Folge, bestehend aus 1 und den echten Brüchen mit dem Zähler 1 und den natürlichen Zahlen als Nenner:

$$(a_n)_{n \in \mathbb{N}} = \left(\frac{1}{n} \right)_{n \in \mathbb{N}} = 1, \frac{1}{2}, \frac{1}{3}, \frac{1}{4}, ...$$

Beispiel (3):

Folge der Summen der natürlichen Zahlen von 1 bis n:

$$(a_n)_{n \in \mathbb{N}} = \left(\frac{n \cdot (n+1)}{2} \right)_{n \in \mathbb{N}} = 1, 3, 6, 10, ...$$

211

Hinweis:

Das Bildungsgesetz im Beispiel (3) ist die Summenformel von Gauß, auch kleiner Gauß genannt, auf den wir weiter unten zurückkommen.

Beispiel (4):

Folge der Kehrwerte der positiven Quadratwurzeln aus den natürlichen Zahlen:

$$(a_n)_{n \in N} = \left(\frac{1}{\sqrt{n}} \right)_{n \in N} = 1, \frac{1}{\sqrt{2}}, \frac{1}{\sqrt{3}}, \frac{1}{2}, \frac{1}{\sqrt{5}}, \ldots$$

Festlegung des ersten Elementes und Angabe des Entwicklungsgesetzes für die Berechnung des n+1-ten aus dem n-ten Folgenglied:

Beispiel (1):

Folge der ungeraden natürlichen Zahlen:

$$a_1 = 1$$

$$\forall n \in N : a_{n+1} = a_n + 2.$$

Beispiel (2):

Folge der geraden natürlichen Zahlen:

$$a_1 = 1$$

$$\forall n \in N : a_{n+1} = 2 \cdot a_n.$$

Beispiel (3)

Folge der Potenzen von 2:

$$a_1 = 2$$

$$\forall n \in N : a_{n+1} = a_n^2.$$

Wir sprechen über einige Eigenschaften von Folgen und zwar über die Monotonie, die Beschränktheit und den Grenzwert einer Folge.

Monotonie:

Eine Folge heißt monoton steigend, wenn

$$\forall n \in N : a_{n+1} \geq a_n$$

und monoton fallen, wenn

$$\forall n \in N : a_{n+1} \leq a_n$$

gilt. Ersetzt man das größer/gleich-Zeichen durch das größer-Zeichen und das kleiner/gleich-Zeichen durch das kleiner-Zeichen, so heißt die Folge streng monoton steigend bzw. streng monoton fallend.

Beschränktheit:

Eine Folge heißt nach oben beschränkt, wenn eine Zahl S existiert, sodass die Werte aller Folgenglieder kleiner oder gleich S sind:

$$\forall n \in N : a_n \leq S.$$

Eine Folge heißt nach unten beschränkt, wenn eine Zahl s existiert, sodass die Werte aller Folgenglieder größer oder gleich s sind:

$$\forall n \in N : a_n \geq s .$$

Gilt beides, heißt eine Folge beschränkt.

Grenzwert einer Folge:

Eine Folge hat einen Grenzwert a, wenn sich außerhalb einer beliebig großen Umgebung von a nur endliche viele Glieder der Folge bzw. innerhalb einer beliebig großen Umgebung von a unendlich viele Glieder der Folge befinden. Man sagt auch, die Folge ist konvergent und schreibt

$$\lim_{n \to \infty} a_n = a.$$

213

Hinweis:

lim kommt von Limes, lateinisch für Grenze.

Mathematisch ausgedrückt ist a genau dann der Grenzwert einer Folge, wenn gilt:

$$\forall \varepsilon > 0 \exists n_0 \in \mathbb{N} : \forall n \geq n_0 : |a_n - a| < \varepsilon.$$

So klein Du ε auch wählst, es gibt immer noch unendlich viele Folgenglieder, die näher an a liegen. Man sagt auch: In einer beliebigen Umgebung, auch ε-Umgebung, von a liegen unendlich viele Glieder der Folge.

Wir gehen auf ein paar wenige Gesetzmäßigkeiten über Folgen ein.

> Eine monoton wachsende Folge konvergiert genau dann, wenn sie nach oben beschränkt ist. Der Limes bildet die obere Schranke und umgekehrt die obere Schranke den Limes.

Wenn wir diesen Satz beweisen wollen, müssen wir also zwei Aussagen beweisen und zwar:

> (1) Eine monoton wachsende Folge, die gegen a konvergiert, ist durch a nach oben beschränkt.
> (2) Eine monoton wachsende Folge, die durch a nach oben beschränkt ist, konvergiert gegen a.

Wir beweisen diese Behauptungen:

(1) Wir nehmen an, dass die Behauptung falsch ist:

$$\exists n_0 : a_{n_0} > a.$$

Wir setzen

$$\varepsilon = \left| a_{n_0} \right| - |a|.$$

Aus der Konvergenz gegen a folgt:

214

$$\exists m_0 \geq n_0 : \forall m > m_0 : |a_m - a| < \varepsilon = |a_{n_0}| - |a|.$$

Damit ist

$$|a_m| = |(a_m - a) + a| \leq |a_m - a| + |a| < \varepsilon + |a|$$

$$= |a_{n_0}| - |a| + |a| = |a_{n_0}|.$$

Das ist ein Widerspruch zu $m > n_0$.

Damit ist die Folge beschränkt, was zu zeigen war.

(2) Ist die Folge nach oben beschränkt, existiert eine obere Schranke a
     für alle a_n. Wegen der Monotonie der Folge gilt

$$\forall \varepsilon > 0 \exists n_0 : \forall n \geq n_0 : a_n \geq a - \varepsilon.$$

Wir stellen die Ungleichung um und erhalten

$$a - a_n \leq \varepsilon \text{ für alle } n \geq n_0.$$

Dies bedeutet aber, dass a Grenzwert ist.

Hinweis:

In der obigen Rechnung (1) wurde die sogenannte Dreiecksungleichung

$$|a + b| \leq |a| + |b|$$

für reelle Zahlen verwendet. Der Beweis dieser Ungleichung für alle
reellen Zahlen ist einigermaßen verblüffend. Wir wollen ihn Dir deshalb
nicht vorenthalten. Er wird durch Äquivalenzumformungen geführt.
Äquivalenzumformungen sind Umformungen einer Ungleichung, die
den (logischen) Wahrheitsgehalt der Ungleichung erhalten. So gilt
zunächst für alle reellen Zahlen a und b

$$a \cdot b \leq |a| \cdot |b|.$$

Dies ist unmittelbar einzusehen, falls $a \cdot b = 0$ gilt. Falls $a \cdot b$ positiv ist, sind
beide Faktoren entweder positiv oder beide negativ. Auch dann ist die

215

Ungleichung richtig. Das gilt erst recht, wenn einer der beiden Faktoren negativ und der andere positiv ist. Durch Multiplikation mit 2 folgt

$$2 \cdot a \cdot b \leq 2 \cdot |a| \cdot |b| \, .$$

Damit ist auch

$$a^2 + 2 \cdot a \cdot b + b^2 \leq |a|^2 + 2 \cdot |a| \cdot |b| + |b|^2 \, ,$$

$$(a+b)^2 = |a+b|^2 \leq \left(|a| + |b| \right)^2 \, ,$$

$$|a+b| \leq |a| + |b| \, .$$

Für das Rechnen mit Grenzwerten gilt (den Beweis überlassen wir Dir):

$$\lim_{n \to \infty} (a_n \pm b_n) = \lim_{n \to \infty} a_n \pm \lim_{n \to \infty} b_n)$$

$$\lim_{n \to \infty} a \cdot a_n = a \cdot \lim_{n \to \infty} a_n$$

$$\lim_{n \to \infty} \left(a_n \cdot b_n \right) = \lim_{n \to \infty} a_n \cdot \lim_{n \to \infty} b_n$$

$$\lim_{n \to \infty} \frac{a_n}{b_n} = \frac{\lim_{n \to \infty} a_n}{\lim_{n \to \infty} b_n}$$

Eine Folge, die a=0 als Grenzwert hat, heißt Nullfolge.

Beispiele für Folgen mit einem Grenzwert:

$$(a_n) = \frac{1}{n} : \lim_{n \to \infty} \frac{1}{n} = 0$$

$$(a_n) = \left(\frac{n}{n+1} \right) : \lim_{n \to \infty} \frac{n}{n+1} = 1$$

$$(a_n) = \left(\sqrt[n]{n}\right) = n^{\frac{1}{n}} : \lim_{n \to \infty} n^{\frac{1}{n}} = 1.$$

Für die erste der Beispielfolgen ist der Grenzwert 0 unmittelbar einzusehen. Egal wie klein Du ein ε auch wählst, Du findest immer noch ein n_a, sodass gilt

$$\forall n \geq n_a : (a_n) = \frac{1}{n} < \varepsilon.$$

Probier es einfach aus! Das ist zwar kein strenger mathematischer Beweis, aber zumindest nicht unlogisch. Der Grenzwert der zweiten Beispielfolge lässt sich mit den Grenzwertregeln und mithilfe des ersten Beispiels analytisch bestimmen. Es ist nämlich

$$\lim_{n \to \infty} \frac{n}{n+1} = \lim_{n \to \infty} \frac{1}{1+\dfrac{1}{n}} = \frac{1}{1+0} = 1$$

Bei der dritten Beispielfolge beißen wir gewissermaßen auf Granit. Der Beweis ist ziemlich trickreich. Er führt Dich aber nicht unbedingt weiter im Verständnis für den Grenzwert von Folgen. Deshalb verlegen wir den Beweis in den Anhang, Falls Du also Lust hast, kannst Du Dir den Beweis dort ansehen.

Wir gehen nun noch auf zwei bestimmte Folgenarten ein und zwar auf die arithmetische und die geometrische Folgen.

Arithmetische Folge:

Eine Folge heißt arithmetisch, wenn die Differenz zweier aufeinanderfolgender Glieder konstant ist. Für eine arithmetische Folge gilt also

$$\forall n \in \mathbb{N} : a_{n+1} - a_n = d$$

und damit

$$a_n = a_1 + (n-1) \cdot d.$$

Ist d positiv, so ist die Folge monoton steigend und monoton fallend, wenn d negativ ist. Mit d=0 ist die Folge konstant. Man kann jedes Folgenglied einer arithmetischen Folge aus seinen Nachbargliedern berechnen. Es ist nämlich

$$a_n = \frac{a_{n+1} + a_{n-1}}{2} = \frac{a_1 + (n+1-1) \cdot d + a_1 + (n-1-1) \cdot d}{2}$$

$$= \frac{a_1 + n \cdot d + a_1 + n \cdot d - 2 \cdot d}{2} = \frac{2 \cdot a_1 + 2 \cdot n \cdot d - 2 \cdot d}{2}$$

$$= a_1 + n \cdot d - d = a_1 + (n-1) \cdot d = a_n .$$

Die natürlichen Zahlen, die geraden natürlichen Zahlen sowie die ungeraden natürlichen Zahlen sind beispielsweise arithmetische Folgen mit d=1 und d=2 mit den Anfangsgliedern: a_1=1 bzw. a_1 =2.

Geometrische Folge:

Eine Folge heißt geometrisch, wenn der Quotient zweier aufeinanderfolgender Folgenglieder konstant ist. Für eine geometrische Folge gilt also

$$\forall n \in \mathbb{N} : \frac{a_{n+1}}{a_n} = q$$

und damit

$$a_n = a_1 \cdot q^{n-1} .$$

Bei q>1 ist die Folge streng monoton steigend, bei $0 < q < 1$ streng monoton fallend. q=1 führt zu einer konstanten Folge.

Falls $0 < q < 1$ ist, konvergiert die Folge gegen null. Das kannst Du Dir ganz leicht klar machen, wenn Du wieder ein beliebig kleines ε wählst und ein n bestimmst, sodass a_n in der ε-Umgebung von 0 liegt. Auf Grund der fallenden Monotonie liegen dann alle nachfolgenden Glieder in dieser Umgebung, also ist die Folge konvergent gegen 0 oder anders ausgedrückt, hat die Folge den Grenzwert 0.

Und noch etwas Interessantes: für q<0 besitzen die Folgenglieder alternierende Vorzeichen, das heißt, sie sind abwechselnd positiv und negativ. Das ist ziemlich einleuchtend, denn q^n ist dann positiv für gerade n und negativ für ungerade n.

Auch bei der geometrischen Folge lässt sich jedes Folgenglied aus seinen Nachbargliedern berechnen. Es ist nämlich im Fall positiver Folgenglieder

$$a_n = \sqrt{a_{n+1} \cdot a_n} \, .$$

Die Wurzel aus dem Produkt zweier Zahlen nennt man übrigens geometrisches Mittel. Daher haben geometrische Folgen auch ihren Namen. Es ist nun

$$a_n = \sqrt{a_{n+1} \cdot a_{n-1}} = \sqrt{a_1 \cdot q^{n+1-1} \cdot a_1 \cdot q^{n-1-1}}$$

$$= \sqrt{a_1^2 \cdot q^{2 \cdot n - 2}}$$

$$= \sqrt{\left(a_1 \cdot q^{n-1} \right)^2}$$

$$= a_1 \cdot q^{n-1} \, .$$

Beispiele geometrischer Folgen:

$$(a_n) = (2^n) = 2, 4, 8, 16, \dots .$$

$$(a_n) = \left(\frac{1}{2^n} \right) = \frac{1}{2}, \frac{1}{4}, \frac{1}{8}, \frac{1}{16}, \dots$$

$$(a_n) = \left(\frac{1}{(-2)^n} \right) = -\frac{1}{2}, +\frac{1}{4}, -\frac{1}{8}, +\frac{1}{16}, -\frac{1}{32} \dots$$

Die Summer der Glieder einer Folge oder auch nur die Summe eines Teils der Folgenglieder nennt man Reihe. Man schreibt

$$s_n = \sum_{i=1}^{n} a_i = a_1 + a_2 + a_3 + \ldots + a_n.$$

Das Summenzeichen bedeutet: Summiere die Folgenglieder a_i von a_1 bis a_n. i und n sind in diesem Fall die untere bzw. obere Summationsgrenze.

Für die Summation gelten einfache Gesetze, die wir uns kurz anschauen wollen.

Stimmen die Summationsgrenzen überein, so besteht die Summe aus einem Element:

$$\sum_{i=k}^{k} a_i = a_k.$$

Ist die untere Summationsgrenze größer als die obere, so ist die Summe gewissermaßen leer und damit gleich 0 (per Definitionem).

Des Weiteren gilt

$$\sum_{i=1}^{n} (a_i \pm b_i) = \sum_{i=1}^{n} a_i \pm \sum_{i=1}^{n} b_i$$

$$\sum_{i=1}^{n} a \cdot a_i = a \cdot \sum_{i=1}^{n} a_i$$

$$\sum_{i=1}^{n} a = n \cdot a.$$

Hinweis:

Für Produkte gibt es eine vergleichbare Schreibweise. Wir gehen nur deshalb darauf ein, weil wir die Kenntnis dieser Schreibweise für das Verständnis unserer mathematischen Uhr benötigen. Und die wollten wir ja mindestens lesen können nach der Lektüre unseres Büchleins.

So bedeutet die Schreibweise

$$\prod_{i=1}^{n} a_i = a_1 \cdot a_2 \cdots a_n :$$

Bilde das Produkt der Zahlen a_i für i=1 bis n.

Bevor wir die allgemeine Summenformel für eine arithmetische Folge angeben können, benötigen wir die Summenformel von Gauß, auch „kleiner Gauß" genannt. So wird die Formel genannt, die die Summe der ersten n natürlichen Zahlen angibt.

Summenformel von Gauß (der „kleine Gauß"):

Es ist

$$s_n = \sum_{i=1}^{n} i = \frac{n \cdot (n+1)}{2}.$$

Der Beweis ist wieder ein schönes Beispiel für die vollständige Induktion.

Es ist

$$s_1 = \frac{n \cdot (n+1)}{2} = \frac{1 \cdot 2}{2} = 1.$$

Wir zeigen nun, dass aus der Gültigkeit für n die Gültigkeit für n+1 folgt.

Nach Induktionsannahme ist

$$s_n = \frac{n \cdot (n+1)}{2}.$$

Dann folgt für n+1

$$s_{n+1} = \frac{n \cdot (n+1)}{2} + n + 1 = \frac{n \cdot (n+1)}{2} + \frac{2 \cdot n + 2}{2} = \frac{n^2 + 2 \cdot n + 1 + n + 1}{2}$$

$$= \frac{(n+1)^2 + n + 1}{2} = \frac{(n+1) \cdot (n+1) + 1)}{2}.$$

Damit gilt der kleine Gauß.

Generell gilt für eine arithmetische Folge mit

$$a_n = a_1 + (n-1) \cdot d$$

$$s_n = \sum_{i=1}^{n} a_i = \sum_{i=1}^{n} (a_1 + (i-1) \cdot d)$$

$$= \sum_{i=1}^{n} a_1 + \sum_{i=1}^{n} (i-1) \cdot d$$

$$= n \cdot a_1 + d \cdot \sum_{i=1}^{n} (i-1)$$

und mit dem kleinen Gauß

$$s_n = n \cdot a_1 + d \cdot \sum_{i=1}^{n} (i-1)$$

$$= n \cdot a_1 + d \cdot \frac{(n-1) \cdot n}{2}$$

$$= \frac{2 \cdot n \cdot a_1 + d \cdot (n-1) \cdot n}{2}$$

$$= \frac{n \cdot a_1 + n \cdot a_1 + d \cdot (n-1) \cdot n}{2}$$

$$= \frac{n \cdot (a_1 + a_1 + d \cdot (n-1))}{2}$$

$$= \frac{n \cdot (a_1 + a_n)}{2}.$$

Beispiele:

Die Folge der ungeraden natürlichen Zahlen lässt sich wie folgt darstellen:

$$a_1 = 1$$

$$d = 2$$

$$a_n = a_1 + (n-1) \cdot d$$

Dann ist mit der Summenformel:

$$s_n = \frac{n}{2} \cdot (a_1 + a_1 + (n-1) \cdot 2)$$

$$= \frac{n}{2} \cdot (2 \cdot a_1 + (n-1) \cdot 2)$$

$$= \frac{n}{2} \cdot (2 + 2 \cdot n - 2)$$

$$= n^2 \, .$$

Hinweis:

Das Quadrat jeder natürlichen Zahl n lässt sich als Summe der ersten n ungeraden Zahlen schreiben:

$$1^2 = 1$$

$$2^2 = 1 + 3$$

$$3^2 = 1 + 3 + 5$$

$$4^2 = 1 + 3 + 5 + 7$$

Dies ist einigermaßen verblüffend.

Die Folge der geraden natürlichen Zahlen lässt sich wie folgt darstellen:

$$a_1 = 2$$

$$a_n = a_1 + (n-1) \cdot d \ \text{ mit } d=2$$

Mit der Summenformel ist

$$s_n = \frac{n}{2} \cdot (a_1 + a_1 + (n-1) \cdot 2)$$

$$= \frac{n}{2} \cdot (2 + 2 + (n-1) \cdot 2)$$

$$= n \cdot (1 + 1 + n - 1)$$

$$= n \cdot (n+1).$$

Für die ersten n ungeraden und n geraden natürlichen Zahlen zusammen, also die ersten 2·n natürlichen Zahlen erhalten wir damit:

$$s_{2 \cdot n} = n^2 + n \cdot (n+1)$$

$$= 2 \cdot n^2 + n$$

$$= n \cdot (2 \cdot n + 1).$$

Dieses Ergebnis entspricht dem „kleinen Gauß" für die 2·n ersten natürlichen Zahlen:

$$s_{2 \cdot n} = \frac{2 \cdot n \cdot (2 \cdot n + 1)}{2} = n \cdot (2 \cdot n + 1)$$

Um die Summenformel für eine geometrische Reihe zu ermitteln, wird ein mathematischer Trick angewendet, auf den wahrscheinlich niemand so schnell kommt, falls er ihn nicht schon gesehen hat, den Trick. Zunächst gilt

$$s_n = \sum_{i=1}^{n} a_1 \cdot q^{i-1} = a_1 + a_1 \cdot q + a_1 \cdot q^2 + \ldots, a_1 \cdot q^{n-1}.$$

Mit q multipliziert ergibt sich

$$s_n \cdot q = \sum_{i=1}^{n} a_1 \cdot q^i = a_1 \cdot q + a_1 \cdot q^2 + \ldots + a_1 \cdot q^{n-1} + a_1 \cdot q^n.$$

Bildet man daraus die Differenz, so folgt

$$s_n - s_n \cdot q = a_1 + a_1 \cdot q + a_1 \cdot q^2 + \ldots + a_1 \cdot q^{n-1}$$

$$-a_1 \cdot q - a_1 \cdot q^2 - \ldots - a_1 \cdot q^{n-1} - a_1 \cdot q^n$$

$$= a_1 - a_1 \cdot q^n$$

$$= a_1 \cdot (1 - q^n).$$

Auf der linken Seite klammern wir s_n aus, dividieren durch 1-q und erhalten die Summenformel für geometrische Folgen

$$s_n = a_1 \cdot \frac{1 - q^n}{1 - q}.$$

Für $0 < q < 1$ ist (q^n) eine Nullfolge, also gilt $\lim\limits_{n \to \infty} = 0$. Das dürfte soweit klar sein. Nun kannst Du die Rechenregeln anwenden, die wir für Grenzwerte aufgestellt haben:

$$s = \lim_{n \to \infty} s_n = \lim_{n \to \infty} a_1 \cdot \frac{1 - q^n}{1 - q} = a_1 \cdot \frac{1 - \lim\limits_{n \to \infty} q^n}{1 - q} = a_1 \cdot \frac{1}{1 - q}.$$

Wir rechnen analog den Fall $-1 < q < 0$. q^n pendelt dann gewissermaßen um die null herum. Falls n gerade ist, gilt

$$s_n = \sum_{i=1}^{n} a_1 \cdot q^{i-1} = a_1 - a_1 \cdot q + a_1 \cdot q^2 - a_1 \cdot q^3 + \ldots - a_1 \cdot q^{n-1}.$$

Mit q multipliziert folgt

$$-s_n \cdot q = -a_1 \cdot q + a_1 \cdot q^2 - a_1 \cdot q^3 + \ldots + a_1 \cdot q^n.$$

Subtrahiert man die beiden Summen, folgt

$$s_n + s_n \cdot q = a_1 - a_1 \cdot q^n.$$

Und dann in Analogie zu oben

$$s_n = a_1 \cdot \frac{1 - q^n}{1 + q}$$

und

$$\lim_{n\to\infty} s_n = \lim_{n\to\infty} a_1 \cdot \frac{1-q^n}{1+q} = a_1 \cdot \frac{1}{1+q}.$$

Für ungerade n gilt

$$s_n = \sum_{i=1}^{n} a_1 \cdot q^{i-1} = a_1 - a_1 \cdot q + a_1 \cdot q^2 - a_1 \cdot q^3 + \ldots + a_1 \cdot q^{n-1}.$$

Mit q multipliziert folgt

$$-s_n \cdot q = -a_1 \cdot q + a_1 \cdot q^2 - a_1 \cdot q^3 + \ldots - a_1 \cdot q^n.$$

Subtrahiert man die beiden Summen wieder, folgt

$$s_n + s_n \cdot q = a_1 + a_1 \cdot q^n.$$

Es folgt

$$s_n = a_1 \cdot \frac{1+q^n}{1+q}$$

und

$$\lim_{n\to\infty} s_n = \lim_{n\to\infty} a_1 \cdot \frac{1+q^n}{1+q} = a_1 \cdot \frac{1}{1+q}.$$

An dieser Stelle lösen wir unser Versprechen ein und gehen kurz auf die zweite transzendente Zahl ein, von der im Kapitel Zahlen schon die Rede war, und zwar auf die sogenannte eulersche Zahl e. e lässt sich nämlich darstellen als Grenzwert einer Reihe. Wir erinnern, transzendente Zahlen sind Zahlen, deren Dezimalbruchentwicklung unendlich und nichtperiodisch ist. Im Falle e gilt

$$e = 1 + \frac{1}{1} + \frac{1}{1\cdot2} + \frac{1}{1\cdot2\cdot3} + \frac{1}{1\cdot2\cdot3\cdot4} + \ldots$$

$$= 1 + 1 + \frac{1}{2} + \frac{1}{6} + \frac{1}{24} + \ldots$$

226

mit den ersten 5 Nachkommastellen e=2,71828.

Die Zahl wurde nach dem Schweizer Mathematiker Leonhard Euler benannt. Sie zählt neben π zu den wichtigen Konstanten der Mathematik und Naturwissenschaften. Es gibt tatsächlich Leute, die darum wetteifern, die Anzahl der Nachkommastellen festzustellen. Die letzte, allerdings angeblich nicht verifizierte Angabe, stammt vom 8. Februar 2019 und nennt 12.000.000.000.000 Nachkommastellen. Wahnsinn! Oder Irrsinn?

Komplexe Zahlen

Der Zahlenbereich der komplexen Zahlen stellt eine Erweiterung des reellen Zahlenbereiches dar. Und zwar derart, dass die Gleichung

$$x^2 + 1 = 0$$

gelöst werden kann. Dass es sich dabei um eine Erweiterung des reellen Zahlenbereiches handelt ist leicht einzusehen, denn es ist eine Zahl gesucht, die mit sich selbst malgenommen -1 ergibt. Eine reelle Zahl ist dazu nicht in der Lage. Deshalb wurde eine sogenannte imaginäre Zahl i eingeführt, für die gerade das gilt:

$$i^2 = -1.$$

Die komplexen Zahlen $\mathbb{C}$ sind nun alle Zahlen der Form

$$a + b \cdot i,$$

wobei a und b reelle Zahlen sind. a heißt Realteil und b·i Imaginärteil der komplexen Zahl.

Der so konstruierte Zahlenbereich hat eine Reihe von Eigenschaften, die in vielen Bereichen der Natur- und Ingenieurwissenschaften äußerst nützlich sind. Darauf können wir allerdings hier nicht eingehen. Wir beschränken uns auf eine quasi innermathematische Eigenschaft, die den Zusammenhang zwischen den Winkelfunktionen und der Exponentialfunktion herstellt. Dazu benötigen wir aber noch einige Erkenntnisse zur Exponentialfunktion, auf die wir erst im nächsten Kapitel eingehen werden. Aber zunächst sollten wir die Frage klären, wie mit komplexen Zahlen gerechnet werden kann. Das ist denkbar einfach. Mit komplexen Zahlen wird nämlich so gerechnet, wie mit Zahlen gerechnet wird, eben unter der Berücksichtigung, dass i-Quadrat gleich -1 ist, also:

Addition:

$$a + i \cdot b + c + i \cdot d = (a + c) + i \cdot (b + d).$$

Subtraktion:

$$a + i \cdot b - (c + i \cdot d) = (a - c) + i \cdot (b - d).$$

Multiplikation:

$$(a + i \cdot b) \cdot (c + i \cdot d) = a \cdot c + i \cdot b \cdot c + i \cdot a \cdot d - b \cdot d$$

$$= a \cdot c - b \cdot d + i(b \cdot c + a \cdot d)$$

Division:

$$\frac{a + i \cdot b}{c + i \cdot d} = \frac{(a + i \cdot b) \cdot (c - i \cdot d)}{(c + i \cdot d) \cdot (c - i \cdot d)} = \frac{a \cdot c + b \cdot d + i \cdot b \cdot c - i \cdot a \cdot d}{c^2 + d^2}$$

$$= \frac{a \cdot c + b \cdot d + i \cdot (b \cdot c - a \cdot d)}{c^2 + d^2} = \frac{a \cdot c + b \cdot d}{c^2 + d^2} + i \cdot \frac{b \cdot c - a \cdot d}{c^2 + d^2}$$

Hinweis:

Bei der Herleitung der Division wurde der ursprüngliche Bruch mit der zum Nenner konjugiert komplexen Zahl erweitert. So nennt man die komplexe Zahl, die durch einen Wechsel des Vorzeichens des imaginären Teils einer komplexen Zahl entsteht.

Eine komplexe Zahl $z = a + i \cdot b$ lässt sich in einem rechtwinkligen Koordinatensystem sehr schön graphisch darstellen. Und zwar trägt man auf der x-Achse den Betrag des Realteils (Re(z)), also a und auf der y-Achse den Betrag des imaginären Teils (Im(z)), also b auf (siehe Abbildung). Während sich die reellen Zahlen $\mathbb{R}$ als Punkte auf dem Zahlenstrahl veranschaulichen lassen, entsprechen die komplexen Zahlen $\mathbb{C}$ den Punkten in der sogenannten Gaußschen Ebene (siehe Abbildung).

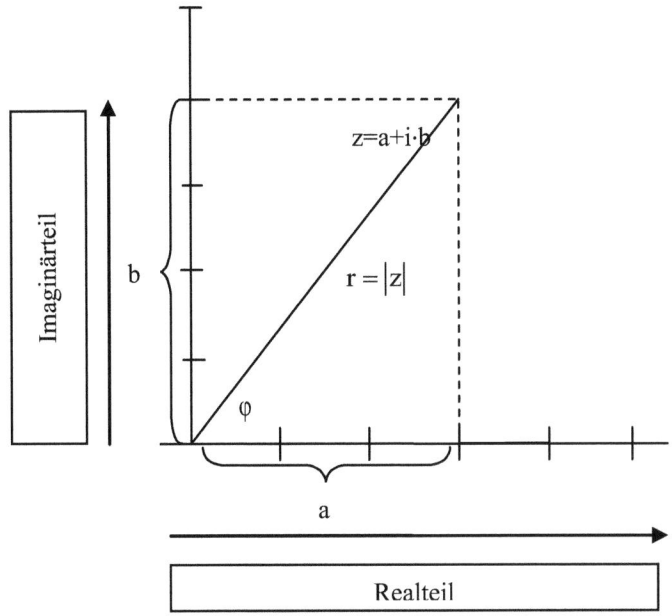

Eine andere Form der Darstellung komplexer Zahlen ist die sogenannte Polarform. Man betrachtet dazu den Winkel φ zwischen der x-Achse und der Strecke, die vom Nullpunkt zum Punkt z=a+i·b führt. Diese hat nach Pythagoras die Länge

$$|z| = \sqrt{a^2 + b^2}$$

und wird als Betrag der komplexen Zahl z bezeichnet. Üblicherweise setzt man $r = |z|$. Der Winkel φ wird auch als Argument von z bezeichnet, geschrieben $\varphi = \arg(z)$.

Mit diesen Bezeichnungen ist (siehe nächste Abbildung)

$$\sin(\varphi) = \frac{b}{r} \quad \text{und} \quad \cos(\varphi) = \frac{a}{r}$$

und damit

$b = r \cdot \sin(\varphi)$ und $a = r \cdot \cos(\varphi)$.

Die komplexe Zahl z lässt sich somit schreiben als

$$z = a + i \cdot b = r \cdot \cos(\varphi) + r \cdot i \cdot \sin(\varphi)$$

$$= r \cdot (\cos(\varphi) + i \cdot \sin(\varphi)).$$

Dies ist an dieser Stelle alles, was wir über komplexe Zahlen sagen wollen. Auf den Zusammenhang zwischen den Winkelfunktionen und der Exponentialfunktion gehen wir im Kapitel „Exponentialfunktion und Logarithmus" ein.

Differentiale und Integrale

Die Differential- und Integralrechnung sind Disziplinen der Mathematik, die insbesondere in der Physik ihre Anwendung finden. Differential- und Integralrechnung werden zusammen auch als Infinitesimalrechnung (infinitesimal etwa für „zum Grenzwert hin unendlich klein werdend") bezeichnet. Wir beginnen mit der Differentialrechnung und einem einfachen Beispiel.

Wir betrachten ein Fahrzeug, das sich mit konstanter Geschwindigkeit v auf einer geraden Strecke fortbewegt. Wenn wir den nach einer Zeit t zurückgelegten Weg mit s bezeichnen, so gilt

$$s = v \cdot t \,.$$

Wir haben damit eine lineare Funktion vor uns mit der abhängigen Variablen s und der unabhängigen Variablen t. Aber was entspricht dabei der Geschwindigkeit v? Wir tragen die Funktion mit unterschiedlichen Werten von v, beispielsweise 50 und 80 in ein Koordinatensystem ein und Du siehst sofort, dass v etwas mit der Steigung der Geraden zu tun hat. Je schneller das Fahrzeug fährt, umso weiter kommt es in derselben Zeit und umso steiler verläuft der Graph der Funktion. Wir bilden nun den sogenannten Differenzenquotienten. Wir wählen einen beliebigen Zeitpunkt t und einen weiteren Zeitpunkt t_1 im Abstand Δt von t, also $t_1 = t + \Delta t$ und bilden den Quotienten

$$\frac{\Delta s(t)}{\Delta t} := \frac{s(t + \Delta t) - s(t)}{\Delta t}$$

Der Doppelpunkt steht an dieser Stelle im Übrigen für Definition. Wenn wir nun unsere Weg/Zeit-Funktion einsetzen, folgt

$$\frac{\Delta s(t)}{\Delta t} = \frac{s(t + \Delta t) - s(t)}{\Delta t} = \frac{v \cdot (t + \Delta t) - v \cdot t}{\Delta t} = v \,.$$

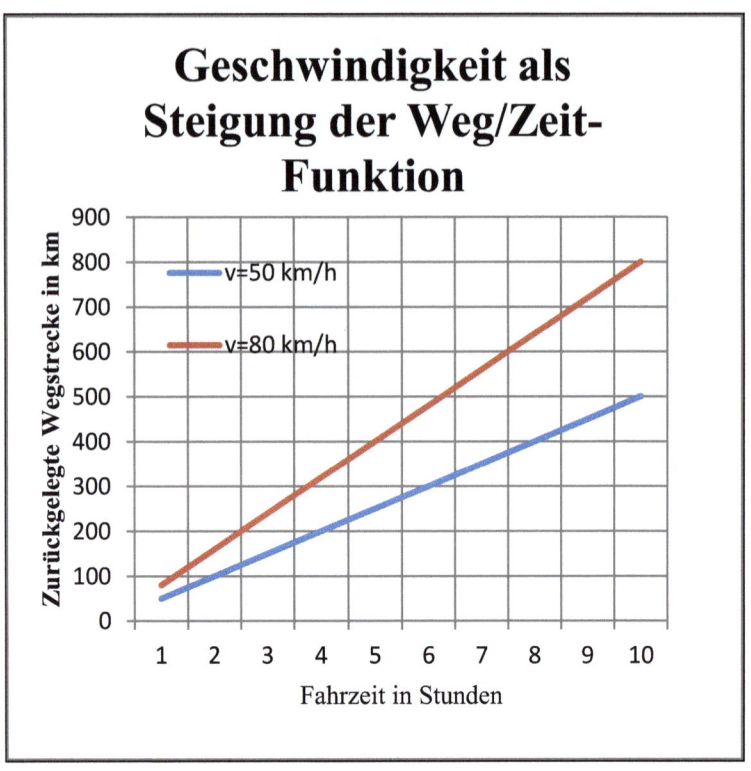

Wir zeigen anhand der nächsten Abbildung, wie der Differenzenquotient grafisch zu deuten ist. Wir betrachten die beiden rechtwinkligen Dreiecke. Es ist leicht einzusehen, dass der Differenzenquotient die Steigung der Geraden widerspiegelt. Er entspricht dem Tangens des Steigungswinkels der Geraden:

$$\tan(\alpha) = \frac{\text{Gegenkathete}}{\text{Ankathete}} = \frac{\Delta s(t)}{\Delta t} = \frac{s(t + \Delta t) - s(t)}{\Delta t} .$$

Nun ist ja nicht jede Funktion eine Gerade. Dennoch können wir den Differenzenquotienten bilden. Wir benutzen im Folgenden wieder die üblichen Bezeichnungen für Funktionen und Variablen, also x, y und f(x). Dann ist

234

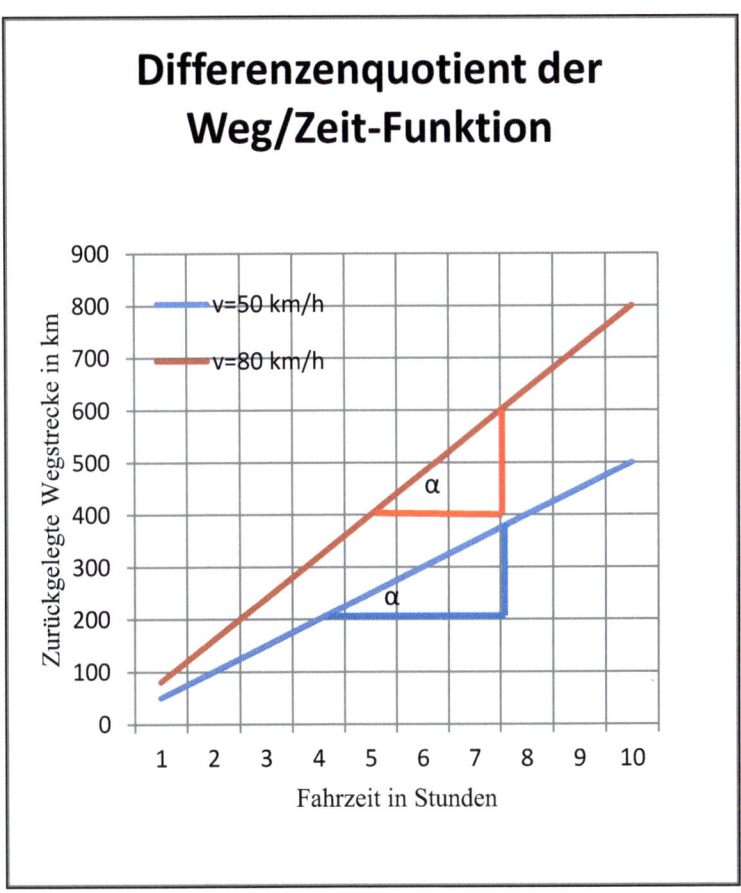

Differenzenquotient der Weg/Zeit-Funktion

$$\frac{\Delta y}{\Delta x} = \frac{f(x + \Delta x) - f(x)}{\Delta x}.$$

Wir wählen als Beispiel eine nichtlineare Funktion, eine Funktion also, die keine Gerade bildet. Und zwar wählen wir eine quadratische Funktion, die wir im Prinzip schon aus dem Kapitel Quadratische Gleichungen kennen. Es sei also

$$y = f(x) = a \cdot x^2 + b.$$

Wir bilden den Differenzenquotienten:

$$\frac{\Delta y}{\Delta x} = \frac{f(x + \Delta x) - f(x)}{\Delta x}$$

$$= \frac{a \cdot (x + \Delta x)^2 + b - (a \cdot x^2 + b)}{\Delta x}$$

$$= \frac{a \cdot (x^2 + 2 \cdot x \cdot \Delta x + \Delta x^2) + b - (a \cdot x^2 + b)}{\Delta x}$$

$$= \frac{2 \cdot a \cdot x \cdot \Delta x + a \cdot \Delta x^2}{\Delta x}$$

$$= 2 \cdot a \cdot x + a \cdot \Delta x.$$

Dieses Ergebnis bedeutet, dass die Steigung abhängig ist, ersten von der gewählten x-Koordinate und zweitens von dem Abstand Δx dazu. Wir sehen uns eine Beispielfunktion an und wählen

$$y = f(x) = 0,5 \cdot x^2 - 0,5.$$

$$\frac{\Delta y}{\Delta x} = 2 \cdot 0,5 \cdot x + 0,5 \cdot \Delta x = x + 0,5 \cdot \Delta x.$$

Wenn wir nun Δx immer kleiner werden lassen, nähern wir uns immer mehr dem Wert x auf der x-Achse und dem Wert y=f(x) auf der y-Achse. Wenn wir mit Δx den Abstand 0 und damit x erreicht haben, sprechen wir nicht mehr von dem Differenzenquotienten, sondern vom Differentialquotienten und schreiben

$$\frac{dy}{dx} = \frac{df(x)}{dx} = \lim_{\Delta x \to 0} \frac{\Delta f(x)}{\Delta x} = \lim_{\Delta x \to 0} (x + 0,5 \cdot \Delta x) = x.$$

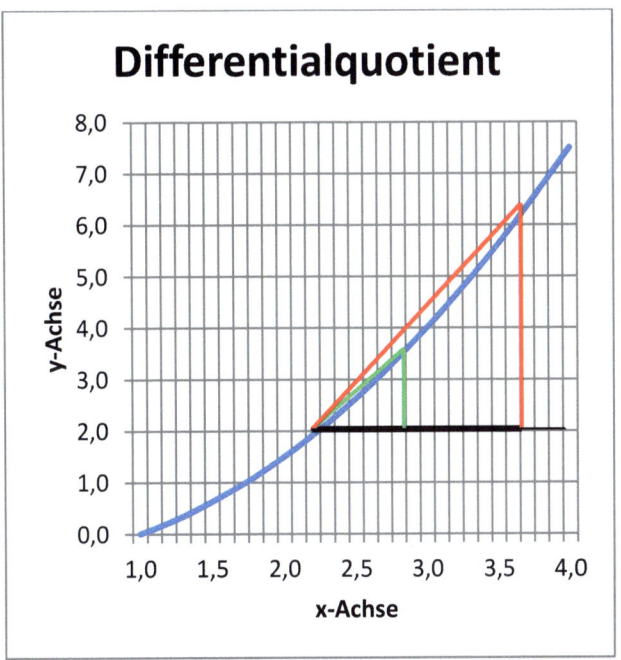

Differentialquotient als Grenzwert des Differenzenquotienten

x ist also die Steigung der Funktion beim x-Wert x. Sie ist damit keine Konstante mehr, sondern selbst eine Funktion. Zu der Steigung einer Funktion sagt man auch Ableitung und schreibt allgemein

$$f'(x) = \frac{df(x)}{dx} = \lim_{\Delta x \to 0} \frac{\Delta f(x)}{\Delta x} = \lim_{\Delta x \to 0} \frac{f(x + \Delta x) - f(x)}{\Delta x}$$

oder auch

$$y' = \frac{dy}{dx} = \lim_{\Delta x \to 0} \frac{\Delta y}{\Delta x}.$$

Es wäre allerdings zu einfach, wenn jede Funktion auf diese Weise ableitbar, man sagt auch differenzierbar, wäre. Es würde an dieser Stelle

237

aber auch zu weit führen, wenn wir auf die Bedingungen eingehen wollten. In der unten stehenden Tabelle sind dafür die Ableitungen der Funktionen, die wir kennengelernt haben, gelistet.

Funktion	Ableitung der Funktion
$y = a \cdot x + b$	$y' = a$
$y = a \cdot x^2 + b \cdot x + c$	$y' = 2 \cdot a \cdot x + b$
$y = \sin(x)$	$y' = \cos(x)$
$y = \cos(x)$	$y' = -\sin(x)$
$y = \tan(x)$	$y' = \dfrac{1}{\cos^2(x)}$
$y = x^n$	$y' = n \cdot x^{n-1}$
$y = \sqrt{x}$	$y' = \dfrac{1}{2 \cdot \sqrt{x}}$

Es gibt darüber hinaus eine Vielzahl von Ableitungsregeln, die wir nun noch in der folgenden Tabelle zusammenstellen. Dabei wird angenommen, dass die dort genannten Funktionen f(x), g(x) und h(x) differenzierbar sind, a eine Konstante und n eine natürliche Zahl ist.

Regel	Funktion	Ableitung
Potenz	$f(x) = x^n$	$f'(x) = n \cdot x^{n-1}$
Faktor	$f(x) = a \cdot g(x)$	$f'(x) = a \cdot g'(x)$
Summen	$f(x) = g(x) \pm h(x)$	$f'(x) = g'(x) \pm h'(x)$
Produkt	$f(x) = g(x) \cdot h(x)$	$f'(x) = g'(x) \cdot h(x) + g(x) \cdot h'(x)$
Quotient	$f(x) = \dfrac{g(x)}{h(x)}$	$f'(x) = \dfrac{g'(x) \cdot h(x) - g(x) \cdot h'(x)}{h^2(x)}$
Verschachtelt	$f(x) = g(h(x))$	$f'(x) = g'(h(x)) \cdot h'(x)$

Die Integralrechnung ist in gewissem Sinne die Umkehrung der Differentialrechnung. Wir werden noch sehen, in welchem Sinne „Umkehrung" dabei gemeint ist. Wir widmen uns also nun einigen Grundbausteinen der Integralrechnung. Die Integralrechnung ist aus dem Problem der Flächen- und Volumenberechnung entstanden.

Wir beginnen wieder mit einem einfachen Beispiel und wählen erneut eine lineare Funktion der Form

$$y = a \cdot x + b,$$

konkret

$$y = 5 \cdot x + 0,5.$$

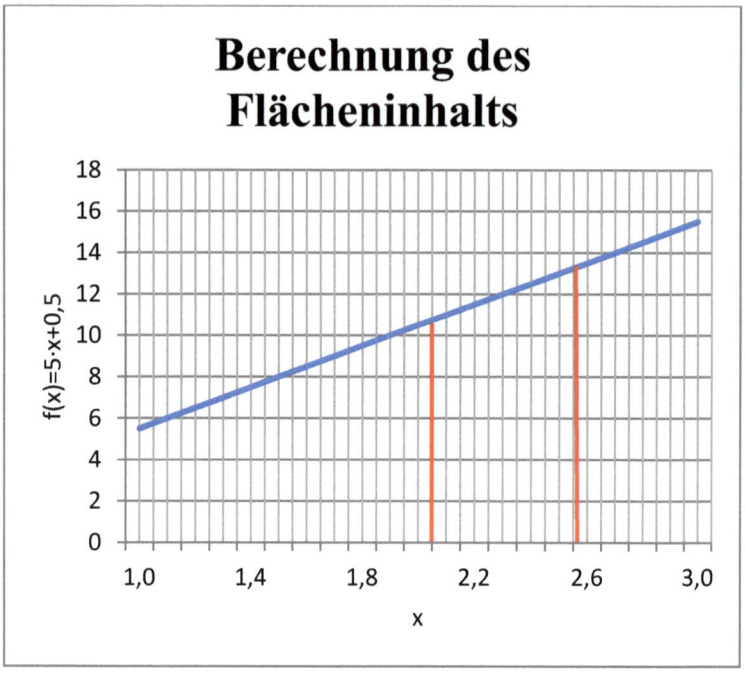

Die Aufgabe besteht nun darin, den Flächeninhalt der Fläche zu berechnen, die vom Graphen der Funktion, der x-Achse und den beiden rot markierten, auf der x-Achse senkrecht stehenden Geraden bei x=a und x=b, in diesem Falle bei a=2,0 und b=2,5, begrenzt wird. In diesem unserem konkreten Beispiel handel es sich um ein Trapez, für dessen Flächenberechnung wir sicher keine Integralrechnung bemühen müssten. Aber wir wollen ja auch nur das Prinzip erläutern. Aus dem Kapitel Flächen und Volumina wissen wir, dass sich der Flächeninhalt eines Trapezes aus Mittellinie mal Höhe ergibt, wobei die Mittellinie die Summe der parallel liegenden Seiten geteilt durch 2 ist. Im obigen Fall wäre also

$$A = m \cdot h = \frac{f(a) + f(b)}{2} \cdot (b - a).$$

240

Mit

$$f(x) = 5 \cdot x + 0,5$$

ergibt sich

A=5,875.

Das müssen wir also herauskriegen, wenn wir jetzt mit der Integralrechnung auf Spatzen schießen.

Wir machen nun Folgendes: Wir teilen die Strecke von a bis b in n gleich große (kleine) Teilstrecken auf, die wir mit Δx bezeichnen:

$$\Delta x = \frac{b-a}{n}$$

Dann ist

$$a + \frac{b-a}{n} \cdot n = a + \Delta x \cdot n = b \,.$$

Wir konstruieren nun Rechtecke mit den Seiten

Δx und $f(a + (k-1) \cdot \Delta x)$ für k=1 bis n.

Die Rechtecke haben den Flächeninhalt

$$A_k = \Delta x \cdot f(a + (k-1) \cdot \Delta x).$$

Das Prinzip dieser Konstruktion zeigen wir in der Abbildung. Die Summe der Flächeninhalte der Rechtecke bilden eine Annäherung an den gesuchten Flächeninhalt der Fläche des Trapezes, das zwischen dem Graphen der Funktion, der x-Achse und den beiden Geraden bei x=2,0 und 2,5 liegt. Die Fläche der aufsummierten Rechtecke ist, wie man leicht sieht, in diesem Falle kleiner als die Trapezfläche. Falls wir die Definition etwas abändern, ist die Summe größer als die Trapezfläche:

$$A_k = \Delta x \cdot f(a + k \cdot \Delta x) \quad \text{für k=1,...,n}$$

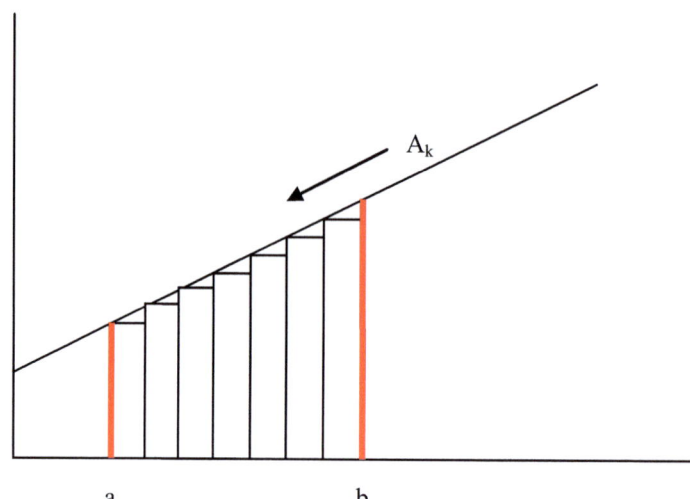

In unserem Beispielfall ist

$$A_k = \Delta x \cdot (5 \cdot (a + (k-1) \cdot \Delta x) + 0,5)$$
$$= \Delta x \cdot (5 \cdot a + (k-1) \cdot 5 \cdot \Delta x) + 0,5)$$
$$= \Delta x \cdot (5 \cdot a + 0,5) + (k-1) \cdot 5 \cdot \Delta x^2.$$

Insgesamt haben wir n Rechtecke aufzuaddieren. Für die gesuchte Gesamtfläche erhalten wir damit die Näherung

$$A \geq \sum_{k=1}^{n} (\Delta x \cdot (5 \cdot a + 0,5) + (k-1) \cdot 5 \cdot \Delta x^2)$$

$$= \Delta x \cdot \sum_{k=1}^{n} (5 \cdot a + 0,5) + 5 \cdot \Delta x^2 \cdot \sum_{k=1}^{n} (k-1)$$

Den zweiten Term ersetzen wir mithilfe der Gaußschen Summenformel

$$\sum_{k=1}^{n} (k-1) = \sum_{k=1}^{n} k - \sum_{k=1}^{n} 1 = \frac{n \cdot (n+1)}{2} - n = \frac{n \cdot (n+1)}{2} - \frac{2 \cdot n}{2} = \frac{n \cdot (n-1)}{2}.$$

Es folgt

$$A \geq \Delta x \cdot n \cdot (5 \cdot a + 0,5) + 5 \cdot \Delta x^2 \cdot \frac{n \cdot (n-1)}{2}$$

$$= \frac{b-a}{n} \cdot n \cdot (5 \cdot a + 0,5) + 5 \cdot \frac{(b-a)^2}{n^2} \cdot \frac{(n-1) \cdot n}{2}$$

$$= (b-a) \cdot (5 \cdot a + 0,5) + 5 \cdot \frac{(b-a)^2}{2} \cdot \frac{(n-1)}{n}$$

$$= 5 \cdot a \cdot b + 0,5 \cdot b - 5 \cdot a^2 - 0,5 \cdot a + 2,5 \cdot (b^2 - 2 \cdot a \cdot b + a^2) \cdot \frac{(n-1)}{n}$$

Lässt man nun Δx immer kleiner werden, n also immer größer, so gilt

$$\lim_{n \to \infty} \frac{n-1}{n} = \lim_{n \to \infty} \left(1 - \frac{1}{n}\right) = 1 .$$

Damit ist

$$A \geq 5 \cdot a \cdot b + 0,5 \cdot b - 5 \cdot a^2 - 0,5 \cdot a + 2,5 \cdot b^2 - 5 \cdot a \cdot b + 2,5 \cdot a^2$$

$$= 2,5 \cdot b^2 + 0,5 \cdot b - (2,5 \cdot a^2 + 0,5 \cdot a) .$$

Wenn wir das Trapez mit den Rechtecken quasi „von oben" eingrenzen, gilt analog

$$A \leq \Delta x \cdot n \cdot (5 \cdot a + 0,5) + 5 \cdot \Delta x^2 \cdot \frac{n \cdot (n+1)}{2}$$

$$= 5 \cdot a \cdot b + 0,5 \cdot b - 5 \cdot a^2 - 0,5 \cdot a + 2,5 \cdot (b^2 - 2 \cdot a \cdot b + a^2) \cdot \frac{(n+1)}{n}$$

und schließlich

$$A \leq 2,5 \cdot b^2 + 0,5 \cdot b - (2,5 \cdot a^2 + 0,5 \cdot a) .$$

Die jeweils letzten Zeilen der Berechnungen kann man auffassen als Differenz der Funktionswerte einer Funktion F mit

243

$$F(x) = 2,5 \cdot x + 0,5 \cdot x$$

bei x=a und x=b, also

$$F(b) - F(a) = 2,5 \cdot b^2 + 0,5 \cdot b - (2,5 \cdot a^2 + 0,5 \cdot a).$$

Damit sind wir bei dem Begriff der Stammfunktion angelangt. Bevor wir weiter machen, vergleichen wir noch das Ergebnis mit der obigen Rechnung, bei der wir für das unter der Geraden liegende Trapez 5,875 ausgemacht hatten.

Hier ist nun

$$F(b) - F(a) = 2,5 \cdot 2,5^2 + 0,5 \cdot 2,5 - (2,5 \cdot 2,0^2 + 0,5 \cdot 2,0)$$

$$= 15,625 + 1,25 - (10 + 1)$$

$$= 15,625 + 1,25 - (10 + 1)$$

$$= 5,875.$$

Und nun zur Stammfunktion:

Die Stammfunktion einer Funktion f(x) ist die Funktion F(x), deren Ableitung f(x) ist:

$$F'(x) = f(x).$$

Beispiel:

In unserem obigen Fall ist

$$f(x) = 5 \cdot x + 0,5.$$

Die Stammfunktion ist

$$F(x) = 2,5 \cdot x^2 + 0,5 \cdot x,$$

denn

244

$$F'(x) = 2 \cdot 2,5 \cdot x + 0,5 = 5 \cdot x + 0,5 \,.$$

Genau genommen sind alle Funktionen der Form F(x)+c, wobei c eine Konstante ist, Stammfunktionen von f(x), denn aus

$$F'(x) = f(x)$$

folgt

$$\left(F(x) + c \right)' = F(x)' = f(x) \,,$$

Trotzdem heißt F(x) üblicherweise Stammfunktion oder auch unbestimmtes Integral und man schreibt

$$F(x) = \int f(x) \cdot dx \,.$$

Hinweis:

Wir setzen zwischen dem Funktionswert und dem Infinitesimalzeichen dx einen Punkt, was eigentlich unüblich ist. Geübte verzichten auf den Punkt.

Ein Integral wird als „bestimmt" bezeichnet – bestimmtes Integral –, wenn die Stammfunktion für bestimmte Werte a und b ausgewertet wird.

Man schreibt

$$\int_a^b f(x) \cdot dx = F(x) \Big|_a^b = F(b) - F(a) \,.$$

Nicht jede Funktion f(x) ist integrierbar. Auch in diesem Zusammenhang können wir nicht auf die Bedingungen und Voraussetzungen für die Integrierbarkeit einer Funktion eingehen. Die Bestimmung der Stammfunktion einer Funktion stellt im Allgemeinen höhere Anforderungen an das mathematische Verständnis als die Bildung der Ableitung.

Wir kennen aber schon die Stammfunktionen einiger wichtiger Funktionen. Wir müssen nur die Tabelle, in der wir die Ableitungen einiger Funktionen vorgestellt haben, gewissermaßen umdrehen:

Stammfunktion	Funktion
$F = a \cdot x + b$	$y = a$
$F = a \cdot x^2 + b \cdot x + c$	$y = 2 \cdot a \cdot x + b$
$F = \sin(x)$	$y = \cos(x)$
$F = \cos(x)$	$y = -\sin(x)$
$F = \tan(x)$	$y = \dfrac{1}{\cos^2(x)}$
$F = x^n$	$y = n \cdot x^{n-1}$
$F = \sqrt{x}$	$y = \dfrac{1}{2 \cdot \sqrt{x}}$

Das bestimmte Integral liefert also nicht nur den Flächeninhalt „unter" dem Funktionsgraphen einer linearen Funktion, sondern unter dem Graphen jeder beliebigen (integrierbaren) Funktion. Wir rechnen das Kapitel abschließend ein etwas weniger triviales Beispiel. Wir wählen die Funktion

$$f(x) = x^3$$

und berechnen den Flächeninhalt zwischen dem Funktionsgraphen, der x-Achse und den Grenzen a=0,0 und b=2,0 (siehe Abbildung).

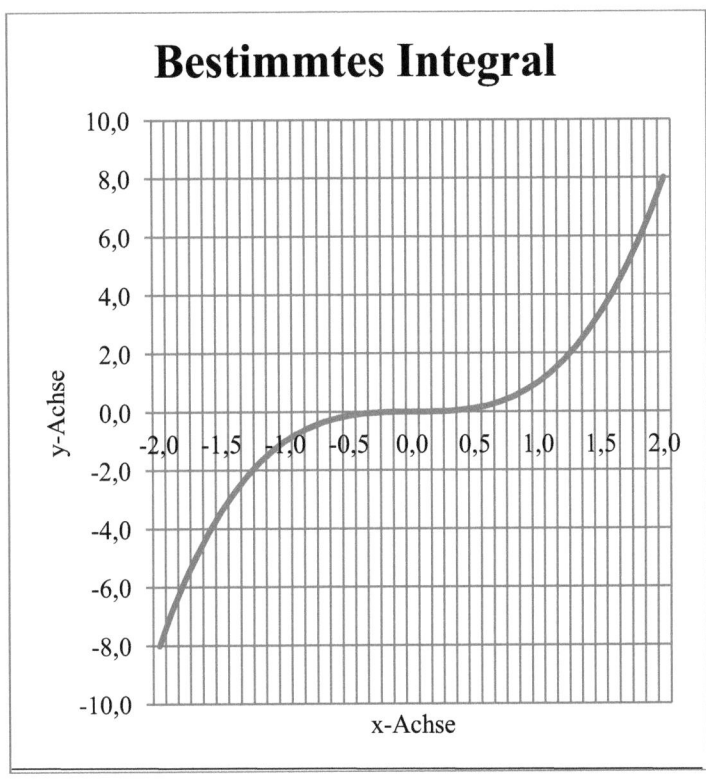

Anhand der Abbildung sollte klar sein, dass die Berechnung der Fläche konventionell, soll heißen, in Analogie zur Berechnung der Trapezfläche wie im obigen Beispiel nicht so ganz einfach wäre. Dafür aber umso einfacher durch Integration der Funktion:

$$A = \int_a^b f(x) \cdot dx = \int_a^b x^3 \cdot dx = \frac{1}{4} \cdot x^4 \Big|_a^b = \frac{1}{4} \cdot \left(b^4 - a^4\right).$$

Mit a=0 und b=2 wird dann

$$A = \frac{1}{4} \cdot \left(b^4 - a^4 \right) = \frac{1}{4} \cdot b^4 = \frac{1}{4} \cdot 2^4 = 4 \,.$$

Wir kommen an dieser Stelle auf die Berechnung des Kegelvolumens zurück, das wir mithilfe der Integralrechnung herleiten wollten. Wir nehmen ein kartesisches Koordinatensystem an, wobei die Kegelspitze im Ursprung $P_1(0;0)$ und der Mittelpunkt des Grundkreises im Punkt $P_2(h;0)$ liegt. Wir denken uns nun den Kegel zusammengesetzt aus unendlich vielen zylindrischen Scheiben mit infinitesimaler Höhe (Dicke). Der Abstand einer Zylinderscheibe von der Kegelspitze wird durch die Koordinate x beschrieben. Nach dem Strahlensatz gilt dann für den Radius r_x einer Zylinderscheibe

$$\frac{r_x}{r} = \frac{x}{h}$$

und damit

$$r_x = \frac{r}{h} \cdot x$$

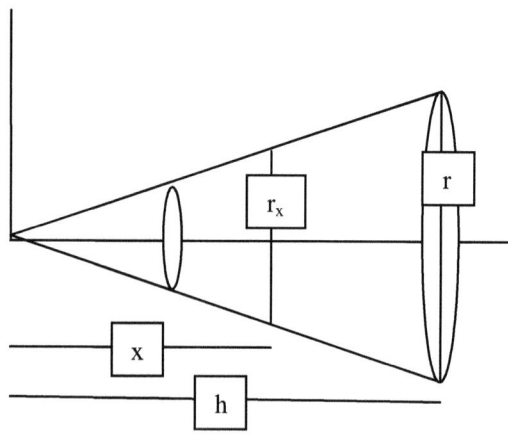

Das Volumen einer Zylinderscheibe V_x der Dicke Δx beträgt damit

248

$$V_x = r_x^2 \cdot \pi \cdot \Delta x = \left(\frac{r}{h} \cdot x \right)^2 \cdot \pi \cdot \Delta x.$$

Das gesamte Volumen des Kegels entspricht der Gesamtheit all dieser unendlich kleinen Zylinder. Zur Berechnung bildet man das Integral mit den Grenzen x=0 und x=h (zum Integral von x^2 siehe obige Tabelle):

$$\int_{x=0}^{x=h} V_x \cdot dx = \int_{x=0}^{x=h} \left(\frac{r}{h} \cdot x \right)^2 \cdot \pi \cdot dx$$

$$= \left(\frac{r}{h} \right)^2 \cdot \pi \cdot \int_{x=0}^{x=h} x^2 \cdot dx$$

$$= \left(\frac{r}{h} \right)^2 \cdot \pi \cdot \frac{x^3}{3} \bigg|_0^h = \left(\frac{r}{h} \right)^2 \cdot \pi \cdot \frac{1}{3} \cdot (h^3 - 0^3)$$

$$= \frac{1}{3} \cdot \pi \cdot r^2 \cdot h.$$

Das ist die bekannte Formel für das Kegelvolumen. Vollkommen analog lässt sich das Volumen einer quadratischen Pyramide berechnen. Sei a die Seite des Grundflächenquadrats und h die Höhe der Pyramide. Nun hast Du es nicht mit Kreisscheiben, sondern mit quadratischen Scheiben der Dicke Δx zu tun. Es ist also

$$V_x = a_x^2 \cdot \Delta x = \left(\frac{a}{h} \cdot x \right)^2 \cdot \Delta x.$$

und damit

$$\int_{x=0}^{x=h} V_x \cdot dx = \int_{x=0}^{x=h} \left(\frac{a}{h} \cdot x \right)^2 \cdot dx$$

$$= \left(\frac{a}{h} \right)^2 \cdot \int_{x=0}^{x=h} x^2 \cdot dx$$

$$= \left(\frac{a}{h}\right)^2 \cdot \frac{x^3}{3}\Bigg|_0^h = \left(\frac{a}{h}\right)^2 \cdot \frac{1}{3} \cdot (h^3 - 0^3)$$

$$= \frac{1}{3} \cdot a^2 \cdot h \,.$$

Das ist das erwartete Ergebnis.

Auch bei der Entwicklung der Formel für das Kugelvolumen hatten wir uns gedrückt und auf die Mithilfe der Integralrechnung verwiesen. Das Versprechen wollen wir nun auch noch einlösen.

Wir betrachten infinitesimal kleine Zylinder, deren Radien von r beginnend gegen null gehen. Siehe unten stehende Abbildung, die einen Querschnitt durch eine Kugel mit dem Radius r darstellt. Die rot markierte Fläche entspricht dem Zylinder, der bei der Stelle x beginnt und die Dicke Δx besitzt.

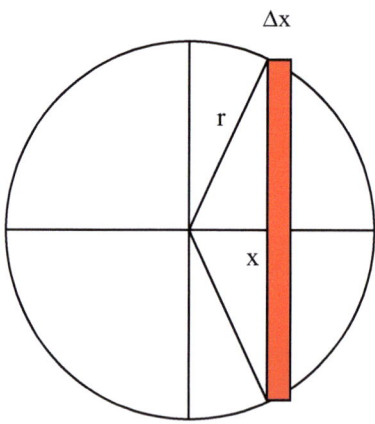

Die Radien der auf diese Art entstehenden Zylinder bezeichnen wir mit s_x. Es gilt wieder einmal nach Pythagoras

$$s_x^2 = r^2 - x^2.$$

Das Volumen einer Zylinderscheibe ist dann

$$A_x = \pi \cdot s_x^2 \cdot \Delta x = \pi \cdot (r^2 - x^2) \cdot \Delta x.$$

In Analogie zum Pyramiden- und Kegelvolumen integrieren wir über x von 0 bis r und erhalten auf diese Weise das Volumen einer Kugelhälfte. Für das Gesamtvolumen ist dann

$$V = 2 \cdot \pi \cdot \int_0^r s_x^2 \cdot dx = 2 \cdot \pi \cdot \int_0^r (r^2 - x^2) \cdot dx$$

$$= 2 \cdot \pi \cdot \left((r^2 \cdot x - \frac{x^3}{3}) \Big|_0^r \right) = 2 \cdot \pi \cdot \left(r^3 - \frac{r^3}{3} \right) = \frac{4}{3} \cdot \pi \cdot r^3.$$

Das ist die Formel für das Volumen einer Kugel mit dem Radius r, wie wir sie vorgestellt haben.

Auch schön und gleichzeitig einfach ist in diesem Zusammenhang die Herleitung der Formel für die Kugeloberfläche mithilfe der Ableitung des Kugelvolumens nach dem Radius r. Dazu stellen wir uns vor, dass der Radius r der Kugel um dr vergrößert wird. Dann nimmt das Volumen um

dV=O·dr

zu. Es ist also

$$O = \frac{dV}{dr} = \frac{\frac{4}{3} \cdot \pi \cdot r^3}{dr} = 3 \cdot \frac{4}{3} \cdot \pi \cdot r^2 = 4 \cdot \pi \cdot r^2.$$

Wir lassen uns wieder einmal zu einem „Wahnsinn!" verleiten.

Die Taylorreihe

Wir haben gelernt, was Funktionen, Ableitungen und Reihen sind, jedenfalls im Grundsatz. Wir bringen nun diese drei Dinge zusammen, wenn auch nur für Spezialfälle. Wir stellen uns eine glatte Funktion vor, soll heißen, eine Funktion, die beliebig oft differenzierbar ist. Wir haben gelernt, die Ableitung einer Funktion ist eine Funktion und die kann gegebenenfalls wieder abgeleitet werden. Wir vereinbaren folgende Schreibweise:

$f^{(0)}(x) = f(x)$, $f^{(1)}(x) = f'(x)$, $f^{(2)}(x) = f'(f'(x))$ und so weiter.

Wir betrachten nun reellwertige Funktionen $f(x)$ mit reellem Definitionsbereich. Falls a aus dem Definitionsbereich ist, heißt

$$T f(x;a) = \sum_{n=0}^{\infty} \frac{f^{(n)}(a)}{n!} \cdot (x-a)^n$$

$$= f(a) + f'(a) \cdot (x-a) + \frac{f''(a)}{2} \cdot (x-a)^2 + \frac{f'''(a)}{6} \cdot (x-a)^3 + \dots$$

Taylorreihe der Funktion $f(x)$ oder auch Taylorentwicklung um a von $f(x)$. Die Reihe ist zunächst nur eine formale Definition. Es wird nichts über die Konvergenz der Reihe gegen den Funktionswert der entwickelten Funktion ausgesagt. Es gilt also nicht notwendig

$$f(x) = Tf(x;a).$$

In der Literatur findet man Beispiele für Funktionen, die nur für eine Teilmenge ihres Definitionsbereiches durch ihre Taylorreihe ersetzt werden können sowie Funktionen, deren Taylorreihe zwar konvergiert, aber nicht gegen den Funktionswert $f(x)$. Diese Fälle sind aber eher selten.

Wir sehen uns die lineare Funktion

$$f(x) = a + b \cdot x.$$

an. Es ist

$f'(x) = b$ und $f''(x) = 0$.

Damit gilt mit dem Entwicklungspunkt c

$$T f(x;c) = f(c) + b \cdot (x - c)$$

$$= a + b \cdot c + b \cdot (x - c) = a + b \cdot x.$$

Das ist nicht sehr aufregend und gilt im Übrigen für alle Funktionen der Form

$$f(x) = \sum_{k=0}^{n} a_k \cdot x^k.$$

Den Beweis dazu findest Du in der Literatur. Die Taylorreihe bricht in diesem Fall bei n ab. Funktionswert und Wert der Taylorreihe stimmen auf dem kompletten Definitionsbereich überein.

Interessanter sind da schon die Taylorentwicklungen der Winkelfunktionen, die wir später noch benötigen. Und darum geht es uns auch im Kern. Wir stellen die Entwicklung der Sinus- und der Kosinusfunktion um den Entwicklungspunkt a=0 dar. Es ist (eine schöne Übung!):

$$\sin(x) = \sum_{n=0}^{\infty} (-1)^n \cdot \frac{x^{2 \cdot n + 1}}{(2 \cdot n + 1)!} = x - \frac{x^3}{6} + \frac{x^5}{120} - \dots$$

$$\cos(x) = \sum_{n=0}^{\infty} (-1)^n \cdot \frac{x^{2 \cdot n}}{(2 \cdot n)!} = 1 - \frac{x^2}{2} + \frac{x^4}{24} - \dots$$

Das ist, wie wir meinen, relativ aufregend und wir lassen es bei dieser kurzen Abhandlung über Taylorreihen. Im Zusammenhang mit der sogenannten Exponentialfunktion kommen wir im nächsten Kapitel darauf zurück. Dann stellen wir nämlich den Zusammenhang her zwischen den Winkelfunktionen und der Exponentialfunktion und das geht über die Taylorreihen der Funktionen.

254

Exponentialfunktion und Logarithmus

An zwei wichtigen Funktionen kommen wir nicht vorbei. Dies sind die Exponentialfunktion und ihre Umkehrfunktion, der Logarithmus. Wir beginnen mit der Exponentialfunktion. Als Exponentialfunktionen bezeichnet man Funktionen der Form

$$\exp_a(x) = a^x.$$

Dabei ist a eine reelle Zahl größer null und ungleich 1 und heißt Basis der Exponentialfunktion.

Eine etwas allgemeinere Form sieht so aus:

$$f(x) = b \cdot \exp_a(c \cdot x) = b \cdot a^{c \cdot x},$$

wobei b und c reelle Zahlen ungleich null sind. Im Folgenden beschränken wir uns auf b=c=1.

Als Argumentbereich sind alle reellen Zahlen und, wie wir noch sehen werden, auch die komplexen Zahlen zugelassen. Zunächst bleiben wir aber bei reellen Argumenten.

Hinweis:

Die obige Notation ist nicht die übliche Notation, die Du in der Literatur findest. Wir benutzen sie, weil wir denken, dass wir die Situation damit im Einklang mit unserer bisherigen Notation besser darstellen können.

Die Exponentialfunktion zur Basis a, so die Sprechweise, bildet also die reelle Zahl x auf die reelle Zahl a^x ab. Die Situation ist damit grundverschieden von der Situation der Potenzfunktionen, bei denen die Basis die unabhängige Variable ist und der Exponent fest vorgegeben ist. Exponentialfunktionen haben in den Naturwissenschaften, z. B. bei der mathematischen Beschreibung von Wachstumsvorgängen, eine besondere Bedeutung, Stichwort „exponentielles Wachstum". Wir machen ein Beispiel.

Beispiel:

$$\exp_2(x) = 1.000 \cdot 2^x$$

beschreibe das Wachstum eines Bakterienstammes, der zum Zeitpunkt $x_0=0$ über $1.000 \cdot 2^0 = 1.000$ Bakterien verfügt. Nach einer Stunde gibt es mit $1.000 \cdot 2^1 = 2.000$ doppelt so viele Bakterien, nach zwei Stunden $1.000 \cdot 2^2 = 4.000$ und nach drei Stunden $1.000 \cdot 2^3 = 8.000$. Das heißt also, nach gleich langen Zeitabständen, hier Stunden, vergrößert sich die Anzahl der Bakterien um den gleichen Faktor, hier um 2:

$$\frac{1.000 \cdot 2^{x+1}}{1.000 \cdot 2^x} = 2 \, .$$

Allgemein ist

$$\exp_a(x+d) = a^{x+d} = a^d \cdot a^x = a^d \cdot \exp_a(x)$$

und damit

$$\frac{\exp_a(x+d)}{\exp_a(x)} = a^d \, .$$

Eine Basis kleiner als 1 führt dagegen zu einem exponentiellen Abklingen der Ausgangsmenge, quasi zu einem „Zerfall". Wir stellen uns einen radioaktiven Stoff vor mit 1.000 Einheiten radioaktiven Materials

$$\exp_{1/2}(x) = 1.000 \cdot \frac{1}{2^x} \, .$$

Nach einer Zeiteinheit ist dann das strahlende Material auf die Hälfte reduziert, nach zwei Zeiteinheiten auf ein Viertel. Allgemein gilt in Analogie zu oben

$$\frac{\exp_{1/2}(x+1)}{\exp_{1/2}(x)} = \frac{1000 \cdot \dfrac{1}{2^{x+1}}}{1000 \cdot \dfrac{1}{2^{x}}} = \frac{2^{x}}{2^{x+1}} = 2^{-1} = \frac{1}{2}.$$

Bevor wir uns mit der Umkehrfunktion von $\exp_a(x)$ befassen, gehen wir auf einige wenige Eigenschaften der Exponentialfunktion ein. Auf die Beweise dazu verzichten wir an dieser Stelle. Die findest Du aber in jedem Lehrbuch oder auch in den zahlreichen Videos und Informationen im Netz.

Eigenschaften der Exponentialfunktion:

$\exp_a(x)$ ist für $a > 1$ streng monoton wachsend

$\exp_a(x)$ ist für $a < 1$ streng monoton fallend

$\exp_a(x)$ ist injektiv: $x_1 \neq x_2 \Rightarrow \exp_a(x_1) \neq \exp_a(x_2)$

$\exp_a(x)$ ist surjektiv in Bezug auf $\mathbb{R}^+$

$\exp_a(x)$ ist bijektiv.

Wir wissen bereits, dass bijektive Funktionen eine auf ihrem Bildbereich definierte Umkehrfunktion besitzen. Damit werden wir uns weiter unten beschäftigen.

Eine besonders „schöne" Basis der Exponentialfunktion ist die Eulersche Zahl e, die wir im Kapitel „Folgen und Reihen" kennengelernt haben. Die daraus resultierende Exponentialfunktion ist innerhalb der Mathematik so bedeutend, dass sie oft ohne Angabe der Basis geschrieben wird, quasi also als „die" Exponentialfunktion schlechthin gilt und auch kurz als e-Funktion bezeichnet wird:

$$\exp(x) = e^{x}.$$

Die folgende Abbildung zeigt den Verlauf der e-Funktion für den Argumentbereich $[-4; 2]$.

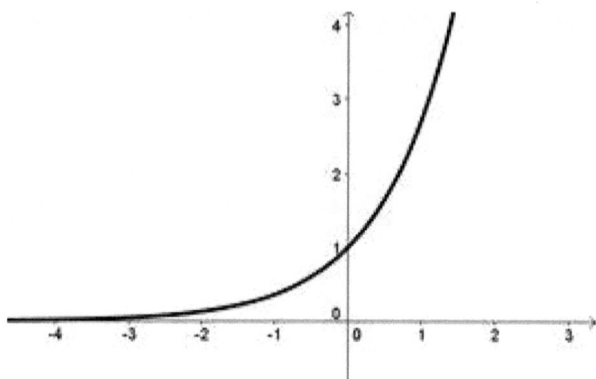

Wir kommen zurück auf die Taylorentwicklung einer Funktion und entwickeln die e-Funktion an der Entwicklungsstelle 0. Es ist

$$e^x = \sum_{n=0}^{\infty} \frac{x^n}{n!} = 1 + x + \frac{x^2}{1 \cdot 2} + \frac{x^3}{1 \cdot 2 \cdot 3} + \frac{x^4}{1 \cdot 2 \cdot 3 \cdot 4} + \dots$$

$$= 1 + x + \frac{x^2}{2} + \frac{x^3}{6} + \frac{x^4}{24} + \dots$$

Es hindert uns nichts daran, für x eine imaginäre Zahl einzusetzen, also beispielsweise i·x. Damit folgt

$$e^{i \cdot x} = 1 + i \cdot x + \frac{(i \cdot x)^2}{2} + \frac{(i \cdot x)^3}{6} + \frac{(i \cdot x)^4}{24} + \frac{(i \cdot x)^5}{120} - \dots$$

$$= 1 + i \cdot x - \frac{x^2}{2} + \frac{i \cdot x^3}{6} - \frac{i \cdot x^4}{24} + \frac{i \cdot x^5}{120} - \dots$$

$$= 1 - \frac{x^2}{2} - \frac{x^4}{24} - \dots + i \cdot \left(x - \frac{x^3}{6} + \frac{x^5}{120} \right) + \dots$$

Nun erinnern wir uns an die Entwicklung der Winkelfunktionen Sinus und Kosinus aus dem Kapitel „Die Taylorreihe". Dort hatten wir:

258

$$\sin(x) = \sum_{n=0}^{\infty} (-1)^n \cdot \frac{x^{2 \cdot n+1}}{(2 \cdot n+1)!} = x - \frac{x^3}{6} + \frac{x^5}{120} - \ldots$$

und

$$\cos(x) = \sum_{n=0}^{\infty} (-1)^n \cdot \frac{x^{2 \cdot n}}{(2 \cdot n)!} = 1 - \frac{x^2}{2} + \frac{x^4}{24} - \ldots$$

Wie Du leicht siehst, ist also

$$e^{i \cdot x} = \cos(x) + i \cdot \sin(x).$$

Diese Formel heißt auch eulersche Formel und stellt auf elegante Weise die Verbindung zwischen der e-Funktion und den Winkelfunktionen her. Besonders verblüffend ist die eulersche Identität, die sich aus der eulerschen Formel mit x=π ergibt:

$$e^{i \cdot \pi} = \cos(\pi) + i \cdot \sin(\pi) = -1$$

Wir befassen uns nun endlich mit der Umkehrung der Exponentialfunktion. Vorbereitend sehen wir uns noch einmal eine der linearen Funktion aus dem Kapitel „Funktionen" und ihre Umkehrfunktion an. Wir wählen

$$y = f(x) = a \cdot x + b.$$

Die Umkehrfunktion nennen wir g. Es gilt

$$x = g(y) = \frac{y - b}{a},$$

denn

$$g(y) = g(f(x)) = \frac{a \cdot x + b - b}{a} = x.$$

Wir können die Variablen nun wieder wie gewohnt verwenden und erhalten

$$y = f^{-1}(x) = \frac{x-b}{a} \ .$$

Wir stellen die Ausgangsfunktion mit $a = \dfrac{1}{2}$ und b=4 zusammen mit ihrer Umkehrfunktion in einem Schaubild graphisch dar (siehe Abbildung):

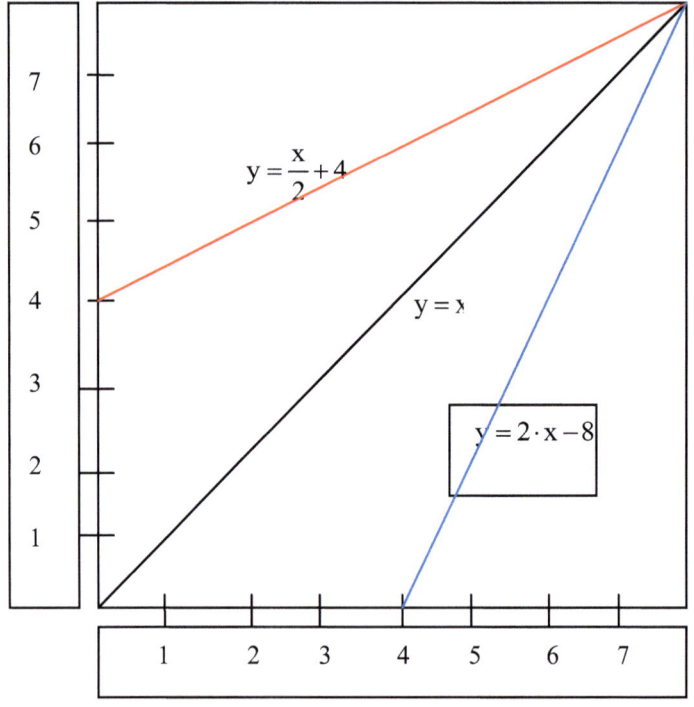

Du erkennst sofort, dass sich die beiden Funktion an der sogenannten ersten Winkelhalbierenden y=x (Winkelhalbierende im ersten Quadranten) spiegeln. Dies gilt im Übrigen für alle Funktionen und ihre

Umkehrfunktionen, soweit ihr Wertebereich im 1. Quadranten liegt. Für die anderen Quadranten gilt Entsprechendes.

Nun aber zur Umkehrfunktion von $\exp_a(x)$. Dass eine Umkehrfunktion von $\exp_a(x)$ überhaupt existiert, ergibt sich aus den Eigenschaften der Exponentialfunktion, die wir oben zusammengestellt haben.

Von einer Umkehrfunktion $f^{-1}(y)$ wissen wir, dass sie auf den Funktionswert $y = f(x)$ der Ausgangsfunktion angewendet wieder das Ausgangsargument zu liefern hat, also

$$f^{-1}(y) = f^{-1}(f(x)) = x \, .$$

Die Umkehrfunktion von $\exp_a(x) = a^x$ nennen wir Logarithmus zur Basis a und schreiben $\log_a(x)$.

Es ist also

$$\log_a(\exp_a(x)) = \log_a(a^x) = x$$

und umgekehrt

$$\exp_a(\log_a(x)) = a^{\log_a(x)} = x \, .$$

Ist also

$$\exp_a(x) = a^x = b \, ,$$

so liefert der Logarithmus von b zur Basis a den Wert

$$x = \log_a(b) \, ,$$

sodass

$$\exp_a(x) = a^x = a^{\log(b)} = b$$

ist.

So einfach ist das, möchte man sagen. Für die Logarithmus-Funktion gibt es zwei beliebte Basen, die natürliche, nämlich e und die 10, was zum sogenannten Zehnerlogarithmus führt. Für $\log_e(x)$ schreibt man gewöhnlich ln(x) (n von natürlicher Logarithmus) und für $\log_{10}(x)$ einfach log(x). Wir stellen zunächst die e-Funktion und den natürlichen Logarithmus in einem Diagramm dar und bewahrheiten unsere These von der Umkehrfunktion als Spiegelung der Ausgangsfunktion an der Winkelhalbierenden. Im Anschluss gehen wir auf ein paar Rechenregeln ein und legen dar, für was er eigentlich gut ist, der Logarithmus.

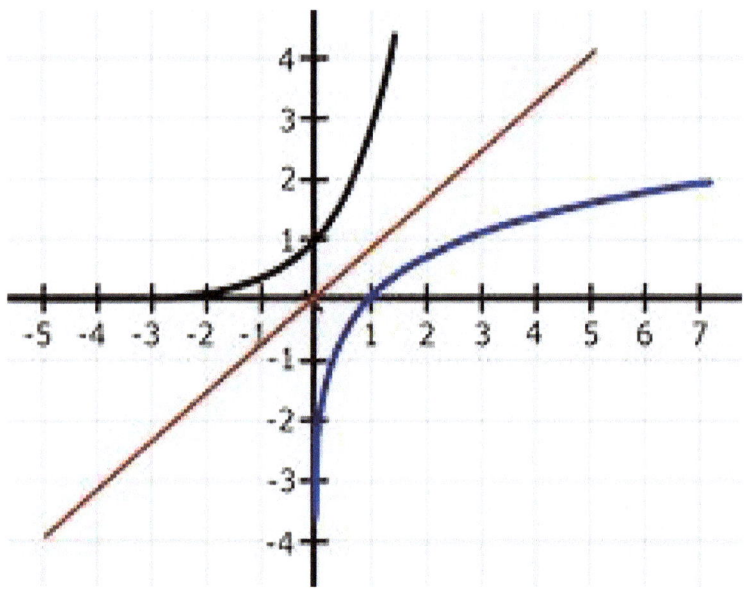

Rechenregeln und ausgezeichnete Werte:

$\log_a(a) = 1$, $\ln(e) = 1$, log(10)=1.

262

$\log_a(1) = 0$, $\ln(1) = 0$, $\log(0)=1$.

Da die Rechenregeln für alle Basen gelten, schreiben wir abkürzend statt $\log_a(x)$ einfach log:

	Log	**Regel**
Produkt $u \cdot v$	$\log(u \cdot v)$	$\log(u)+\log(v)$
Quotient $\dfrac{u}{v}$	$\log\left(\dfrac{u}{v}\right)$	$\log(u)-l(v)$
echter Bruch $\dfrac{1}{v}$	$\log\left(\dfrac{1}{v}\right)$	$-\log(v)$
Potenz u^v	$\log(u^v)$	$v \cdot \log(u)$
Wurzel $\sqrt[n]{u}$	$\log(\sqrt[n]{u})$	$\dfrac{1}{n} \cdot \log(u)$

Eine Anwendung der Logarithmus-Funktion ist die graphische Darstellung von Sachverhalten in einem Koordinatensystem. Die logarithmische Darstellung verwendet eine Achsenbeschriftung, bei der in einer linearen Teilung nicht der Zahlenwert einer darzustellenden Größe aufgetragen wird, sondern der Logarithmus ihres Zahlenwerts. In einem Diagramm kann diese Darstellung auf eine oder auch auf beide Achsen angewandt werden (einfache und doppelt logarithmische Darstellung). Bei mathe-online.at haben wir unter „Exkurs über die Nützlichkeit des Logarithmus" ein paar schöne Beispiele gefunden.

Im ersten Beispiel wollen wir die Größenordnungen der auf der Erde lebenden Organismen auf einer Skala auftragen. Sie soll von der Durchschnittsgröße eines Virus (etwa Zehntausendstel Millimeter, d.h.

10^{-7} m) bis zu den größten Pilzgeflechten (einige Kilometer, d.h. ungefähr 10^3 m) reichen. Die übliche Darstellungsweise würde zu einem Diagramm führen, das wie folgt aussieht (aus mathe-online):

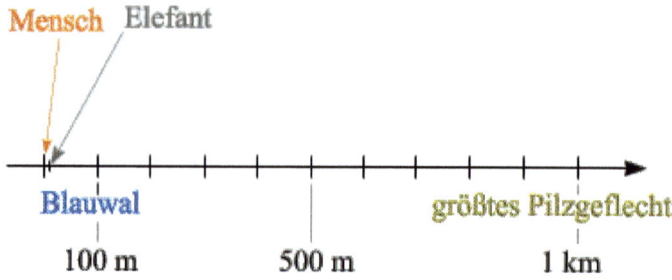

Das heißt aber, die meisten Lebewesen würden sich in der linken Ecke drängeln, eine Differenzierung wäre so gut wie nicht möglich. In dieser Situation hilft die logarithmische Einteilung der Achse. Man wählt also beispielsweise statt

10^{-7} $\log(10^{-7}) = -7 = 10^{-1}\,\mu$m und statt

10^3 $\log(10^3) = 3 = 1$km :

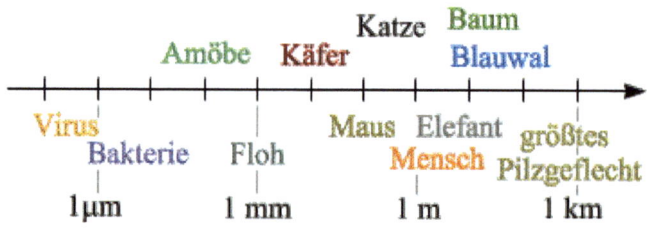

Die Frage ist, wie erstellt man eine logarithmische Skala. Wir sehen uns das an:

264

Wir beschränken uns dabei auf den Zehnerlogarithmus, dem üblichen, wenn es um eine logarithmische Darstellung geht.

Wir wissen:

Die jeweilige Achse wird in gleich große Abschnitte eingeteilt, die jeweils für eine Zehnerpotenz stehen, logarithmisch für eine 1, denn wir wissen

$\log(10) = 1$.

Wir schauen uns beispielhaft den Abschnitt

10^0, also 1 bis 10^1, also 10 an:

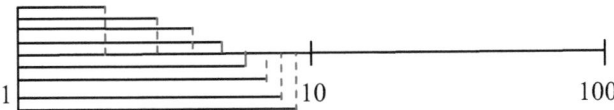

Die folgende Tabelle zeigt die logarithmische Einteilung dieses Achsenabschnitts bezogen auf eine Einheit, zum Beispiel einen Zentimeter. Der oben dargestellte Abschnitt hat die Länge 4 cm, so dass die Werte aus der Tabelle mit 4 zu multiplizieren sind. In der Abbildung werden die Unterabschnitte durch die rot gestrichelten senkrechten Linien markiert. So entsteht also eine logarithmische Skala.

$\log(2)$	$\log(3)$	$\log(4)$	$\log(5)$	$\log(6)$	$\log(7)$	$\log(8)$	$\log(9)$
0,30	0,48	0,60	0,70	0,78	0,85	0,90	0,95

Wir stellen nun eine Funktion logarithmisch dar, die schnell und stark wächst. Über diese Eigenschaft verfügt, wie wir gelernt haben, die Exponentialfunktion. Wir wählen die allgemeine Form

265

$$f(x) = b \cdot \exp_a(c \cdot x) = b \cdot a^{c \cdot x}.$$

Wir wollen die Funktion halblogarithmisch auf der Basis des Zehnerlogarithmus darstellen, soll heißen, nur eine der Achsen, hier die y-Achse, soll eine logarithmische Skala bekommen. Dazu logarithmieren wir zunächst den Funktionswert y:

$$\log(y) = \log(b \cdot \exp_a(c \cdot x))$$

$$= \log(b \cdot a^{c \cdot x}) = \log(b) + \log(a^{c \cdot x}) = \log(b) + c \cdot x \cdot \log(a).$$

Wenn wir nun $Y = \log(y)$ und $X = x$ setzen, haben wir eine lineare Funktion vor uns, deren Graph eine Gerade ist:

$$Y = \log(b) + c \cdot X \cdot \log(a).$$

Für die graphische Darstellung wählen wir eine einfachere Version und setzen b=c=1 und a=2, sodass unsere lineare Funktion so aussieht:

$$Y = X \cdot \log(2).$$

Für die Darstellung des Graphen in einem einfach-logarithmischen Koordinatensystem, bestimmen wir nun zwei Punkte der Funktion

$$y = 2^x,$$

zum Beispiel $P_1(0;1)$ und $P_2(2;4)$.

Genauso kann man natürlich mit der e-Funktion

$$y = \exp(x) = e^x$$

verfahren, etwa mit $P_1(0;1)$ und

$$P_2(1;e) \approx P_2(1;2,71828).$$

Diese jeweils zwei Punkte trägt man nun in einem einfach-logarithmischen Koordinatensystem ein, verbindet sie und erhält so die Geraden.

Die folgende Abbildung zeigt die einfach-logarithmische Darstellung der beiden Funktionen (aus mathe-online.de).

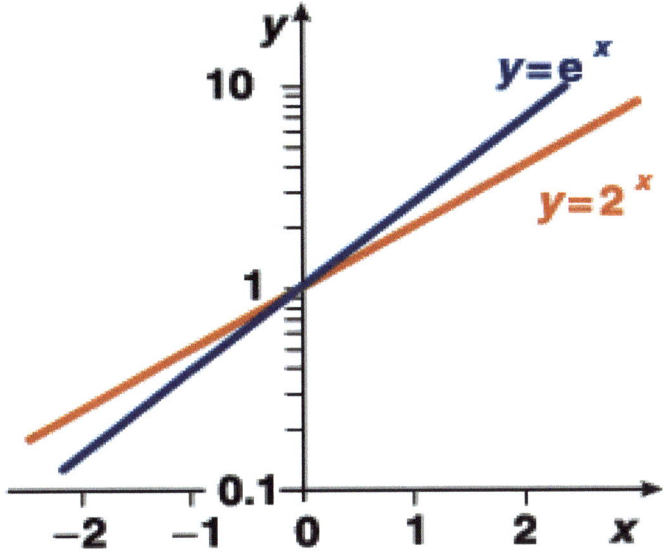

Zum Logarithmus ist allerdings noch mehr zu vermerken. Er schont quasi unsere Sinne vor übermächtigen externen Einflüssen. Natürlich schon nicht der Logarithmus unsere Sinne, sondern unsere Sinnen sind so gebaut, dass sie sich schonen. Der Logarithmus ist damit gewissermaßen ein Naturprinzip, sogar ein Überlebensprinzip. Ohne ihn würde unser Gehirn wahrscheinlich mit den auf es einstürmenden Reizen nicht zurechtkommen. Okay, wir schalten einen Gang zurück. Tatsächlich gilt aber (Gesetz von Weber-Fechner):

$$E = c \cdot \log\left(\frac{R}{R_0}\right).$$

Dabei steht R für die Reizstärke eines Sinnesreizes, beispielsweise für die Lichtstärke einer Lichtquelle, den Druck auf die menschliche Haut oder die Frequenz einer Klangquelle. E steht für das Empfinden des

267

zuständigen Sinnesorgans und R_0 für die Reizschwelle, ab der also überhaupt eine Empfindung entsteht. Diese Formel zeigt uns, dass das menschliche Reizsystem und wohl in vergleichbarer Weise auch das tierische, in der Lage ist, zu logarithmieren (☺).

Das Rechnen mit Vektoren

Bevor wir loslegen, definieren wir, was ein Vektor ist bzw. sein soll. Wir beschränken uns auf dreidimensionale Vektoren im euklidischen Raum. Was das bedeutet, werden wir noch sehen.

Vektor:

Ein Vektor ist eine gerichtete und orientierte Strecke im Raum. Ein Vektor besitzt damit einen Anfangspunkt A, einen Endpunkt Z und dadurch eine Richtung und eine Orientierung.

Wir kennzeichnen Vektorvariablen durch einen Pfeil über der Variablenbezeichnung.

In einem kartesischen Koordinatensystem mit x-, y- und z-Achse sieht das dann so aus:

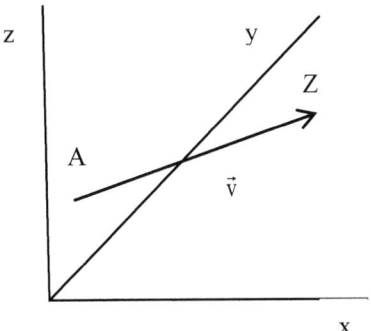

Man unterscheidet Ortsvektoren und Richtungsvektoren:

269

Ortsvektor:

Ortvektoren sind Vektoren, die ihren Anfangspunkt A im Nullpunkt (Ursprung) des Koordinatensystems haben, also A=(0;0;0) und deren Endpunkt ein beliebiger Raumpunkt P=(x;y;z) ist.

Richtungsvektor:

Richtungsvektoren sind Vektoren, deren Anfangs- und Endpunkt beliebige Punkte A=P($x_1;y_1;z_1$) und Z=P($x_2;y_2;z_2$) sind.

Wir definieren Rechenoperationen für Vektoren. Zunächst beschränken wir uns auf die Addition bzw. Subtraktion und auf die Multiplikation eines Vektors mit einem Skalar, also einer reellen Zahl. Vorher legen wir noch fest, was wir unter dem Gegenvektor $-\vec{v}$ eines Vektors $\vec{v}$ verstehen (siehe auch Abbildung):

Gegenvektor:

Ist $\vec{v}$ ein beliebiger Vektor, dann heißt der Vektor $-\vec{v}$ der Gegenvektor von $\vec{v}$, wenn er dieselbe Richtung, dieselbe Länge, aber die entgegengesetzte Orientierung hat. Das heißt, der Anfangspunkt A wird zum Endpunkt Z und der Endpunkt zum Anfangspunkt.

Addition:

Zwei Vektoren $\vec{a}$ und $\vec{b}$ werden addiert, indem man den Anfangspunkt des zu addierenden Vektors $\vec{b}$ in den Endpunkt des ersten Vektors „hängt". Der Summenvektor $\vec{a}+\vec{b}$ hat seinen Anfangspunkt im Anfangspunkt des ersten Summanden $\vec{a}$ und seinen Endpunkt im Endpunkt des zweiten Summanden $\vec{b}$.

Subtraktion:

Zwei Vektoren $\vec{a}$ und $\vec{b}$ werden subtrahiert, indem man den Gegenvektor $-\vec{b}$ des zu subtrahierenden Vektors $\vec{b}$ addiert. Der Differenzvektor $\vec{a} - \vec{b} = \vec{a} + (-\vec{b})$ hat seinen Anfangspunkt im Anfangspunkt des ersten Vektors $\vec{a}$ und seinen Endpunkt im Endpunkt des Gegenvektors $-\vec{b}$ des zweiten Vektors $\vec{b}$.

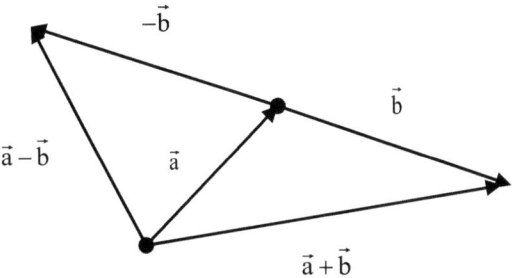

Falls $\vec{b} = \overline{a}$ ist, fällt der Endpunkt von $a - \vec{a}$ mit dem Anfangspunkt von $\vec{a}$ zusammen. $\vec{a} - \vec{a} = \vec{0}$ heißt Nullvektor. Der Nullvektor hat per definitionem keine Länge, keine Orientierung und keine Richtung.

S-Multiplikation (skalare Multiplikation):

Unter dem Produkt eines Vektor $\vec{a}$ mit einer Zahl n verstehen wir den Vektor $n \cdot \vec{a}$, der dieselbe Richtung und Orientierung wie $\vec{a}$ hat, aber n-Mal so lang ist wie $\vec{a}$. Für n=0 ist das Ergebnis der Nullvektor $\vec{0}$ und für $-n$ der Gegenvektor von $n \cdot \vec{a}$. Wir nennen diese Multiplikation S-Multiplikation (S von Skalar).

Wir beschäftigen uns nun mit Vektoren im Koordinatensystem. Dabei beschränken wir uns auf ein kartesisches System, bei dem jeweils zwei der drei Achsen x, y und z senkrecht aufeinander stehen. Wir betrachten drei Ortsvektoren, die also im Ursprung des Koordinatensystems ihren Anfangspunkt haben und deren Endpunkte auf den Achsen liegen. Diese sollen außerdem jeweils eine Einheit vom Ursprung entfernt sein Wir bezeichnen sie mit

$$e_x, \, e_y, \, e_z$$

und nennen sie Einheitsvektoren. Mit deren Hilfe kann jeder Vektor $\vec{v}$ im Raum auf folgende Weise dargestellt werden

$$\vec{v} = a \cdot e_x + b \cdot e_y + c \cdot e_z.$$

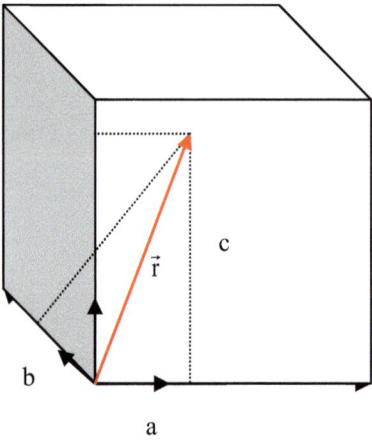

Dabei sind a, b und c reelle Zahlen und heißen Koeffizienten des Vektors (siehe auch die obige Abbildung). Sie vervielfachen gewissermaßen die Länge der Einheitsvektoren e_x, e_y und e_z.

Die obige Darstellung eines Vektors beruht auf einer allgemeinen algebraischen Eigenschaft, an deren genauerer Definition wir nicht vorbeikommen. Es geht um die lineare Abhängigkeit bzw. lineare Unabhängigkeit von Vektoren, die die Mathematiker auf n-dimensionale Räume ausgedehnt haben. Aber wir sagten es schon, wir bleiben bescheiden und beschränken uns auf Ebenen und auf drei Dimensionen:

Lineare Abhängigkeit:

n Vektoren – hier also maximal n=3 Vektoren – $\vec{a}_i$, i=1,...,n, heißen linear abhängig, falls es Zahlen λ_i , i=1,...n gibt, die nicht alle gleich 0 sind, sodass gilt

$$\vec{0} = \sum_{i=1}^{n} \lambda_i \cdot \vec{a}_i.$$

Ist dagegen diese Darstellung nur mit $\lambda_i = 0$ für alle i=1,...,n möglich, so heißen die Vektoren a_i i=1,...,n, linear unabhängig.

Hinweis:

Anschaulich bedeutet $\vec{0} = \sum_{i=1}^{n} \lambda_i \cdot \vec{a}_i$, dass sich die Vektoren $\vec{a}_i$, i=1,...,n bei linearer Abhängigkeit zu einer geschlossenen „Vektorkette" aneinanderreihen lassen.

Jeden beliebigen Ortvektor $\vec{r}$ können wir als sogenannte Linearkombination der Grundvektoren e_x, e_y und e_z wie folgt darstellen:

$$\vec{r} = a \cdot e_x + b \cdot e_y + c \cdot e_z..$$

Die Koeffizienten a, b und c sind dabei eindeutig bestimmt, das heißt, zwei Vektoren $\vec{r}_1$ und $\vec{r}_2$ mit

$$\vec{r}_1 = a_1 \cdot e_x + b_1 \cdot e_y + c_1 \cdot e_z \text{ und } \vec{r}_2 = a_2 \cdot e_x + b_2 \cdot e_y + c_2 \cdot e_z$$

sind genau dann identisch, wenn die Koeffizienten übereinstimmen, also

$$a_1 = a_2, \quad b_1 = b_2 \text{ und } c_1 = c_2$$

gilt.

Ein Vektor im kartesischen Koordinatensystem ist also eindeutig bestimmt durch die Koordinatenwerte. Wir vereinbaren deshalb folgende Spaltenschreibweise für Vektoren:

Für einen Vektor $\vec{r}$ mit

$$\vec{r} = a \cdot e_x + b \cdot e_y + c \cdot e_z$$

Vereinbaren wir die sogenannte Spaltenschreibweise

$$\vec{r} = \begin{pmatrix} a \\ b \\ c \end{pmatrix}.$$

Die Spaltenschreibweise zeigt ihre Stärke bei den Grundoperationen, die wir kennengelernt haben:

Für zwei Vektoren $\vec{r_1}$ und $\vec{r_2}$ mit

$$\vec{r_1} = a_1 \cdot e_x + b_1 \cdot e_y + c_1 \cdot e_z \text{ und } \vec{r_2} = a_2 \cdot e_x + b_2 \cdot e_y + c_2 \cdot e_z$$

ist

$$\vec{r_1} \pm \vec{r_2} = (a_1 \pm a_2) \cdot e_x + (b_1 \pm b_2) \cdot e_y + (c_1 \pm c_2) \cdot e_z = \begin{pmatrix} a_1 \pm a_2 \\ b_1 \pm b_2 \\ c_1 \pm c_2 \end{pmatrix}$$

und für einen Vektor $\vec{r}$ mit $\vec{r} = a \cdot e_x + b \cdot e_y + c \cdot e_z$ und eine Zahl n

$$n \cdot \vec{r} = n \cdot a \cdot e_x + n \cdot b \cdot e_y + n \cdot c \cdot e_z = \begin{pmatrix} n \cdot a \\ n \cdot b \\ n \cdot c \end{pmatrix}.$$

Hinweis:

Bei den obigen Rechenoperationen haben wir intuitiv Rechengesetze angewendet, die wir von der Zahlenalgebra kennen.

Für die Addition von Vektoren und die skalare Multiplikation gelten folgende Gesetze:

$$\vec{a} + \vec{b} = \vec{b} + \vec{a} \qquad \text{Kommunikativgesetz der Addition}$$

$$(n + m) \cdot \vec{a} = n \cdot \vec{a} + m \cdot \vec{a} \qquad \text{Distributivgesetz der S-Multiplikation}$$

$$m \cdot (n \cdot \vec{a}) = (m \cdot n) \cdot \vec{a} = n \cdot (m \cdot \vec{a}) \quad \text{Assoziativgesetz der S-Multiplikation}$$

Addition, Subtraktion und skalare Multiplikation in der Spaltenschreibweise:

$$r_1 \pm r_2 = \begin{pmatrix} a_1 \\ b_1 \\ c_1 \end{pmatrix} \pm \begin{pmatrix} a_2 \\ b_2 \\ c_2 \end{pmatrix} = \begin{pmatrix} a_1 \pm a_2 \\ b_1 \pm b_2 \\ c_1 \pm c_2 \end{pmatrix}$$

und

$$n \cdot \vec{r} = n \cdot \begin{pmatrix} a \\ b \\ c \end{pmatrix} = \begin{pmatrix} n \cdot a \\ n \cdot b \\ n \cdot c \end{pmatrix}.$$

Damit ist natürlich auch

$$r = \begin{pmatrix} a \\ b \\ c \end{pmatrix} = a \cdot \begin{pmatrix} 1 \\ 0 \\ 0 \end{pmatrix} + b \cdot \begin{pmatrix} 0 \\ 1 \\ 0 \end{pmatrix} + c \cdot \begin{pmatrix} 0 \\ 0 \\ 1 \end{pmatrix}.$$

Über die Länge von Vektoren haben wir bisher noch nicht weiter gesprochen. Wir bezeichnen sie mit $|\vec{a}|$. Von den oben definierten Einheits- und Grundvektoren e_x, e_y und e_z hatten wir lediglich eine Länge von eins verlangt.

Wir definieren nun eine Vektoroperation, die Vektoren eine Zahl zuordnet, das sogenannte Skalarprodukt. Was sich die Erfinder dabei gedacht haben, wird uns erst später klar werden.

Das Skalarprodukt zweier Vektoren $\vec{a}$ und $\vec{b}$, geschrieben $\vec{a} \cdot \vec{b}$, ist definiert durch

$$\vec{a} \cdot \vec{b} = |\vec{a}| \cdot |\vec{b}| \cdot \cos(\vec{a}, \vec{b}) \,.$$

Dabei ist $(\vec{a}, \vec{b})$ der Winkel zwischen den Vektoren $\vec{a}$ und $\vec{b}$.

Wenn $\vec{b}_{\vec{a}}$ die Projektion des Vektors $\vec{b}$ auf den Vektor $\vec{a}$ ist, dann gilt (siehe Abbildung)

$$\cos(\vec{a}, \vec{b}) = \frac{|\vec{b}_{\vec{a}}|}{|\vec{b}|} \,.$$

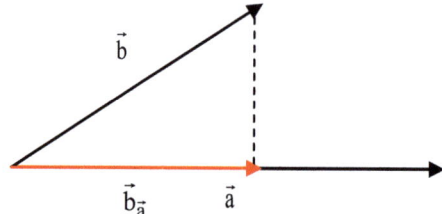

Damit lässt sich das Skalarprodukt auch so schreiben:

$$\vec{a} \cdot \vec{b} = |\vec{a}| \cdot |\vec{b}| \cdot \cos(\vec{a}, \vec{b}) = |\vec{a}| \cdot |\vec{b}| \cdot \frac{|\vec{b}_{\vec{a}}|}{|\vec{b}|} = |\vec{a}| \cdot |\vec{b}_{\vec{a}}| \,.$$

Wir kommen darauf zurück.

Wir wissen aus dem Kapitel Winkelfunktionen, dass der Kosinus eines Winkels von 0 Grad 1 und von 90 Grad 0 ist. Für das Skalarprodukt eines Vektors $\vec{a}$ mit sich selbst ist deshalb

$$\vec{a} \cdot \vec{a} = |\vec{a}| \cdot |\vec{a}| \cdot \cos(0°) = |\vec{a}|^2$$

und für die Einheitsvektoren $\vec{e}_x$, $\vec{e}_y$ und $\vec{e}_z$ eines kartesischen Koordinatensystems:

$$\vec{e}_x \cdot \vec{e}_x = \vec{e}_y \cdot \vec{e}_y = \vec{e}_z \cdot \vec{e}_z = |1| \cdot |1| \cdot \cos(0°) = 1$$

und

$$\vec{e}_x \cdot \vec{e}_y = \vec{e}_x \cdot \vec{e}_z = \vec{e}_y \cdot \vec{e}_z = |1| \cdot |1| \cdot \cos(90°) = 0.$$

Sei nun

$$\vec{a} = a_1 \cdot \vec{e}_x + a_2 \cdot \vec{e}_y + a_3 \cdot \vec{e}_z$$

und

$$\vec{b} = b_1 \cdot \vec{e}_x + b_2 \cdot \vec{e}_y + b_3 \cdot \vec{e}_z.$$

Dann ist

$$\begin{aligned}
\vec{a} \cdot \vec{b} &= (a_1 \cdot \vec{e}_x + a_2 \cdot \vec{e}_y + a_3 \cdot \vec{e}_z) \cdot (b_1 \cdot \vec{e}_x + b_2 \cdot \vec{e}_y + b_3 \cdot \vec{e}_z) \\
&= a_1 \cdot b_1 \cdot \vec{e}_x \cdot \vec{e}_x + a_2 \cdot b_1 \cdot \vec{e}_x \cdot \vec{e}_y + a_3 \cdot b_1 \cdot \vec{e}_x \cdot \vec{e}_z \\
&\quad + a_1 \cdot b_2 \cdot \vec{e}_x \cdot \vec{e}_y + a_2 \cdot b_2 \cdot \vec{e}_x \cdot \vec{e}_y + a_3 \cdot b_2 \cdot \vec{e}_x \cdot \vec{e}_z \\
&\quad + a_1 \cdot b_3 \cdot \vec{e}_x \cdot \vec{e}_z + a_2 \cdot b_3 \cdot \vec{e}_x \cdot \vec{e}_z + a_3 \cdot b_3 \cdot \vec{e}_x \cdot \vec{e}_z \\
&= a_1 \cdot b_1 + a_2 \cdot b_2 + a_3 \cdot b_3
\end{aligned}$$

Wenn wir die Vektoren in Spaltenschreibweise darstellen, also

$$\vec{a} = \begin{pmatrix} a_1 \\ a_2 \\ a_3 \end{pmatrix} \quad \text{und} \quad \vec{b} = \begin{pmatrix} b_1 \\ b_2 \\ b_3 \end{pmatrix}, \text{ so ist}$$

$$\vec{a} \cdot \vec{b} = a_1 \cdot b_1 + a_2 \cdot b_2 + a_3 \cdot b_3.$$

Für das Skalarprodukt eines Vektors $\vec{a}$ mit sich selbst folgt also

$$\vec{a} \cdot \vec{a} = |a| \cdot |a| \cdot \cos(0°) = |\vec{a}|^2 = a_1^2 + a_2^2 + a_3^2$$

und damit

$$|\vec{a}| = \sqrt{a_1^2 + a_2^2 + a_3^2}\ .$$

Das ist nichts anderes als eine Erweiterung des Satzes vom guten alten Pythagoras auf drei Dimensionen. Wenn wir uns nämlich auf den zweidimensionalen Fall zurückziehen, so gilt mit $a_3 = 0$

$$|\vec{a}|^2 = a_1^2 + a_2^2\ .$$

Das ist der Satz des Pythagoras (siehe Abbildung), den wir kennengelernt haben.

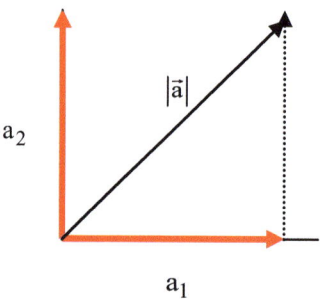

Das Skalarprodukt ist also gut dafür, die Länge eines Vektors zu berechnen. Außerdem kann man zum Beispiel auch den Winkel zwischen zwei Vektoren berechnen:

Seien also $\vec{a}$ und $\vec{b}$ zwei Vektoren mit

$$\vec{a} = a_1 \cdot e_x + a_2 \cdot e_y + a_3 \cdot e_z = \begin{pmatrix} a_1 \\ a_2 \\ a_3 \end{pmatrix} \text{ und}$$

$$\vec{b} = b_1 \cdot e_x + b_2 \cdot e_y + b_3 \cdot e_z = \begin{pmatrix} b_1 \\ b_2 \\ b_3 \end{pmatrix},$$

dann ist

$$\cos(\vec{a}, \vec{b}) = \frac{\vec{a} \cdot \vec{b}}{|a| \cdot |b|} = \frac{a_1 \cdot b_1 + a_2 \cdot b_2 + a_3 \cdot b_3}{\sqrt{a_1^2 + a_2^2 + a_3^2} \cdot \sqrt{b_1^2 + b_2^2 + b_3^2}}.$$

Es gibt sicher noch viel zu erzählen über Vektoren und den Umgang mit ihnen. Wir müssen uns aber notgedrungen beschränken und werden uns deshalb nur noch mit ein paar wenigen Aspekten beschäftigen, und zwar mit der Vektordarstellung einer Geraden, der Darstellung einer Ebene und einer weiteren Vektoroperation, dem sogenannten Vektorprodukt. Aber der Reihe nach:

Vektordarstellung einer Geraden:

Aus dem Kapitel Funktionen kennen wir die Formel für eine Gerade im zweidimensionalen kartesischen Koordinatensystem. Es ist

y=m·x+b.

Dabei ist b der sogenannte y-Achsenabschnitt, soll heißen der Durchgang der Geraden durch die y-Achse bei x=0 und m die Steigung der Geraden.

Die Elemente der vektoriellen Darstellung sind ein Ortsvektor $\vec{r}_1$, ein Richtungsvektor $\vec{u}$ und ein Parameter λ. Die Vektordarstellung lautet dann

$$\vec{r} = \vec{r}_1 + \lambda \cdot \vec{u}.$$

Du erkennst keinen Unterschied zwischen einer Gerade in einer Ebene und einer im Raum. Die Relation gilt also in beiden Fällen. Man nennt diese Form Punkt-Richtungs-Gleichung. Das ist einleuchtend: Der Ortsvektor führt zu einem Punkt im Raum oder einer Ebene und der

Richtungsvektor gibt die Richtung der Geraden oder der Ebene von diesem Punkt aus an:

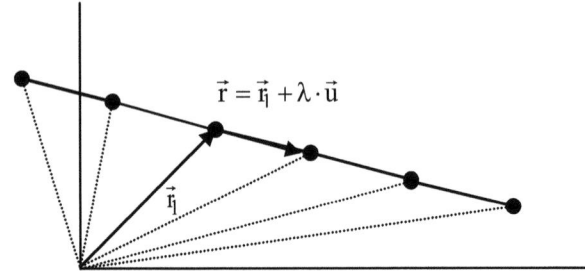

$$\vec{r} = \vec{r_1} + \lambda \cdot \vec{u}$$

Bei der Zweipunkte-Gleichung wird der Richtungsvektor aus zwei Ortsvektoren $\vec{r_1}$ und $\vec{r_2}$ gebildet:

$\vec{u} = \vec{r_2} - \vec{r_1}$ und damit

$$\vec{r} = \vec{r_1} + \lambda \cdot \vec{u} = \vec{r_1} + \lambda \cdot (\vec{r_2} - \vec{r_1}).$$

Wir nutzen die Gelegenheit und führen – im zweidimensionalen Fall – die Vektordarstellung auf die oben erwähnte kartesische Form

y=m·x+b

zurück. Dazu wählen wir einen speziellen Richtungsvektor, den wir mit $\vec{u}_m$ bezeichnen und zwar habe $\vec{u}_m$ die Form

$$\vec{u}_m = \begin{pmatrix} 1 \\ m \end{pmatrix} = \begin{pmatrix} 1 \\ \dfrac{u_y}{u_x} \end{pmatrix}.$$

Daraus ergibt sich die Punktrichtungsgleichung

$$\vec{r} = \vec{r_1} + \lambda \cdot \vec{u}_m$$

und in Spaltenschreibweise

$$\begin{pmatrix} x \\ y \end{pmatrix} = \begin{pmatrix} x_1 \\ y_1 \end{pmatrix} + \lambda \cdot \begin{pmatrix} 1 \\ m \end{pmatrix}.$$

Daraus erhält man die Koordinatengleichungen

$x = x_1 + \lambda$

$y = y_1 + \lambda \cdot m.$

Daraus folgt

$y = y_1 + m \cdot (x - x_1) = y_1 - m \cdot x_1 + m \cdot x.$

Mit

$b = y_1 - m \cdot x_1$

ist das

$y = b + m \cdot x.$

Wir berechnen nun den Schnittpunkt zweier Geraden $\vec{g}_1$ und $\vec{g}_2$ mit

$\vec{g}_1 = \vec{a} + \lambda \cdot \vec{b}$ und $\vec{g}_2 = \vec{c} + \mu \cdot \vec{d}.$

Falls ein Schnittpunkt $\vec{r}_S$ existiert, muss es also Parameterwerte λ_S und μ_S geben, sodass gilt

$\vec{a} + \lambda_S \cdot \vec{b} = \vec{c} + \mu_S \cdot \vec{d}.$

Wir verwenden die Spaltenschreibweise und erhalten

$$\begin{pmatrix} a_1 \\ a_2 \\ a_3 \end{pmatrix} + \lambda_S \cdot \begin{pmatrix} b_1 \\ b_2 \\ b_3 \end{pmatrix} = \begin{pmatrix} c_1 \\ c_2 \\ c_3 \end{pmatrix} + \mu_S \cdot \begin{pmatrix} d_1 \\ d_2 \\ d_3 \end{pmatrix} \quad \text{und damit}$$

$a_1 + \lambda_S \cdot b_1 = c_1 + \mu_S \cdot d_1$

$a_2 + \lambda_S \cdot b_2 = c_2 + \mu_S \cdot d_2$

$a_3 + \lambda_S \cdot b_3 = c_3 + \mu_S \cdot d_3$

Wir formen so um, dass die gesuchten Größen λ_S und μ_S auf einer Seite stehen. Wir erhalten drei Gleichungen für zwei Unbekannte und zwar:

$$\lambda_S \cdot b_1 - \mu_S \cdot d_1 = c_1 - a_1$$

$$\lambda_S \cdot b_2 - \mu_S \cdot d_2 = c_2 - a_2$$

$$\lambda_S \cdot b_3 - \mu_S \cdot d_3 = c_3 - a_3$$

Die beiden ersten Gleichungen kann man als Projektionen der beiden Geraden in der x-y-Ebene auffassen. Man erhält sie nämlich auch dadurch, dass man $a_3 = b_3 = c_3 = d_3 = 0$ setzt. Falls nun $\overline{r}_S$ ein Schnittpunkt der beiden Geraden sein soll, dann ist dessen Projektion in eine der Ebenen der Schnittpunkt der entsprechenden beiden Projektionsgeraden. Eine Lösung von mindestens zwei Gleichungen ist damit eine notwendige Bedingung dafür, dass ein Schnittpunkt der beiden Geraden existiert. Das bedeutet umgekehrt: Falls nicht mindestens zwei Gleichungen eine Lösung haben, kann es keinen Schnittpunkt geben. Falls die Lösung zweier Gleichungen auch die dritte Gleichung erfüllt, existiert ein Schnittpunkt. Falls nicht, sind die beiden Geraden „windschief".

Beispiel (aus „Analytische Geometrie in vektorieller Darstellung", siehe Literatur):

$$g_1 : \vec{r} = \begin{pmatrix} 5 \\ 5 \\ 1 \end{pmatrix} + \lambda \cdot \begin{pmatrix} 2 \\ 1 \\ 0 \end{pmatrix} \quad \text{und} \quad g_2 : \vec{r} = \begin{pmatrix} 1 \\ 3 \\ 1 \end{pmatrix} + \mu \cdot \begin{pmatrix} 2 \\ 1 \\ 1 \end{pmatrix}$$

Wir setzen die beiden Geradengleichungen gleich, formen ein wenig um und erhalten

$$\lambda \cdot \begin{pmatrix} 2 \\ 1 \\ 0 \end{pmatrix} - \mu \cdot \begin{pmatrix} 2 \\ 1 \\ 1 \end{pmatrix} = \begin{pmatrix} 1 \\ 3 \\ 1 \end{pmatrix} - \begin{pmatrix} 5 \\ 5 \\ 1 \end{pmatrix} = \begin{pmatrix} -4 \\ -2 \\ 0 \end{pmatrix}.$$

Dies entspricht einem Gleichungssystem mit drei Gleichungen und zwei Unbekannten, den Parametern λ und μ. Wir werden abschließend diesem Gleichungssystem mit dem Determinantenverfahren auf den Leib rücken. Zunächst gehen wir einen etwas konventionelleren Weg. Und zwar projizieren wir die Geraden nacheinander in die verschiedenen Ebenen, nämlich in die x-y-Ebene, die x-z-Ebene und die y-z-Ebene.

Projektion in die x-y-Ebene:

Die Projektionsgerade der ersten Geraden hat folgendes Aussehen:

$$g_1 : \vec{r} = \begin{pmatrix} 5 \\ 5 \end{pmatrix} + \lambda \cdot \begin{pmatrix} 2 \\ 1 \end{pmatrix}.$$

Mit

$$\vec{u} = \begin{pmatrix} 1 \\ u_y \\ u_x \end{pmatrix} = \begin{pmatrix} 1 \\ 1 \\ \dfrac{1}{2} \end{pmatrix}$$

folgt

$$g_1 : \vec{r} = \begin{pmatrix} 5 \\ 5 \end{pmatrix} + \lambda \cdot \begin{pmatrix} 1 \\ 1 \\ \dfrac{1}{2} \end{pmatrix}$$

und damit

$$x = 5 + \lambda,$$

$$y = 5 + \frac{1}{2} \cdot \lambda,$$

also

$$y = 5 + \frac{1}{2} \cdot (x - 5) = 2,5 + 0,5 \cdot x$$

Wir gehen analog vor für die zweite Gerade:

283

$$g_2 : \vec{r} = \begin{pmatrix} 1 \\ 3 \end{pmatrix} + \mu \cdot \begin{pmatrix} 2 \\ 1 \end{pmatrix}.$$

Mit

$$\vec{u} = \begin{pmatrix} 1 \\ u_y \\ u_x \end{pmatrix} = \begin{pmatrix} 1 \\ 1 \\ \frac{1}{2} \end{pmatrix}$$

ist

$$g_1 : \vec{r} = \begin{pmatrix} 1 \\ 3 \end{pmatrix} + \mu \cdot \begin{pmatrix} 1 \\ 1 \\ \frac{1}{2} \end{pmatrix},$$

also

$$x = 1 + \mu,$$

$$y = 3 + \frac{1}{2} \cdot \mu$$

und somit

$$y = 3 + \frac{1}{2} \cdot (x - 1) = 2,5 + 0,5 \cdot x.$$

Was bedeutet das nun für den Schnittpunkt der Ursprungsgeraden? Noch nichts. Wir wissen nur, dass die Projektionen der beiden Ursprungs-geraden in die x-y-Ebene identisch sind. Das heißt, es gibt unendlich viele Möglichkeiten für einen Schnittpunkt in der x-y-Ebene. Wenn wir das Determinantenverfahren ansetzen, erhalten wir

$$\lambda \cdot \begin{pmatrix} 2 \\ 1 \\ 0 \end{pmatrix} - \mu \cdot \begin{pmatrix} 2 \\ 1 \\ 0 \end{pmatrix} = \begin{pmatrix} 1 \\ 3 \\ 0 \end{pmatrix} - \begin{pmatrix} 5 \\ 5 \\ 0 \end{pmatrix} = \begin{pmatrix} -4 \\ -2 \\ 0 \end{pmatrix}$$

$$\lambda = \frac{\begin{vmatrix} -4 & -2 \\ -2 & -1 \end{vmatrix}}{\begin{vmatrix} 2 & -2 \\ 1 & -1 \end{vmatrix}} = 0 \quad \text{und} \quad \mu = \frac{\begin{vmatrix} 2 & -4 \\ 1 & -2 \end{vmatrix}}{\begin{vmatrix} 2 & -2 \\ 1 & -1 \end{vmatrix}} = 0$$

Und das heißt ebenfalls, dass es keine eindeutige Lösung gibt. Es war auf diese Weise nur ein wenig schneller klar.

Wir versuchen es also mit der Projektion in die x-z-Ebene. Die beiden Projektionsgeraden haben nun die Form:

$$g_1 : \vec{r} = \begin{pmatrix} 5 \\ 1 \end{pmatrix} + \lambda \cdot \begin{pmatrix} 2 \\ 0 \end{pmatrix} \quad \text{und} \quad g_2 : \vec{r} = \begin{pmatrix} 1 \\ 1 \end{pmatrix} + \mu \cdot \begin{pmatrix} 2 \\ 1 \end{pmatrix}$$

Mit

$$\vec{u} = \begin{pmatrix} 1 \\ u_z \\ u_x \end{pmatrix} = \begin{pmatrix} 1 \\ 0 \end{pmatrix} \text{ für } g_1 \quad \text{und} \quad \vec{u} = \begin{pmatrix} 1 \\ u_z \\ u_x \end{pmatrix} = \begin{pmatrix} 1 \\ \dfrac{1}{2} \end{pmatrix} \text{ für } g_2$$

folgt für g_1

$$\vec{r} = \begin{pmatrix} 5 \\ 1 \end{pmatrix} + \lambda \cdot \begin{pmatrix} 1 \\ 0 \end{pmatrix} \quad \text{und für } g_2 \quad \vec{r} = \begin{pmatrix} 1 \\ 1 \end{pmatrix} + \mu \cdot \begin{pmatrix} 1 \\ \dfrac{1}{2} \end{pmatrix}$$

und damit

$$x = 5 + \lambda$$

und

$$z = 1$$

Das bedeutet, z ist unabhängig von x immer gleich 1, also eine zur x-Achse parallele Gerade im Abstand z=1.

Für g_2 ist

$$x = 1 + \mu$$

$$z = 1 + \frac{1}{2} \cdot \mu = 1 + \frac{1}{2} \cdot (x - 1) = 0,5 + 0,5 \cdot x$$

Die beiden Projektionsgeraden haben damit einen Schnittpunkt bei P(x;z)=P(1;1).

Wir verifizieren mit dem Determinantenverfahren

$$\lambda \cdot \begin{pmatrix} 2 \\ 0 \end{pmatrix} - \mu \cdot \begin{pmatrix} 2 \\ 1 \end{pmatrix} = \begin{pmatrix} -4 \\ 0 \end{pmatrix}$$

$$\lambda = \frac{\begin{vmatrix} -4 & 2 \\ 0 & 1 \end{vmatrix}}{\begin{vmatrix} 2 & 2 \\ 0 & 1 \end{vmatrix}} = -2 \quad \text{und} \quad \mu = \frac{\begin{vmatrix} 2 & -4 \\ 0 & 0 \end{vmatrix}}{\begin{vmatrix} 2 & 2 \\ 0 & 1 \end{vmatrix}} = 0$$

Wir setzen die Parameter in die Projektionen ein und erhalten für g_1

$$\vec{r} = \begin{pmatrix} 5 \\ 1 \end{pmatrix} + \lambda \cdot \begin{pmatrix} 2 \\ 0 \end{pmatrix} = \begin{pmatrix} 5 \\ 1 \end{pmatrix} + \lambda \cdot \begin{pmatrix} 2 \\ 0 \end{pmatrix} = \begin{pmatrix} 5 \\ 1 \end{pmatrix} - 2 \cdot \begin{pmatrix} 2 \\ 0 \end{pmatrix} = \begin{pmatrix} 1 \\ 1 \end{pmatrix}$$

und g_2

$$\vec{r} = \begin{pmatrix} 1 \\ 1 \end{pmatrix} + \mu \cdot \begin{pmatrix} 2 \\ 1 \end{pmatrix} = \begin{pmatrix} 1 \\ 1 \end{pmatrix}.$$

Der Punkt P(1;1) ist also gemeinsamer Punkt der beiden Projektionsgeraden. Damit haben wir die erste Möglichkeit für einen Schnittpunkt der Ursprungsgeraden gefunden. Er müsste nach Adam Riese senkrecht zur x-z-Ebene in Richtung y-Achse liegen. Wir setzen die beiden gefundenen Parameter $\lambda = -2$ und $\mu = 0$ in die Ursprungsgeraden ein:

$$g_1 : \vec{r} = \begin{pmatrix} 5 \\ 5 \\ 1 \end{pmatrix} + \lambda \cdot \begin{pmatrix} 2 \\ 1 \\ 0 \end{pmatrix} = \begin{pmatrix} 5 \\ 5 \\ 1 \end{pmatrix} - \begin{pmatrix} 4 \\ 2 \\ 0 \end{pmatrix} = \begin{pmatrix} 1 \\ 3 \\ 1 \end{pmatrix}$$

$$g_2 : \vec{r} = \begin{pmatrix} 1 \\ 3 \\ 1 \end{pmatrix} + \mu \cdot \begin{pmatrix} 2 \\ 1 \\ 1 \end{pmatrix} = \begin{pmatrix} 1 \\ 3 \\ 1 \end{pmatrix} + 0 \cdot \begin{pmatrix} 2 \\ 1 \\ 1 \end{pmatrix} = \begin{pmatrix} 1 \\ 3 \\ 1 \end{pmatrix}.$$

Damit ist P(1;3;1) Schnittpunkt der beiden Ursprungsgeraden.

Weil es so schön war, projizieren wir die Ausgangsgerade noch in die y-z-Ebene und erwarten, dass es bei P(y;z)=P(3;1) einen Schnittpunkt der Projektionsgeraden gibt. Wir werden sehen:

$$g_1 : \vec{r} = \begin{pmatrix} 5 \\ 1 \end{pmatrix} + \lambda \cdot \begin{pmatrix} 1 \\ 0 \end{pmatrix}.$$

Mit

$$\vec{u} = \begin{pmatrix} 1 \\ u_z \\ u_y \end{pmatrix} = \begin{pmatrix} 1 \\ 0 \end{pmatrix}$$

folgt

$$g_1 : \vec{r} = \begin{pmatrix} 5 \\ 1 \end{pmatrix} + \lambda \cdot \begin{pmatrix} 1 \\ 0 \end{pmatrix}$$

und damit

$$y = 5 + \lambda$$

$$z = 1,$$

also

$$z = 1$$

unabhängig von y. Für g_2 folgt

$$g_2 : \vec{r} = \begin{pmatrix} 3 \\ 1 \end{pmatrix} + \mu \cdot \begin{pmatrix} 1 \\ 1 \end{pmatrix}.$$

Mit

$$\vec{u} = \begin{pmatrix} 1 \\ u_z \\ u_y \end{pmatrix} = \begin{pmatrix} 1 \\ 1 \\ 1 \end{pmatrix}$$

ist

$$g_1 : \vec{r} = \begin{pmatrix} 3 \\ 1 \end{pmatrix} + \mu \cdot \begin{pmatrix} 1 \\ 1 \end{pmatrix},$$

also

$$y = 3 + \mu$$

$$z = 1 + \mu \cdot (y - 3)$$

und somit

$$z = y - 2.$$

Das ist genau das Ergebnis, das wir erwartet hatten. Und wie sieht die Determinantenvariante in diesem Fall aus?

Aus

$$\lambda \cdot \begin{pmatrix} 1 \\ 0 \end{pmatrix} - \mu \cdot \begin{pmatrix} 1 \\ 1 \end{pmatrix} = \begin{pmatrix} -2 \\ 0 \end{pmatrix}$$

folgt

$$\lambda = \frac{\begin{vmatrix} -2 & 1 \\ 0 & 1 \end{vmatrix}}{\begin{vmatrix} 1 & 1 \\ 0 & 1 \end{vmatrix}} = \frac{-2}{1} = -2 \quad \text{und} \quad \mu = \frac{\begin{vmatrix} 1 & -2 \\ 0 & 0 \end{vmatrix}}{\begin{vmatrix} 1 & 1 \\ 0 & 1 \end{vmatrix}} = \frac{0}{1} = 0$$

Eingesetzt in die Ursprungsgeraden folgt

$$g_1 : \vec{r} = \begin{pmatrix} 5 \\ 5 \\ 1 \end{pmatrix} - 2 \cdot \begin{pmatrix} 2 \\ 1 \\ 0 \end{pmatrix} = \begin{pmatrix} 1 \\ 3 \\ 1 \end{pmatrix}$$

$$g_2 : \vec{r} = \begin{pmatrix} 1 \\ 3 \\ 1 \end{pmatrix} + 0 \cdot \begin{pmatrix} 2 \\ 1 \\ 1 \end{pmatrix} = \begin{pmatrix} 1 \\ 3 \\ 1 \end{pmatrix}.$$

Damit sind wie endgültig fertig mit der beispielhaften Berechnung des Schnittpunktes zweier Geraden im Raum.

Wir besprechen nun noch die Punktrichtungsgleichung der Ebene. Dazu benötigen wir einen Ortsvektor $\vec{r_1}$, dessen Endpunkt P(x;y;z) zusammen mit zwei nicht linear abhängigen Vektoren $\vec{u}$ und $\vec{v}$ in einer Ebene liegen. Dann lässt sich jeder in der von $\vec{u}$ und $\vec{v}$ aufgespannten Ebene liegende Vektor als Linearkombination von $\vec{u}$ und $\vec{v}$ darstellen. Damit erreicht der Vektor

$$\vec{r} = \vec{r_1} + \lambda \cdot \vec{u} + \mu \cdot \vec{v}$$

jeden Punkt der Ebene, wenn λ und μ unabhängig voneinander die reellen Zahlen durchlaufen. Wir meinen, eine wunderschöne, elegante Beschreibung einer Ebene im Raum. Was uns interessiert und was wir uns im Folgenden ansehen wollen: Der Schnittpunkt einer Geraden mit einer Ebene und die Schnittgerade, die bei dem Schnitt von zwei Ebenen entsteht:

Wir haben also zwei Gleichungen vor uns, eine Geradengleichung

$$\vec{r} = \vec{x} + v \cdot \vec{y}$$

und eine Ebenengleichung

$$\vec{r} = \vec{u} + \lambda \cdot \vec{v} + \mu \cdot \vec{w}$$

Für den Schnittpunkt muss gelten

$$\vec{x} + v_S \cdot \vec{y} = \vec{u} + \lambda_S \cdot \vec{v} + \mu_S \cdot \vec{w}$$

und in Spaltenschreibweise

$$\begin{pmatrix} x_1 \\ x_2 \\ x_3 \end{pmatrix} + v_S \cdot \begin{pmatrix} y_1 \\ y_2 \\ y_3 \end{pmatrix} = \begin{pmatrix} u_1 \\ u_2 \\ u_3 \end{pmatrix} + \lambda_S \cdot \begin{pmatrix} v_1 \\ v_2 \\ v_3 \end{pmatrix} + \mu_S \cdot \begin{pmatrix} w_1 \\ w_2 \\ w_3 \end{pmatrix}$$

Wir formen um und erhalten ein Gleichungssystem mit drei Gleichungen und den drei Unbekannten v_S, λ_S und μ_S.

(I) $\qquad v_S \cdot y_1 - \lambda_S \cdot v_1 - \mu_S \cdot w_1 = u_1 - x_1$

(II) $\qquad v_S \cdot y_2 - \lambda_S \cdot v_2 - \mu_S \cdot w_2 = u_2 - x_2$

(III) $\qquad v_S \cdot y_3 - \lambda_S \cdot v_3 - \mu_S \cdot w_3 = u_3 - x_3$

Die Mathematiker wären von Gott verlassen, wenn die Determinanten-methode für die Lösung von linearen Gleichungen nicht auch im dreidimensionalen Fall gelten würde. Es gilt nämlich die Cramersche Regel:

$$v_S = \frac{\begin{vmatrix} u_1 - x_1 & v_1 & w_1 \\ u_2 - x_2 & v_2 & w_2 \\ u_3 - x_3 & v_3 & w_3 \end{vmatrix}}{\begin{vmatrix} y_1 & v_1 & w_1 \\ y_2 & v_2 & w_2 \\ y_3 & v_3 & w_3 \end{vmatrix}}, \quad \lambda_S = \frac{\begin{vmatrix} y_1 & u_1 - x_1 & w_1 \\ y_2 & u_2 - x_2 & w_2 \\ y_3 & u_3 - x_3 & w_3 \end{vmatrix}}{\begin{vmatrix} y_1 & v_1 & w_1 \\ y_2 & v_2 & w_2 \\ y_3 & v_3 & w_3 \end{vmatrix}} \quad \text{und}$$

$$\mu_S = \frac{\begin{vmatrix} y_1 & v_1 & u_1 - x_1 \\ y_2 & v_2 & u_2 - x_2 \\ y_3 & v_3 & u_3 - x_3 \end{vmatrix}}{\begin{vmatrix} y_1 & v_1 & w_1 \\ y_2 & v_2 & w_2 \\ y_3 & v_3 & w_3 \end{vmatrix}}.$$

Was wir allerdings noch nicht wissen. Wie berechnet man den Wert einer dreidimensionalen Determinante? Dabei hilft die Regel von Sarrus, auch sarrusche Regel oder Jägerzaun-Regel. Die Bezeichnung Jäger-zaun-Regel ergibt sich aus der folgenden Abbildung.

Sei A eine 3x3-Determinante mit

$$|A| = \begin{vmatrix} a & b & c \\ d & e & f \\ g & h & i \end{vmatrix}.$$

Wir schreiben die beiden ersten Spalten noch einmal neben die Determimante. Dann ergibt sich der Wert der Determimante wie folgt:

$$\begin{vmatrix} a & b & c \\ d & e & f \\ g & h & i \end{vmatrix} \begin{matrix} a & b \\ d & e \\ g & h \end{matrix} = a \cdot e \cdot i + b \cdot f \cdot g + c \cdot d \cdot h - g \cdot e \cdot c - h \cdot f \cdot a - i \cdot d \cdot b.$$

Um die Determinante zu berechnen werden also die Zahlen der Hauptdiagonalen (von oben links nach rechts unten) miteinander multipliziert und addiert und die Zahlen der Nebendiagonalen (von unten links nach oben rechts) miteinander multipliziert und subtrahiert.

Beispiel:

Wir bestimmen den Schnittpunkt der Geraden g und der Ebene E mit

$$\text{g: } r = \begin{pmatrix} 1 \\ 0 \\ 2 \end{pmatrix} + v \cdot \begin{pmatrix} 1 \\ 2 \\ 1 \end{pmatrix} \text{ und E: } r = \begin{pmatrix} 2 \\ 3 \\ 1 \end{pmatrix} + \lambda \cdot \begin{pmatrix} 4 \\ 2 \\ 9 \end{pmatrix} + \mu \cdot \begin{pmatrix} 3 \\ 1 \\ 6 \end{pmatrix}.$$

Gleichsetzen und Umformen führt zu

$$\lambda_S \cdot \begin{pmatrix} 4 \\ 2 \\ 9 \end{pmatrix} + \mu_S \cdot \begin{pmatrix} 3 \\ 1 \\ 6 \end{pmatrix} - v_S \cdot \begin{pmatrix} 1 \\ 2 \\ 1 \end{pmatrix} = \begin{pmatrix} 1 \\ 0 \\ 2 \end{pmatrix} - \begin{pmatrix} 2 \\ 3 \\ 1 \end{pmatrix} = \begin{pmatrix} -1 \\ -3 \\ 1 \end{pmatrix}$$

und damit zu der Lösung

$$v_S = \frac{\begin{vmatrix} 4 & 3 & -1 \\ 2 & 1 & -3 \\ 9 & 6 & 1 \end{vmatrix}}{\begin{vmatrix} 4 & 3 & -1 \\ 2 & 1 & -2 \\ 9 & 6 & -1 \end{vmatrix}}$$

$$= \frac{4 \cdot 1 \cdot 1 + 3 \cdot (-3) \cdot 9 + (-1) \cdot 2 \cdot 6 - 9 \cdot 1 \cdot (-1) - 6 \cdot (-3) \cdot 4 - 1 \cdot 2 \cdot 3}{4 \cdot 1 \cdot (-1) + 3 \cdot (-2) \cdot 9 + (-1) \cdot 2 \cdot 6 - 9 \cdot 1 \cdot (-1) - 6 \cdot (-2) \cdot 4 - (-1) \cdot 2 \cdot 3}$$

$$= \frac{4 - 81 - 12 + 9 + 72 - 6}{-4 - 54 - 12 + 9 + 48 + 6} = \frac{-14}{-7} = 2$$

Eingesetzt in die Geradengleichung ergibt sich als Schnittpunkt der Geraden mit der Ebene

$$\vec{r}_S = \begin{pmatrix} 1 \\ 0 \\ 2 \end{pmatrix} + 2 \cdot \begin{pmatrix} 1 \\ 2 \\ 1 \end{pmatrix} = \begin{pmatrix} 3 \\ 4 \\ 4 \end{pmatrix}.$$

Hinweis:

Da die Hauptdeterminante einen Wert ungleich null besitzt und damit das Gleichungssystem eine Lösung, war es geschickt, nämlich weniger aufwendig, die Gleichungen zuerst nach dem Parameter λ_S aufzulösen. Wäre nämlich der Wert der Hauptdeterminante gleich 0, so läge entweder die Gerade parallel zur Ebene oder sogar in der Ebene, sodass es keinen Schnittpunkt gäbe.

An dieser Stelle nehmen wir die Gelegenheit wahr, erstens einen Satz über den Zusammenhang zwischen linear abhängigen Vektoren und dem Wert der assoziierten Determinante zu formulieren und zweitens, Rechenregeln über Determinanten vorzustellen. Auf die Beweise verzichten wir (siehe beispielsweise in „Analytische Geometrie in vektorieller Darstellung"). Die Beweise für die Rechenregeln, zumindest die für die zweireihigen Determinanten kannst Du auch ganz einfach selbst durchführen.

Zunächst zum angekündigten Satz:

Der Wert einer Determinante ist genau dann gleich 0 wenn die Spaltenvektoren linear abhängig sind oder mindestens einer der Vektoren der Nullvektor ist.

Und die Rechenregeln:

Rechnen mit Determinanten:

Wenn eine Zeile oder Spalte einer Determinante aus Nullen besteht, so hat sie den Wert null.

Wenn Zeilen oder Spalten einer Determinante zu einander proportional sind, so hat sie den Wert null.

Eine Determinante wird mit einer reellen Zahl multipliziert, in dem man die Elemente einer Zeile oder Spalte mit der Zahl multipliziert.

Addiert man zu einer Zeile oder Spalte einer Determinante ein beliebiges Vielfaches einer anderen Zeile oder Spalte, so ändert sich der Wert der Determinante nicht:

Die Jägerzaun-Regel haben wir schon kennengelernt. Man kann eine Determinante aber auch nach einer Zeile oder Spalte „entwickeln". Um diese Entwicklung zu erklären, benötigen wir die Definition der „Unterdeterminante".

Unterdeterminante:

Sind $a_{i,j}$ mit $i=1,...,3$ die Zeilen und mit $j=1,...3$ die Spalten einer Determinante, also

$$\begin{vmatrix} a_{11} & a_{12} & a_{13} \\ a_{21} & a_{22} & a_{23} \\ a_{31} & a_{32} & a_{33} \end{vmatrix} ,$$

so entsteht ist die zu einem Element a_{ij} korrespondierende Unter-determinante durch Streichen der Zeile i und der Spalte j.

Beispiel:

$$a_{13}: \begin{vmatrix} a_{11} & a_{12} & a_{13} \\ a_{21} & a_{22} & a_{23} \\ a_{31} & a_{32} & a_{33} \end{vmatrix} , \quad a_{22}: \begin{vmatrix} a_{11} & a_{12} & a_{13} \\ a_{21} & a_{22} & a_{23} \\ a_{31} & a_{32} & a_{33} \end{vmatrix} , \quad a_{31}: \begin{vmatrix} a_{11} & a_{12} & a_{13} \\ a_{21} & a_{22} & a_{23} \\ a_{31} & a_{32} & a_{33} \end{vmatrix}$$

Und nun zum Entwicklungssatz:

Entwicklungssatz:

Eine Determinante wird nach den Elementen einer Zeile oder Spalte entwickelt, indem man die Elemente der Zeile oder Spalte mit den korrespondierenden Unterdeterminanten multipliziert und die Produkte summiert. Dabei bekommen die Produkte aus Element und Unterdeterminante das Vorzeichen, das sich aus der Stellung des Elements in folgendem Schema ergibt:

$$\begin{vmatrix} + & - & + \\ - & + & - \\ + & - & + \end{vmatrix}$$

Hinweis:

Es ist also von Vorteil, die Determinante nach einer Zeile oder Spalte zu entwickeln, die besonders „einfach" ist, das heißt, zum Beispiel eine oder sogar zwei Nullen enthält oder auch durch die Addition des Vielfachen einer anderen Zeile oder Spalte in diesem Sinne einfacher gemacht werden kann.

Wir berechnen nun die Schnittgerade zweier Ebenen mit

$$\vec{r} = \vec{u} + \lambda \cdot \vec{v} + \mu \cdot \vec{w} \quad \text{und} \quad \vec{r} = \vec{x} + \nu \cdot \vec{y} + \sigma \cdot \vec{z}.$$

Nach Gleichsetzen und Umformen erhält man drei Gleichungen mit vier Unbekannten:

$$\lambda \cdot \begin{pmatrix} v_1 \\ v_2 \\ v_3 \end{pmatrix} + \mu \cdot \begin{pmatrix} w_1 \\ w_2 \\ w_3 \end{pmatrix} - \nu \cdot \begin{pmatrix} y_1 \\ y_2 \\ y_3 \end{pmatrix} = \begin{pmatrix} x_1 \\ x_2 \\ x_3 \end{pmatrix} - \begin{pmatrix} u_1 \\ u_2 \\ u_3 \end{pmatrix} + \sigma \cdot \begin{pmatrix} z_1 \\ z_2 \\ z_3 \end{pmatrix}$$

$$= \lambda \cdot \begin{pmatrix} v_1 \\ v_2 \\ v_3 \end{pmatrix} + \mu \cdot \begin{pmatrix} w_1 \\ w_2 \\ w_3 \end{pmatrix} - \nu \cdot \begin{pmatrix} y_1 \\ y_2 \\ y_3 \end{pmatrix} = \begin{pmatrix} x_1 - u_1 + \sigma \cdot z_1 \\ x_2 - u_2 + \sigma \cdot z_2 \\ x_3 - u_3 + \sigma \cdot z_3 \end{pmatrix}.$$

Die Cramersche Regel liefert für ν

$$\nu = \frac{\begin{vmatrix} v_1 & w_1 & x_1 - u_1 + \sigma \cdot z_1 \\ v_2 & w_2 & x_2 - u_2 + \sigma \cdot z_2 \\ v_3 & w_3 & x_3 - u3 + \sigma \cdot z_3 \end{vmatrix}}{\begin{vmatrix} v_1 & w_1 & -y_1 \\ v_2 & w_2 & -y_2 \\ v_3 & w_3 & -y_3 \end{vmatrix}}.$$

Wir berechnen zuerst den Zähler:

$$v_1 \cdot \begin{vmatrix} w_2 & x_2 - u_2 + \sigma \cdot z_2 \\ w_3 & x_3 - u_3 + \sigma \cdot z_3 \end{vmatrix}$$

$$-v_2 \cdot \begin{vmatrix} w_1 & x_1 - u_1 + \sigma \cdot z_1 \\ w_3 & x_3 - u_3 + \sigma \cdot z_3 \end{vmatrix}$$

$$+v_3 \cdot \begin{vmatrix} w_1 & x_1 - u_1 + \sigma \cdot z_1 \\ w_2 & x_3 - u_2 + \sigma \cdot z_2 \end{vmatrix}.$$

Falls der Nenner ungleich null ist, also die Spaltenvektoren nicht linear abhängig sind und keiner der Spaltenvektoren der Nullvektor ist, erhält man eine Relation zwischen v und σ. Diese löst man nach einer der Variablen auf und setzt das Ergebnis in die entsprechende Ebenengleichung ein. Auf diese Weise erhält man die Gleichung der Schnittgeraden, vorausgesetzt, sie existiert. Das kann aber nur dann der Fall sein, wenn die beiden Ausgangsebenen entweder parallel zueinander liegen oder sogar identisch sind. Dann allerdings ist die Nenner-Determinante gleich null, was wir ausgeschlossen hatten.

Beispiel:

Wir rechnen ein Beispiel (aus „Analytische Geometrie in vektorieller Darstellung", siehe Literatur):

$$E_1: \ r = \begin{pmatrix} 4 \\ 0 \\ -3 \end{pmatrix} + \lambda \cdot \begin{pmatrix} 0 \\ -1 \\ 0 \end{pmatrix} + \mu \cdot \begin{pmatrix} -2 \\ 0 \\ 3 \end{pmatrix}$$

$$E_2: \ r = \begin{pmatrix} -2 \\ 3 \\ 0 \end{pmatrix} + v \cdot \begin{pmatrix} 0 \\ 0 \\ -1 \end{pmatrix} + \sigma \cdot \begin{pmatrix} 2 \\ -1 \\ 3 \end{pmatrix}$$

Wir setzen die Ebenengleichungen gleich und formen um

$$\lambda \cdot \begin{pmatrix} 0 \\ -1 \\ 0 \end{pmatrix} + \mu \cdot \begin{pmatrix} -2 \\ 0 \\ 3 \end{pmatrix} + v \cdot \begin{pmatrix} 0 \\ 0 \\ 1 \end{pmatrix} = \begin{pmatrix} -6 \\ 3 \\ 3 \end{pmatrix} + \sigma \cdot \begin{pmatrix} 2 \\ -1 \\ 3 \end{pmatrix}$$

Mit der Cramerschen Regel folgt für die Variable v

$$v = \frac{\begin{vmatrix} 0 & -2 & -6+2\cdot\sigma \\ -1 & 0 & 3-\sigma \\ 0 & 3 & 3+3\cdot\sigma \end{vmatrix}}{\begin{vmatrix} 0 & -2 & 0 \\ -1 & 0 & 0 \\ 0 & 3 & 1 \end{vmatrix}}.$$

Wir entwickeln die Determinante im Zähler nach dem Element -1 (zweite Reihe, erste Spalte, Vorzeichen -) und die Determinante im Nenner nach dem Element 1 (dritte Zeile, dritte Spalte, Vorzeichen +):

$$v = \frac{\begin{vmatrix} -2 & -6+2\cdot\sigma \\ 3 & 3+3\cdot\sigma \end{vmatrix}}{\begin{vmatrix} 0 & -2 \\ -1 & 0 \end{vmatrix}} = \frac{-6-6\cdot\sigma+18-6\cdot\sigma}{-2} = \frac{12-12\sigma}{-2} = 6\cdot\sigma-6.$$

Damit haben wir eine Relation zwischen den Parametern v und σ der zweiten Ebene. Dort ersetzen wir v durch

$$v = 6\cdot\sigma-6:$$

$$r = \begin{pmatrix} -2 \\ 3 \\ 0 \end{pmatrix} + v\cdot\begin{pmatrix} 0 \\ 0 \\ -1 \end{pmatrix} + \sigma\cdot\begin{pmatrix} 2 \\ -1 \\ 3 \end{pmatrix}$$

$$= \begin{pmatrix} -2 \\ 3 \\ 0 \end{pmatrix} + (6\cdot\sigma-6)\cdot\begin{pmatrix} 0 \\ 0 \\ -1 \end{pmatrix} + \sigma\cdot\begin{pmatrix} 2 \\ -1 \\ 3 \end{pmatrix}$$

$$= \begin{pmatrix} -2 \\ 3 \\ 0 \end{pmatrix} + 6\cdot\begin{pmatrix} 0 \\ 0 \\ 1 \end{pmatrix} + \sigma\cdot\begin{pmatrix} 0 \\ 0 \\ -6 \end{pmatrix} + \sigma\cdot\begin{pmatrix} 2 \\ -1 \\ 3 \end{pmatrix}$$

$$= \begin{pmatrix} -2 \\ 3 \\ 6 \end{pmatrix} + \sigma \cdot \begin{pmatrix} 2 \\ -1 \\ -3 \end{pmatrix}$$

$$\vec{r} = \begin{pmatrix} -2 \\ 3 \\ 6 \end{pmatrix} + \sigma \cdot \begin{pmatrix} 2 \\ -1 \\ -3 \end{pmatrix}$$

ist die Gleichung der gesuchten Schnittgeraden zwischen den beiden Ebenen E_1 und E_2.

Wir lernen nun noch in aller Kürze eine weitere Form für die Darstellung einer Ebene kennen. Sie baut auf dem Skalarprodukt auf. Eine eingehendere Beschäftigung damit überlassen wir Euch, liebe Leserinnen und Leser. Es geht um die Normalenform der Ebene. Aber was ist eine Normale?

Ein Normalenvektor ist ein Vektor, der auf einer Ebene bzw. im zweidimensionalen Fall auf einer Geraden senkrecht steht. Wir verzichten an dieser Stelle auf die Normalenform einer Geraden und konzentrieren uns auf den Fall der Ebene. Wir können uns gut vorstellen, dass die Lage einer Ebene im Raum durch einen senkrecht auf ihr stehenden Vektor bestimmt ist. Es gibt allerdings zu dieser Ebene unzählige weitere parallele Ebenen. Um die Ebene eindeutig festzulegen, benötigen wir also mindestens zwei Punker auf der Ebene. Sei also $\vec{r_1}$ der Richtungsvektor zu einem Punkt P_1, der in der Ebene liegt und $\vec{r}$ der Richtungsvektor zu einem beliebigen weiteren Punkt P der Ebene. Dann liegt $\vec{r} - \vec{r_1}$ in der Ebene. Für den auf der Ebene senkrecht stehenden Normalenvektor, den wir mit $\vec{n}$ bezeichnen, gilt dann

$$\vec{n} \cdot (\vec{r} - \vec{r_1}) = 0 \,.$$

Es ist also

$$\vec{n} \cdot \vec{r} = \vec{n} \cdot \vec{r_1}$$

und damit

$$|\vec{n}||\vec{r}| \cdot \cos(\vec{n},\vec{r}) = |\vec{n}| \cdot |\vec{r_1}| \cdot \cos(\vec{n},\vec{r_1}) \cdot$$

Der Kosinus der Winkel zwischen dem Normalenvektor $\vec{n}$ und den Ortsvektoren $\vec{r}$ bzw. r_1 entspricht dem Quotienten aus den Projektionen der Ortsvektoren auf den Normalenvektor und der Länge der Ortsvektoren (siehe auch Abbildung auf der übernächsten Seite). Es ist also:

$$\cos(\vec{n},\vec{r}) = \frac{\left|\vec{r}_{\vec{n}}\right|}{|\vec{r}|} \quad \text{und} \quad \cos(\vec{n},\vec{r_1}) = \frac{\left|\vec{r}_{1_{\vec{n}}}\right|}{|\vec{r_1}|}$$

und damit

$$|\vec{n}| \cdot |\vec{r}| \cdot \frac{\left|\vec{r}_{\vec{n}}\right|}{|\vec{r}|} = |\vec{n}|\left|\vec{r}_{\vec{n}}\right| = |\vec{n}| \cdot |\vec{r_1}| \cdot \frac{\left|\vec{r}_{1_{\vec{n}}}\right|}{|\vec{r_1}|} = |\vec{n}| \cdot \left|\vec{r}_{1_{\vec{n}}}\right|,$$

also

$$|\vec{r}| = \left|\vec{r}_{1_{\vec{n}}}\right| \cdot$$

Die Projektionen von jedem Punkt der Ebene auf den Normalenvektor haben also stets dieselbe Länge. Geht man mit dieser Information in die obige Gleichung, so folgt

$$\vec{n} \cdot \vec{r} - \vec{n} \cdot \vec{r_1} = \vec{n} \cdot \vec{r} - |\vec{n}| \cdot |\vec{r_1}| = 0 \cdot$$

Die allgemeine Normalenform einer Ebene hat damit die Form

$$\vec{n} \cdot \vec{r} - c = 0,$$

wobei c ein Vielfaches des Abstandes vom Nullpunkt bis zur Ebene ist. Wenn d dieser Abstand ist, können wir auch schreiben

$$\vec{n} \cdot \vec{r} - |n| \cdot d = 0 \cdot$$

Beispiel (aus „Analytische Geometrie in vektorieller Darstellung", siehe Literatur):

Es sei $\vec{n}$ mit $\vec{n} = \begin{pmatrix} 2 \\ -1 \\ 1 \end{pmatrix}$ der Normalenvektor einer Ebene

und $r_1 = \begin{pmatrix} 1 \\ 3 \\ 2 \end{pmatrix}$ der Ortsvektor eines Punktes in der Ebene.

Dann lautet die Punkt-Normalenform

$$\begin{pmatrix} 2 \\ -1 \\ 1 \end{pmatrix} \cdot \vec{r} - \begin{pmatrix} 2 \\ -1 \\ 1 \end{pmatrix} \cdot \vec{r_1} = \begin{pmatrix} 2 \\ -1 \\ 1 \end{pmatrix} \cdot \vec{r} - \begin{pmatrix} 2 \\ -1 \\ 1 \end{pmatrix} \cdot \begin{pmatrix} 1 \\ 3 \\ 2 \end{pmatrix} = \begin{pmatrix} 2 \\ -1 \\ 1 \end{pmatrix} \cdot \vec{r} - 1 = 0 \,.$$

Wenn wir als Normalenvektor einen Vektor der Länge 1 wählen, also einen Einheitsvektor, den wir mit $\vec{n}^{\circ}$ bezeichnen, so wird aus der allgemeinen Punkt-Normalenform die sogenannte Hessesche Normalenform:

Aus

$$\vec{n} \cdot \vec{r} = |n| \cdot d$$

folgt

$$d = \frac{\vec{n} \cdot \vec{r}}{|\vec{n}|} = \vec{n}^{\circ} \cdot \vec{r}$$

und damit

$$\vec{n}^{\circ} \cdot \vec{r} - d = 0 \,.$$

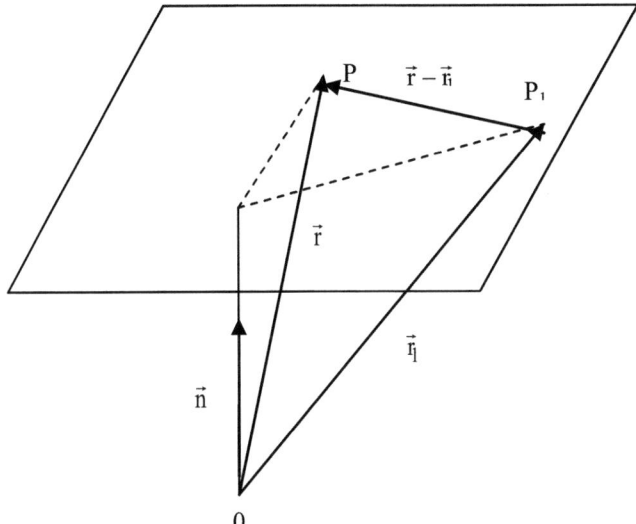

Ja, so schön kann Mathematik sein. Diese Ansicht werden zwar nicht alle Menschen teilen können und wollen. Aber das ist kein Grund, sie, die Mathematik, nicht so zu sehen.

Wir könnten so weitermachen mit der Vektorrechnung. Es gibt nämlich noch viele interessante Dinge zu entdecken und zu verstehen. Aber auf wenigstens eine Vektoroperation wollen wir noch kurz eingehen, nämlich auf das Vektorprodukt. Wir erinnern, das Skalarprodukt ist eine Vektoroperation, die zu einer reellen Zahl führt. Das Vektorprodukt hingegen führt zu einem Vektor. Im Unterschied zum Skalarprodukt schreibt man

$$\vec{a} \times \vec{b}$$

für das Vektorprodukt aus den beiden Vektoren $\vec{a}$ und $\vec{b}$. Wenn $\vec{a} \times \vec{b}$ ein Vektor sein soll, müssen drei Eigenschaften von $\vec{a} \times \vec{b}$ geklärt werden:

o   die Richtung von $\vec{a} \times \vec{b}$,
o   die Orientierung und

301

o   die Länge.

Der Vektor $\vec{a} \times \vec{b}$ steht senkrecht auf der von $\vec{a}$ und $\vec{b}$ aufgespannten Ebene, bildet mit $\vec{a}$ und $\vec{b}$ ein Rechtssystem und hat die Länge

$$\left| \vec{a} \times \vec{b} \right| = \left| \vec{a} \right| \cdot \left| \vec{b} \right| \cdot \sin(\vec{a}, \vec{b}) \,.$$

Ein Rechtssystem kann man mit der sogenannten Schraubenregel veranschaulichen. Dreht man $\vec{a}$ über den kleineren Winkel in Richtung und Orientierung von $\vec{b}$, dann entsteht eine Drehrichtung, die, auf eine normale Schraube angewandt, die Schraube in Richtung und Orientierung von $\vec{a} \times \vec{b}$ drehen würde.

Häufig wird für die Orientierung des Vektorprodukts auch die Drei-Finger-Regel herangezogen: Hält man Daumen und Zeigefinger in Richtung von $\vec{a}$ und $\vec{b}$, so zeigt der Mittelfinger die Orientierung des Vektorproduktes $\vec{a} \times \vec{b}$ an.

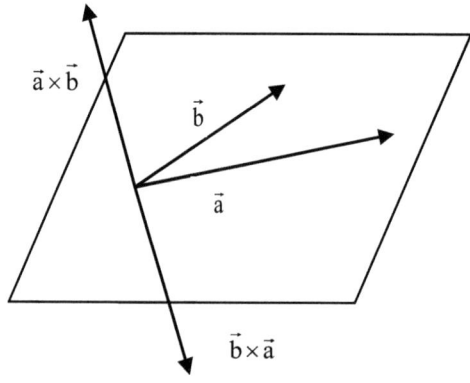

Die Länge von $\vec{a} \times \vec{b}$ ergibt sich wie folgt:

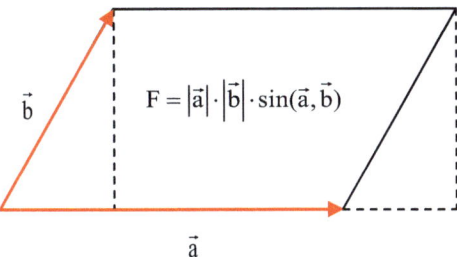

Sie entspricht also betragsmäßig der Fläche des von den beiden Vektoren $\vec{a}$ und $\vec{b}$ aufgespannten Parallelogramms.

Für das Vektorprodukt gelten folgende Regeln:

$\vec{a} \times \vec{b} = -\vec{b} \times \vec{a}$ Alternatives Gesetz

$\vec{a} \times (\vec{b} + \vec{c}) = \vec{a} \times \vec{b} + \vec{a} \times \vec{c}$ Distributivgesetz

$(n \cdot \vec{a}) \times \vec{b} = \vec{a} \times (n \cdot \vec{b}) = n \cdot (\vec{a} \times \vec{b})$ Gemischtes Assoziativgesetz

---

Das Vektorprodukt lässt sich wie das Skalarprodukt in Koordinaten-Schreibweise darstellen.

Zunächst gilt für die Grundvektoren:

$$\vec{e}_x \times \vec{e}_x = \vec{e}_y \times \vec{e}_y = \vec{e}_z \times \vec{e}_z = \vec{0}$$

und

$$\vec{e}_x \times \vec{e}_y = \vec{e}_z \,,\; \vec{e}_x \times \vec{e}_z = \vec{e}_y \,,\; \vec{e}_y \times \vec{e}_z = \vec{e}_x \,.$$

Mit diesen Informationen beweisen wir nun den folgenden Satz:

Für das Vektorprodukt zweier Vektoren $\vec{a}$ und $\vec{b}$ mit

$$\vec{a} = a_1 \cdot \vec{e}_x + a_2 \cdot \vec{e}_y + a_3 \cdot \vec{e}_z \quad \text{und} \quad \vec{b} = b_1 \cdot \vec{e}_x + b_2 \cdot \vec{e}_y + b_3 \cdot \vec{e}_z \quad \text{gilt:}$$

$$\begin{vmatrix} \vec{e}_x & a_1 & b_1 \\ \vec{e}_y & a_2 & b_2 \\ \vec{e}_z & a_3 & b_3 \end{vmatrix} = \vec{e}_x \cdot \begin{vmatrix} a_2 & b_2 \\ a_3 & b_3 \end{vmatrix} - \vec{e}_y \cdot \begin{vmatrix} a_1 & b_1 \\ a_3 & b_3 \end{vmatrix} + \vec{e}_z \cdot \begin{vmatrix} a_1 & b_1 \\ a_2 & b_2 \end{vmatrix}$$

Hinweis:

$$\begin{vmatrix} \vec{e}_x & a_1 & b_1 \\ \vec{e}_y & a_2 & b_2 \\ \vec{e}_z & a_3 & b_3 \end{vmatrix}$$

ist symbolisch zu sehen, da Determinanten mit Vektoren als Spalte nicht definiert sind. Aber Du kannst die Determinante tatsächlich so entwickeln, wie Du es von einer „Zahlenmatrix" kennengelernt hast.

Beweis (ausführlich):

$$\vec{a} \times \vec{b} = a_1 \cdot \vec{e}_x \times b_1 \cdot \vec{e}_x + a_1 \cdot \vec{e}_x \times b_2 \cdot \vec{e}_y + a_1 \cdot \vec{e}_x \times b_3 \cdot \vec{e}_z$$
$$+ a_2 \cdot \vec{e}_y \times b_1 \cdot \vec{e}_x + a_2 \cdot \vec{e}_y \times b_2 \cdot \vec{e}_y + a_2 \cdot \vec{e}_y \times b_3 \cdot \vec{e}_z$$
$$+ a_3 \cdot \vec{e}_z \times b_1 \cdot \vec{e}_x + a_3 \cdot \vec{e}_z \times b_2 \cdot \vec{e}_y + a_3 \cdot \vec{e}_z \times b_3 \cdot \vec{e}_z$$

Wir wenden das gemischt assoziative Gesetz an:

$$\vec{a} \times \vec{b} = a_1 \cdot b_1 \cdot \vec{e}_x \times \vec{e}_x + a_1 \cdot b_2 \cdot \vec{e}_x \times \vec{e}_y + a_1 \cdot b_3 \cdot \vec{e}_x \times \vec{e}_z$$
$$+ a_2 \cdot b_1 \cdot \vec{e}_y \times \vec{e}_x + a_2 \cdot b_2 \cdot \vec{e}_y \times \vec{e}_y + a_2 \cdot b_3 \cdot \vec{e}_y \times \vec{e}_z$$
$$+ a_3 \cdot b_1 \cdot \vec{e}_z \times \vec{e}_x + a_3 \cdot b_2 \cdot \vec{e}_z \times \vec{e}_y + a_3 \cdot b_3 \cdot \vec{e}_z \times \vec{e}_z$$

Wir berücksichtigen $\vec{e}_x \times \vec{e}_x = \vec{e}_y \times \vec{e}_y = \vec{e}_z \times \vec{e}_z = \vec{0}$:

$$\vec{a} \times \vec{b} = a_1 \cdot b_2 \cdot \vec{e}_x \times \vec{e}_y + a_1 \cdot b_3 \cdot \vec{e}_x \times \vec{e}_z$$

$$+a_2 \cdot b_1 \cdot \vec{e}_y \times \vec{e}_x + a_2 \cdot b_3 \cdot \vec{e}_y \times \vec{e}_z$$
$$+a_3 \cdot b_1 \cdot \vec{e}_z \times \vec{e}_x + a_3 \cdot b_2 \cdot \vec{e}_z \times \vec{e}_y$$

Wir berücksichtigen

$$\vec{e}_x \times \vec{e}_y = \vec{e}_z \, , \; \vec{e}_x \times \vec{e}_z = \vec{e}_y \, , \; \vec{e}_y \times \vec{e}_z = \vec{e}_x$$

und

$$\vec{e}_y \times \vec{e}_x = -\vec{e}_z \, , \; \vec{e}_z \times \vec{e}_x = -\vec{e}_y \, , \; \vec{e}_z \times \vec{e}_y = -\vec{e}_x$$

Damit folgt

$$\vec{a} \times \vec{b} = a_1 \cdot b_2 \cdot \vec{e}_z + a_1 \cdot b_3 \cdot \vec{e}_y$$
$$-a_2 \cdot b_1 \cdot \vec{e}_z + a_2 \cdot b_3 \cdot \vec{e}_x$$
$$-a_3 \cdot b_1 \cdot \vec{e}_y - a_3 \cdot b_2 \cdot \vec{e}_x$$

Wir ordnen nach den Einheitsvektoren und erhalten

$$\vec{a} \times \vec{b} = a_2 \cdot b_3 \cdot \vec{e}_x - a_3 \cdot b_2 \cdot \vec{e}_x$$
$$+a_1 \cdot b_3 \cdot \vec{e}_y - a_3 \cdot b_1 \cdot \vec{e}_y$$
$$+a_1 \cdot b_2 \cdot \vec{e}_z - a_2 \cdot b_1 \cdot \vec{e}_z$$

Wir schließen das Vektorkapitel ab, indem wir kurz auf den Sinussatz eingehen, den wir zwar schon erwähnt, aber weder formuliert noch bewiesen haben. Es handelt sich um ein schönes Beispiel, wie mit Vektoroperationen geometrische Wahrheiten elegant bewiesen werden können. Zunächst zum Satz:

In einem beliebigen Dreieck mit den Seiten a, b und c gilt

$$\frac{a}{\sin(\alpha)} = \frac{b}{\sin(\beta)} = \frac{c}{\sin(\gamma)}.$$

Dabei sind α, β und γ die den Seiten a, b und c gegenüber liegenden Winkel.

Herkömmlich geht man wie folgt vor (siehe auch Abbildung):

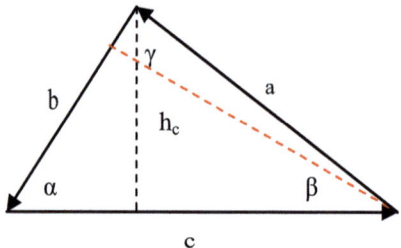

Aus $\sin(\alpha) = \dfrac{h_c}{b}$ und $\sin(\beta) = \dfrac{h_c}{a}$ folgt

$$b \cdot \sin(\alpha) = a \cdot \sin(\beta)$$

und damit

$$\frac{a}{\sin(\alpha)} = \frac{b}{\sin(\beta)}.$$

Für den dritten Teil benötigen wir eine weitere Höhe, beispielsweise h_b. Damit erhält man in Analogie die Relation:

$$\frac{a}{\sin(\alpha)} = \frac{c}{\sin(\gamma)}.$$

Damit ist der Satz bewiesen, etwas holprig, wie wir meinen. Mithilfe des Vektorprodukts ergibt sich aus (siehe Abbildung)

$$\vec{a} + \vec{b} - \vec{c} = \vec{0}$$

durch Rechtsmultiplikation mit $\vec{c}$

$$(\vec{a} + \vec{b} - \vec{c}) \times \vec{c} = \vec{a} \times \vec{c} + \vec{b} \times \vec{c} - \vec{c} \times \vec{c} = \vec{0}$$

und wegen $\vec{c} \times \vec{c} = \vec{0}$

$$\vec{a} \times \vec{c} + \vec{b} \times \vec{c} = \vec{0},$$

also

$$\vec{b} \times \vec{c} = -\vec{a} \times \vec{c}$$

und wegen $-\vec{a} \times \vec{c} = \vec{c} \times \vec{a}$

$$\vec{b} \times \vec{c} = \vec{c} \times \vec{a}.$$

Damit ist

$$\left|\vec{b}\right| \cdot \left|\vec{c}\right| \cdot \sin(\alpha) = \left|\vec{c}\right| \cdot \left|\vec{a}\right| \cdot \sin(\beta)$$

und schließlich

$$\frac{\left|\vec{a}\right|}{\sin(\alpha)} = \frac{\left|\vec{b}\right|}{\sin(\beta)}.$$

Wenn Du die Orientierung der Seiten umdrehst, erhälst Du auf eben diese Weise die endgültige Relation.

Wahrscheinlichkeiten

Die Wahrscheinlichkeitsrechnung ist eine Disziplin der Mathematik, die uns im täglichen Leben beinahe an jeder Ecke begegnet. Wir können hier nicht im Entferntesten in die Tiefen dieser Disziplin vordringen, wollen aber die wichtigsten Grundbegriffe kennenlernen. Wir arbeiten zur Veranschaulichung mit einigen wenigen Beispielen. Dies soll uns davor bewahren, uns gedanklich zu verzetteln. Wir machen uns insgesamt vertraut mit den Begriffen

- o Zufallsexperiment,
- o Elementarereignis,
- o Ereignis.
- o Zufallsvariable,
- o Wahrscheinlichkeitsfunktion,
- o Verteilungsfunktion,
- o Erwartungswert,
- o Varianz und Standardabweichung,
- o Wahrscheinlichkeitsdichte,
- o Gaußfunktion und Normalverteilung.

Dies ist für den Anfang ein zugegebenermaßen ziemlich umfangreiches und ehrgeiziges Programm. Aber es hilft nichts. Wenn Du überhaupt etwas verstehen willst von dieser mathematischen Disziplin „Wahrscheinlichkeitsrechnung", dann musst Du da durch. Es wird Dir Spaß machen. Aber es gehört auch eine gehörige Menge Durchhaltevermögen dazu. Also, wenn Du willst, legen wir los.

In der Wahrscheinlichkeitsrechnung beschäftigt man sich mit Versuchen, deren Ergebnisse sich nicht vorhersagen lassen, d. h. vom Zufall abhängig sind. Zu dieser Art von Versuchen zählt das Würfeln mit einem oder mehreren Würfeln. Beim Würfeln mit einem Würfel ist die Ergebnismenge offensichtlich. Es ist die Menge der Zahlen von 1 bis 6, also

$$S = \{1, 2, 3, 4, 5, 6\} \, .$$

Die Elemente einer Ergebnismenge eines Zufallsexperiments nennen wir Elementarereignisse. Im Beispiel sind die Elementarereignisse die Zahlen 1 bis 6. Wir betrachten nun eine Teilmenge A von S, die beispielsweise nur die geraden Zahlen, also

$$A = \{2, 4, 6\} \subset S$$

oder die Teilmenge B von S, die nur die ungeraden Zahlen enthält oder nur die Primzahlen, was im vorliegenden Fall auf dasselbe hinausläuft, also

$$B = \{1, 3, 5\} \subset S$$

oder die Teilmenge C, die nur die Potenzen von 2 enthält:

$$C = \{2, 4\} \subset A \subset S.$$

Wir nennen eine Teilmenge von S Ereignismenge, kurz Ereignis. Falls das Ergebnis eines Zufallsexperiments – hier der Wurf eines Würfels – Element einer Ereignismenge ist, sagt man, das Ereignis sei eingetreten.

Beispiele:

Beim Würfeln einer 6 ist das Ereignis A eingetroffen, beim Würfeln einer 3 das Ereignis B und beim Würfeln einer 4 die Ereignisse A und C.

Die leere Menge und die Ereignismenge S selbst sind ebenfalls Teilmengen von S. Die leere Menge steht für unmögliche Ereignis und die Ergebnismenge S für das sichere Ereignis. Jeder Wurf führt zu einer Zahl zwischen 1 und 6. Also kann das Ereignis $\varnothing$ nicht eintreten und das Ereignis S tritt immer ein. Die sogenannte Komplementärmenge von A in S, also S\A heißt Gegenereignis von A. Wir kennzeichnen das Gegenereignis von A durch einen Querstrich. Da A mit seiner Komplementärmenge elementfremd ist, gilt

$$A \cap \overline{A} = A \cap S \setminus A = \varnothing.$$

A und sein Gegenereignis können sich also nicht gleichzeitig ereignen.

Wir sehen uns ein weiteres Beispiel an und zwar das Würfeln mit zwei Würfeln. Die Ergebnismenge lässt sich als eine Menge von 2-Tupeln darstellen. Es ist nämlich

$$S = \{1,2,3,4,5,6\} \times \{1,2,3,4,5,6\} .$$

Diese Schreibweise ist eine elegante Abkürzung für die Ergebnismenge, die jedes Element der ersten Menge mit jedem Element der zweiten Menge kombiniert. Aufgelöst ist

$$S = \{(1,1),(1,2),(1,3),(1,4),(1,5),(1,6),$$
$$(2,1),(2,2),(2,3),(2,4),(2,5),(2,6),$$

$$(3,1),(3,2),(3,3),(3,4),(3,5),(3,6),$$
$$(4,1),(4,2),(4,3),(4,4),(4,5),(4,6),$$
$$(5,1),(5,2),(5,3),(5,4),(5,5),(5,6),$$
$$(6,1),(6,2),(6,3),(6,4),(6,5),(6,6)\} .$$

Wir können beispielsweise folgende Ereignisse definieren

Würfeln eines Paschs: $A = \{(1,1),(2,2),(3,3),(4,4),(5,5),(6,6)\}$

Würfeln der Augensumme 7: $B = \{(1,6),(2,5),(3,4),(4,3),(5,2),(6,1)\}$

Würfeln einer geraden und einer ungeraden Zahl:

$$C = \{(1,2),(1,4),(1,6),$$
$$(2,1),(2,3),(2,5),$$
$$(3,2),(3,4),(3,6),$$
$$(4,1),(4,3),(4,5),$$
$$(5,2),(5,4),(5,6),$$
$$(6,1),(6,3),(6,5)\} .$$

Da wir mit Mengen rechnen können, können wir nun auch mit Ereignissen rechnen.

Wir fassen zusammen:

Sei S die Ereignismenge eines Zufallsexperimentes, dann heißt S das sichere Ereignis und $\emptyset$ das unmögliche Ereignis.

Sind A und B Ereignisse, so versteht man unter dem Ereignis „A oder B" die Vereinigungsmenge $A \cup B$ der beiden Ereignisse A und B.

Und unter dem Ereignis „A und B" die Schnittmenge $A \cap B$ der beiden Ereignisse A und B.

Zwei Ereignisse A und B desselben Zufallsexperiments heißen unvereinbar, wenn sie nicht zugleich eintreten können. Es gilt dann

$A \cap B = \emptyset$.

A und sein Gegenereignis $\bar{A} = S \backslash A$ sind unvereinbar:

$A \cap \bar{A} = A \cap (S \backslash A) = \emptyset$.

Sie können also nicht gleichzeitig eintreffen.

Ein wichtiger Begriff der Wahrscheinlichkeitsrechnung ist die „Zufallsvariable", auch Zufallsgröße. Die Bezeichnung dieser „Größe" ist aus unserer Sicht ziemlich gewöhnungsbedürftig, aber wohl der Entwicklung geschuldet. Sie ist nämlich schlicht eine Funktion, die jedem Elementarereignis eines Zufallsexperiments einen reellen Wert zuweist. Da Elementarereignisse Ergebnisse eines Zufallsexperiments sind, sind die Werte der Funktion ebenfalls vom Zufall abhängig, also Zufallsgrößen. Eigentlich ist das ganz einfach. Wir definieren also:

Eine Zufallsvariable ist eine Funktion X, die jedem Ergebnis eines Zufallsexperiments e_i eine reelle Zahl $x_i = X(e_i) \in \mathbb{R}$ zuordnet.

Beispiele:

Wir betrachten unsere beiden Fälle, das Würfeln mit einem und das Würfeln mit zwei Würfeln. Im ersten Fall haben wir es besonders einfach. Die Ergebnisse des Zufallsexperiments sind schon Zahlen, sodass wir als Zufallsvariable X mit

$$e_i = X(e_i)$$

die identische Funktion wählen können, die ihr Argument also zurückgibt. Aber auch

$$7 - e_i = X(e_i)$$

ist eine denkbare Zufallsvariable für das Zufallsexperiment Würfeln mit einem Würfel.

Im zweiten Fall, dem Würfeln mit zwei Würfeln können wir beispielsweise jedem Ergebnis die Augensumme der beiden geworfenen Zahlen zuordnen:

Jedem Elementarereignis $(e_i; e_j)$ aus S ordnen wir also die Summe $e_i + e_j$ zu:

$$\forall (e_i; e_j) \in S : X((e_i; e_j)) = e_i + e_j.$$

Die Wertemenge der Zufallsgröße X ist dann die Menge W mit

$$W = \{2, 3, 4, 5, 6, 7, 8, 9, 10, 11, 12\}.$$

Wir nähern uns nun langsam dem Begriff der Wahrscheinlichkeit. An dieser Stelle können wir uns aber schon mal die Frage stellen, wie hoch bei unseren beispielhaft betrachteten Zufallsexperimenten die Chance für das Eintreffen eines vorgegebenen Ereignisses ist.

Es liegt nahe, die für das Eintreffen des Ereignisses günstigen Ergebnisse zu den insgesamt möglichen Ergebnissen ins Verhältnis zu setzen. Damit erhalten wir eine Zahl zwischen 0 und 1, die als Gradmesser für die Höhe der Chance gesehen werden kann. 1 bedeutet, das Ereignis ist sicher, 0, das Ereignis ist nicht möglich.

Wie hoch ist also zum Beispiel beim Würfeln mit einem Würfel die Chance, eine gerade Zahl zu würfeln?

Günstig für dieses Ereignis ist die Ereignismenge

$$A = \{2,4,6\} \subset S \text{ mit}$$

$$|A| = 3$$

Ergebnissen.

Die Chance, eine gerade Zahl zu würfeln, liegt damit bei

$$\frac{|A|}{|S|} = \frac{|\{2,4,6\}|}{|\{1,2,3,4,5,6\}|} = \frac{3}{6} = 0,5.$$

Wir sehen uns ein zweites Beispiel an. Und zwar möchten wir wissen, wie groß die Chance ist, beim Würfeln mit zwei Würfeln eine Augensumme von 7 zu werfen. Die Ereignismenge, die zu einer Augensumme von 7 führt, hatten wir in unseren Beispielen mit B bezeichnet:

$$B = \{(1,6),(2,5),(3,4),(4,3),(5,2),(6,1)\}.$$

Damit ist

$$\frac{|B|}{|S|} = \frac{|\{(1,6),(2,5),(3,4),(4,3),(5,2),(6,1)\}|}{|S|} = \frac{6}{36} = 0,1\overline{6}.$$

Die Chance, eine Augensumme von 7 zu werfen, ist also etwa 0,16. Man könnte auch sagen, die Wahrscheinlichkeit, eine Augenzahl von 7 zu werfen, liegt bei 0,16. Aber das reicht noch nicht für eine mathematische Festlegung. Wir müssen leider noch einen steinigen Weg gehen, bis wir so weit sind. Wir werden sehen, dass die mathematische Wahrscheinlichkeit sehr viel zu tun hat mit der sogenannten relativen Häufigkeit bei der Durchführung eines Zufallsexperiments. Deshalb

314

gehen wir zuerst auf den Begriff der relativen Häufigkeit ein, der sich „relativ" einfach erklären lässt. Die Wahrscheinlichkeit eines Ereignisses kann dann im Prinzip als Grenzwert der relativen Häufigkeit betrachtet werden, wenn man das zugrunde liegende Zufallsexperiment unendlich oft durchführt.

Wir führen also zunächst ein Zufallsexperiment mehrmals hintereinander aus, sagen wir N-mal. Man sagt auch, man nimmt Stichproben und nennt N den Umfang der Stichprobe. Wir werfen also, auf die Beispiele bezogen, N-mal einen Würfel oder N-mal die zwei Würfel.

Kommt in der Stichprobe vom Umfang N das Ereignis E n(E)-mal vor, so heißt n(E) absolute Häufigkeit des Ereignisses E und

$$h_N(E) = \frac{n(E)}{N} \text{ mit } 0 \le h_N(E) \le 1$$

relative Häufigkeit des Ereignisses E.

Für zwei ausgezeichnete Ereignisse, nämlich für das unmögliche Ereignis $\varnothing$ und das sichere Ereignis S können wir die relative Häufigkeit unmittelbar aus der Definition ableiten.

Das unmögliche Ereignis hat die relative Häufigkeit 0 und das sichere Ereignis S die relative Häufigkeit 1. Es gilt:

$$h_N(\varnothing) = \frac{n(\varnothing)}{N} = \frac{0}{N} = 0 \text{ und } h_N(S) = \frac{n(S)}{N} = \frac{N}{N} = 1.$$

Sind E_1 und E_2 Ereignisse eines Zufallsexperiments, also E_1 und E_2 Teilmengen der Ergebnismenge S, so gilt

$$h_N(E_1 \cup E_2) = h_N(E_1) + h_N(E_2) - h_N(E_1 \cap E_2).$$

Insbesondere gilt für unvereinbare Ereignisse E_1 und E_2

$$h_N(E_1 \cup E_2) = h_N(E_1) + h_N(E_2)$$

und für ein Ereignis und sein Gegenereignis

$$h_N(E \cup \overline{E}) = h_N(E) + h_N(S \setminus E) = 1.$$

Wir stellen nun die Hypothese auf, dass die Schwankungen der relativen Häufigkeit mit zunehmendem Stichprobenumfang N zunehmend kleiner werden, die relative Häufigkeit also einen bestimmten Wert annimmt. Diesen nennen wir Wahrscheinlichkeit des Ereignisses und schreiben P(E). Etwas genauer:

Eine Wahrscheinlichkeitsfunktion P ordnet jedem Ereignis E einer Ergebnismenge S eine Zahl P(E) zu, die als Wahrscheinlichkeit des Ereignisses E bezeichnet wird. P hat folgende Eigenschaften:

$$\forall E \subseteq S : 0 \leq P(E) \leq 1$$

$$P(S) = 1$$

$$P(\varnothing) = 0$$

$$\forall A, B \subseteq S : P(A \cup B) = P(A) + P(B) - P(A \cap B).$$

Aus diesen Festlegungen lassen sich unmittelbar ein paar grundsätzliche Aussagen zur Wahrscheinlichkeitsrechnung ableiten, auf die wir kurz eingehen wollen.

Für unvereinbare Ereignisse A und B gilt $P(A \cup B) = P(A) + P(B)$.

Für A und dessen Gegenereignis $\overline{A}$ gilt $P(A) = 1 - P(\overline{A})$.

316

Für ein Ereignis $A = \{e_1, e_2, \ldots, e_m\}$ mit

$m \leq n = |S|$ gilt

$P(A) = P(e_1) + P(e_2) + \ldots\ldots + P(e_m)$.

Für $A \subseteq B \subseteq S$ gilt $P(A) \leq P(B)$.

Besonders einfach wird die Angelegenheit, wenn die endlich vielen Ergebnisse eines Zufallsexperiments über die gleiche Wahrscheinlichkeit verfügen. Man bezeichnet Zufallsexperimente mit dieser Eigenschaft als Laplace-Experimente.

Falls für alle Elementarereignisse $e_i \in S$, i=1,..., n eines Zufallsexperiments mit endlichen vielen Ergebnissen $P(e_i) = p$ gilt, heißt das Zufallsexperiment Laplace-Experiment und die Wahrscheinlichkeit p Laplace-Wahrscheinlichkeit.

Die Elementarereignisse eines Zufallsexperiments sind trivialerweise paarweise elementfremd. Es gilt also

$$\sum_{i=1}^{|S|} P(e_i) = P(S) = 1.$$

Bei einem Laplace-Experiment gilt:

$$\sum_{i=1}^{|S|} P(e_i) = |S| \cdot p = 1 \text{ und damit}$$

$$p = \frac{1}{|S|},$$

wobei $|S|$ die Mächtigkeit von S und p die Laplace-Wahrscheinlichkeit ist.

317

Die Elementarereignisse E eines Laplace-Experiments haben die Wahrscheinlichkeit

$$P(E) = \frac{1}{|S|}.$$

Ein Ereignis E eines Laplace-Experiments hat die Wahrscheinlichkeit

$$P(E) = \frac{|E|}{|S|}.$$

Man sagt auch, $|E|$ ist die Anzahl der für das Eintreffen des Ereignisses E günstigen Fälle und $|S|$ die Anzahl der insgesamt möglichen Fälle.

Beispiele:

Wir greifen erneut auf unser Würfelbeispiel mit zwei Würfeln zurück, nennen noch einmal die unterschiedlichen Ereignisse, die wir uns angesehen haben und berechnen für jedes Ereignis die Wahrscheinlichkeit seines Eintreffens. Bei Experimenten mit Würfeln handelt es sich um typische Laplace-Experimente, unterstellt die Würfel sind ideale Würfel und nicht etwa „gezinkt".

Die Ergebnismenge S besteht aus den folgenden 36 2-Tupels:

$$\begin{aligned}
S = \{ & (1,1),(1,2),(2,3),(1,4),(1,5),(1,6), \\
& (2,1),(2,2),(2,3),(2,4),(2,5),(2,6), \\
& (3,1),(3,2),(3,3),(3,4),(3,5),(3,6), \\
& (4,1),(4,2),(4,3),(4,4),(4,5),(4,6), \\
& (5,1),(5,2),(5,3),(5,4),(5,5),(5,6), \\
& (6,1),(6,2),(6,3),(6,4),(6,5),(6,6) \}.
\end{aligned}$$

Es ist:

P(S)=1.

318

Das Würfeln eines Paschs entspricht der Teilmenge A mit

$$A = \left\{ (1,1),(2,2),(3,3),(4,4),(5,5),(6,6) \right\}$$

Es ist

$$P(A) = \frac{|A|}{|S|} = \frac{1}{6} \, .$$

Das Würfeln der „Augensumme 7" entspricht der Teilmenge B mit

$$B = \left\{ (1,6),(2,5),(3,4),(4,3),(5,2),(6,1) \right\} \text{ und es gilt.}$$

$$P(B) = \frac{|B|}{|S|} = \frac{1}{6} \, .$$

Das Würfeln einer geraden und einer ungeraden Zahl entspricht der Teilmenge C mit

$$C = \left\{ (1,2),(1,4),(1,6), \right.$$
$$(2,1),(2,3),(2,5),$$
$$(3,2),(3,4),(3,6),$$
$$(4,1),(4,3),(4,5),$$
$$(5,2),(5,4),(5,6),$$
$$\left. (6,1),(6,3),(6,5) \right\}$$

und damit

$$P(C) = \frac{|C|}{|S|} = \frac{18}{36} = \frac{1}{2} \, .$$

Das Gegenereignis $\overline{C}$ von C entspricht der Menge

$$\overline{C} = \left\{ (1,1),(1,3),(1,5), \right.$$
$$(2,2),(2,4),(2,6),$$
$$(3,1),(3,3),(3,5),$$

$$(4,2),(4,4),(4,6),$$
$$(5,1),(5,3),(5,5),$$
$$(6,2),(6,4),(6,6)\}.$$

Es ist

$$P(\bar{C}) = \frac{|\bar{C}|}{|S|} = \frac{18}{36} = \frac{1}{2}.$$

Wir definieren ein weiteres Ereignis D. Und zwar sei D das Ereignis, dass mindestens eine 6 geworfen wird. Es ist also

$$D = \{(1,6),\ (2,6),\ (3,6),\ (4,6),\ (5,6),$$
$$(6,1),(6,2),(6,3),(6,4),(6,5),(6,6)\}\ .$$

und damit

$$P(D) = \frac{|D|}{|S|} = \frac{11}{36}.$$

Die Durchschnittsmenge von B und D ist

$$B \cap D$$
$$= \{(1,6),(2,5),(3,4),(4,3),(5,2),(6,1)\} \cap$$
$$\{(1,6),(2,6),(3,6),(4,6),(5,6),(6,1),(6,2),(6,3),(6,4),(6,5),(6,6)\}$$
$$= \{(1,6),(6,1)\}.$$

Damit ist

$$P(B \cup D) = P(B) + P(D) - P(B \cap D)$$

$$= \frac{|B|}{|S|} + \frac{|D|}{|S|} - \frac{|B \cap D|}{|S|} = \frac{6+11-2}{36} = \frac{15}{36}.$$

Wir beschäftigen uns nun, das Kapitel langsam abschließend, mit der Wahrscheinlichkeitsfunktion einer Zufallsvariablen und der Wahrscheinlichkeitsverteilung.

Eine Zufallsgröße X habe die endliche Wertemenge W(X) mit

$$W(X) = \{x_1, x_2, ..., x_n\} \ .$$

Eine Funktion p, die jedem $x_i \in W(X)$ die Wahrscheinlichkeit $P(X = x_i)$ zuordnet, also

$$p(x_i) = P(X = x_i)$$

heißt Wahrscheinlichkeitsfunktion der Zufallsvariablen X und die Funktion F, die jeder reellen Zahl x die Wahrscheinlichkeit $P(X \leq x)$ zuordnet, also

$$F(x) = P(X \leq x) \quad \text{für } x \in R$$

Verteilungsfunktion der Zufallsgröße X.

Bei einer Zufallsgröße X mit einer endlichen Wertemenge W(X) mit

$$W(X) = \{x_1, x_2, ..., x_n\} \text{ und } x_1 < x_2 < ...... < x_n \text{ gilt für alle } m \leq n$$

$$F(x_m) = p(x_1) + p(x_2) + ... + p(x_m) = \sum_{i=1}^{m} p(x_i) \ .$$

Nun wird es allerhöchste Zeit, dass wir mit einem Beispiel aufwarten. Und zwar kommen wir zurück auf das Beispiel, das wir im Zusammenhang mit der Einführung der Zufallsgröße schon besprochen haben. Wir würfeln mit zwei Würfeln und definieren die Zufallsgröße X durch

$$\forall(e_i, e_j) \in S : X((e_i, e_j)) = e_i + e_j \ .$$

Die Wertemenge von X ist also

$W(X) = \{2,3,4,5,6,7,8,9,10,11,12\}.$

In der folgenden Tabelle stellen wir die Elementarereignisse und die Werte der Zufallsgröße sowie die Wahrscheinlichkeit für deren Eintreffen zusammen:

$x_i = X((e_i, e_j))$	(e_i, e_j)	$P(X = x_i)$
02	(1,1)	1/36
03	(1,2),(2,1)	2/36=1/18
04	(1,3),(2,2),(3,1)	3/36=1/12
05	(1,4),(2,3),(3,2),(4,1)	4/36=1/9
06	(1,5),(2,4),(3,3),(4,2),(5,1)	5/36
07	(1,6),(2,5),(3,4),(4,3),(5,2),(6,1)	6/36=1/6
08	(2,6),(3,5),(4,4),(5,3),(6,2)	5/36
09	(3,6),(4,5),(5,4),(6,3)	4/36=1/9
10	(4,6),(5,5),(6,4)	3/36=1/12
11	(5,6),(6,5)	2/36=1/18
12	(6,6)	1/36

Die Abbildung zeigt die Wahrscheinlichkeitsfunktion der Zufallsvariablen.

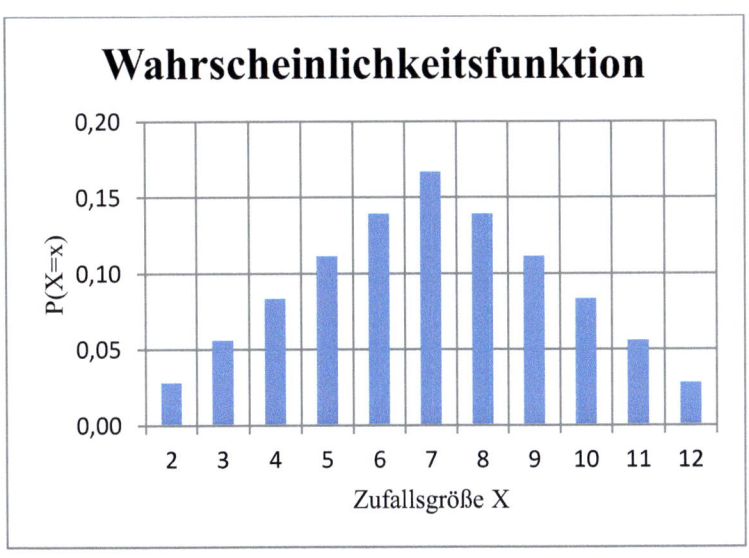

In der nächsten Tabelle stellen wir die Werte der Verteilungsfunktion F(x) zusammen.

x	$F(x) = P(X \leq x)$
$x < 2$	0
$2 \leq x < 3$	1/36
$3 \leq x < 4$	1/36+2/36=3/36=1/12
$4 \leq x < 5$	3/36+3/36=6/36=1/6
$5 \leq x < 6$	6/36+4/36=10/36=5/18
$6 \leq x < 7$	10/36+5/36=15/36=5/12
$7 \leq x < 8$	15/36+6/36=21/36=7/12
$8 \leq x < 9$	21/36+5/36=26/36=13/18
$9 \leq x < 10$	26/36+4/36=10/36=5/6
$10 \leq x < 11$	30/36+3/36=33/36=11/12
$11 \leq x < 12$	33/36+2/36=35/36
$12 \leq x$	35/36+1/36=1

Die Abbildung zeigt die Verteilungsfunktion.

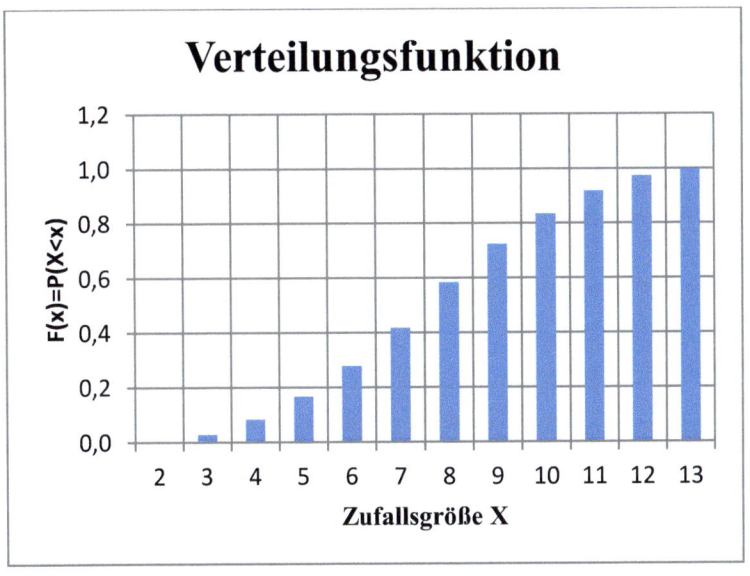

Verteilungsfunktion

Wir haben uns bis hierhin nur mit diskreten Zufallsgrößen beschäftigt, das heißt mit Zufallsgrößen, deren Wertemengen aus endlich vielen diskreten Werten bestehen. Bevor wir uns mit Zufallsgrößen befassen, deren Wertebereiche Intervalle von reellen Zahlen oder auch die Gesamtheit der reellen Zahlen sind, wollen wir noch drei Begriffe kennenlernen, die in verdichteter Form Eigenschaften einer Verteilung beschreiben. Es handelt sich um den Erwartungswert, die Varianz und die Standardabweichung einer Zufallsgröße.

Erwartungswert:

Der Erwartungswert E(X) einer Zufallsgröße sagt aus, welches Ergebnis man von einem Zufallsexperiment im Mittel erwarten kann.

Eine Zufallsgröße X nehme die endlich vielen Werte

$W(X) = \{x_1, x_2, \ldots\ldots, x_n\}$ mit den Wahrscheinlichkeiten

$p(x_1), p(x_2), \ldots\ldots p(x_n)$ an. Dann heißt

$$E(X) = x_1 \cdot p(x_1) + x_2 \cdot p(x_2) + \ldots\ldots + x_n \cdot p(x_n) = \sum_{i=1}^{n} x_i \cdot p(x_i)$$

Erwartungswert der Zufallsgröße X.

In der Literatur wird für den Erwartungswert häufig die Bezeichnung $\mu(X)$ oder auch nur μ verwendet. Im Folgenden schreiben wir $\mu(X)$.

Falls alle Werte der Zufallsgröße gleich wahrscheinlich sind, also

für i=1,...,n $p(x_i) = \dfrac{1}{n}$ gilt, so entspricht der Erwartungswert dem

arithmetischen Mittel der Werte x_i :

$$\mu(X) = \sum_{i=1}^{n} x_i \cdot p(x_i) = \sum_{i=1}^{n} x_i \cdot \frac{1}{n} = \frac{1}{n} \cdot \sum_{i=1}^{n} x_i \ .$$

Falls man wissen will, wie breit die Werte x_i einer Zufallsgröße gestreut sind, wie weit sie also vom Erwartungswert im Mittel entfernt liegen, hilft die Varianz:

Der Erwartungswert der quadratischen Abweichungen der Werte einer Zufallsgröße von ihrem Erwartungswert heißt Varianz der Zufallsgröße

$$VAR(X) = \sum_{i=1}^{n} (x_i - \mu)^2 \cdot p(x_i),$$

die Quadratwurzel aus der Varianz Standardabweichung, auch Streuung. Man schreibt

$$\sigma(X) = \sqrt{VAR(X)} = \sqrt{\sum_{i=1}^{n} (x_i - \mu)^2 \cdot p(x_i)}.$$

Auch hier gilt:

Sind die Werte der Zufallsgröße gleichwahrscheinlich, so ist die Varianz das arithmetische Mittel der Abstandsquadrate vom Erwartungswert

$$VAR(X) = \sum_{i=1}^{n} (x_i - \mu)^2 \cdot \frac{1}{n} = \frac{1}{n} \cdot \sum_{i=1}^{n} (x_i - \mu)^2$$

und die Standardabweichung

$$\sigma(X) = \sqrt{\frac{1}{n} \cdot \sum_{i=1}^{n} (x_i - \mu)^2}.$$

Beispiel:

Wir benutzen unser Würfelexperiment mit zwei Würfeln für die beispielhafte Berechnung des Erwartungswertes, der Varianz und der Standardabweichung.

Erwartungswert:

$$\mu(X) = \sum_{i=1}^{n} x_i \cdot p(x_i) = 2 \cdot \frac{1}{36} + 3 \cdot \frac{2}{36} + 4 \cdot \frac{3}{36} + 5 \cdot \frac{4}{36} + 6 \cdot \frac{5}{36}$$

$$+ 7 \cdot \frac{6}{36} + 8 \cdot \frac{5}{36} + 9 \cdot \frac{4}{36} + 10 \cdot \frac{3}{36} + 11 \cdot \frac{2}{36} + 12 \cdot \frac{1}{36}$$

$$= \frac{2}{36} + \frac{6}{36} + \frac{12}{36} + \frac{20}{36} + \frac{30}{36}$$

$$+ \frac{42}{36} + \frac{40}{36} + \frac{36}{36} + \frac{30}{36} + \frac{22}{36} + \frac{12}{36}$$

$$= \frac{252}{36} = 7.$$

Varianz:

$$VAR(X) = \sum_{i=1}^{n} (x_i - \mu)^2 \cdot p(x_i)$$

$$= 5^2 \cdot \frac{1}{36} + 4^2 \cdot \frac{2}{36} + 3^2 \cdot \frac{3}{36} + 2^2 \cdot \frac{4}{36} + 1^2 \cdot \frac{5}{36}$$

$$+ 0^2 \cdot \frac{6}{36} + 1^2 \cdot \frac{5}{36} + 2^2 \cdot \frac{4}{36} + 3^2 \cdot \frac{3}{36} + 4^2 \cdot \frac{2}{36} + 5^2 \cdot \frac{1}{36}$$

$$= \frac{25}{36} + \frac{32}{36} + \frac{27}{36} + \frac{16}{36} + \frac{5}{36} + \frac{5}{36} + \frac{16}{36} + \frac{27}{36} + \frac{32}{36} + \frac{25}{36}$$

$$= \frac{210}{36} = 5,8\overline{3}.$$

$$\sigma(X) = \sqrt{VAR(X)} = \sqrt{5,83} \approx 2,42.$$

Was uns nun noch fehlt in unserem selbst gesteckten Strauß an Themen sind die sogenannten stetigen Zufallsgrößen, wobei die Vokabel stetig in diesem Kontext eigentlich falsch ist. Jedenfalls hat sie nichts zu tun mit dem Begriff, der sich hinter dem der stetigen Funktion verbirgt. Im Zusammenhang mit Zufallsgrößen würde man richtiger von kontinuierlichen, im Gegensatz zu diskreten, Zufallsvariablen sprechen. Gemeint ist nämlich, dass die Wertemenge der Zufallsgröße nicht mehr diskret und endlich ist, sondern ein Intervall reeller Zahlen ist oder sogar die Gesamtheit der reellen Zahlen ausmacht.

Eine Zufallsgröße heißt stetig (kontinuierlich), wenn die Wertemenge W(X) aus mindestens einem Intervall reeller Zahlen oder aus dem gesamten reellen Zahlenraum besteht.

Beispiel (aus „Mathematik Sekundarstufe II; Wahrscheinlichkeitsrechnung und Statistik", siehe Literatur):

Wir betrachten ein Glücksrad, das in n gleich große Felder eingeteilt ist. Das Drehen des Glücksrades ist dann ein Laplace-Experiment, denn die Wahrscheinlichkeit dafür, dass der Glückszeiger ein bestimmtes Feld anzeigt, ist für alle Felder gleich groß, nämlich

$$p(x_i) = P(X = x_i) = \frac{1}{n}.$$

Lässt man die Einteilung des Rades in Felder weg und überlässt es dem Glücksrad, an einer beliebigen Stelle anzuhalten, so hat man eine stetige Zufallsvariable vor sich. Wenn man den Winkel – etwa zur Waagerechten –, bei dem das Glücksrad anhält, als Zufallsgröße definiert, so kann dieser Werte annehmen zwischen 0 und $2 \cdot \pi$.

Eine Schwierigkeit bei dieser Vorgehensweise fällt sofort auf, wenn man sich die Frage stellt, wie hoch die Wahrscheinlichkeit ist, einen bestimmten Winkel zu „drehen". Diese Wahrscheinlichkeit kann unmöglich ungleich 0 sein, denn wäre sie das, ergäbe die Summe aller Wahrscheinlichkeiten eine Zahl, die größer ist als eins. Dies liegt daran, dass die Anzahl der reellen Zahlen innerhalb eines auch noch so kleinen Intervalls unendlich ist (wir lassen das so stehen, denn der Begriff unendlich ist nicht gut definiert in diesem Zusammenhang, siehe aber beispielsweise unter abzählbaren und überabzählbaren Mengen bei Wikipedia und im Kapitel „Größer als unendlich"). Die Summe über unendlich viele noch so kleine Zahlen ist aber mit Sicherheit größer als eins. Das heißt, die Wahrscheinlichkeit, einen bestimmten Winkel zu drehen, muss null sein, obgleich das Ereignis nicht unmöglich ist. Die Lösung des Problems besteht darin, dass Wahrscheinlichkeiten für stetige Zufallsgrößen ausschließlich für Intervalle definiert werden. Wie anders als auf der Basis von Intervallen sollte auch der

Glücksradbetreiber den Gewinn ausschütten? Wir sehen uns in diesem Zusammenhang noch einmal unser Würfelexperiment an und basteln uns aus der zugehörigen Wahrscheinlichkeitsfunktion, die hier noch einmal grafisch dargestellt ist, eine Treppenfunktion f(x) nach folgendem Muster:

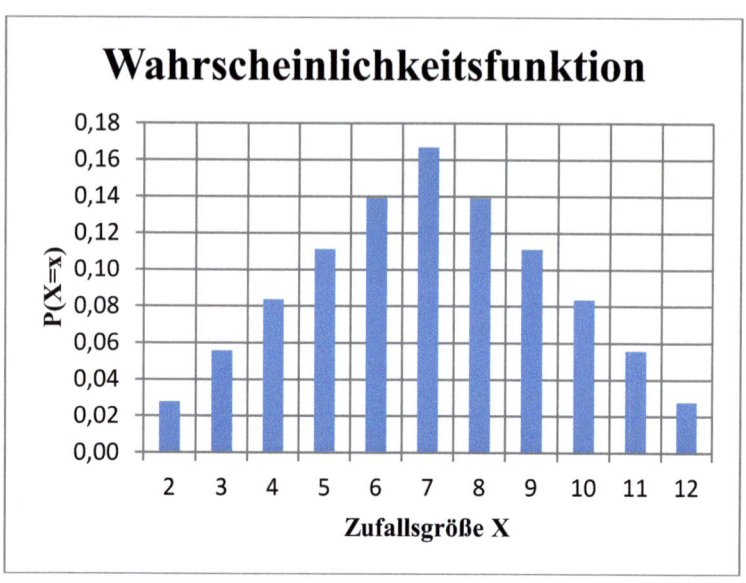

$$f(x) = \begin{cases} 0 & x < 2 \\ p(x_i) & \forall x \in \left[\dfrac{x_i + x_{i+1}}{2} - 0,5; \dfrac{x_i + x_{i+1}}{2} + 0,5 \right), \quad i = 2,3,......,12 \\ 0 & x \geq 13 \end{cases}$$

f(x) ist damit eine Treppenfunktion. Die Rechtecke, die zwischen den Treppenstufen und der x-Achse liegen, besitzen eine Breite von 1 und eine Höhe von $p(x_i)$ und damit einen Flächeninhalt von $p(x_i) \cdot 1 = p(x_i)$. Wir bezeichnen die Rechteckflächen mit A_i mit i=1,2....,12.

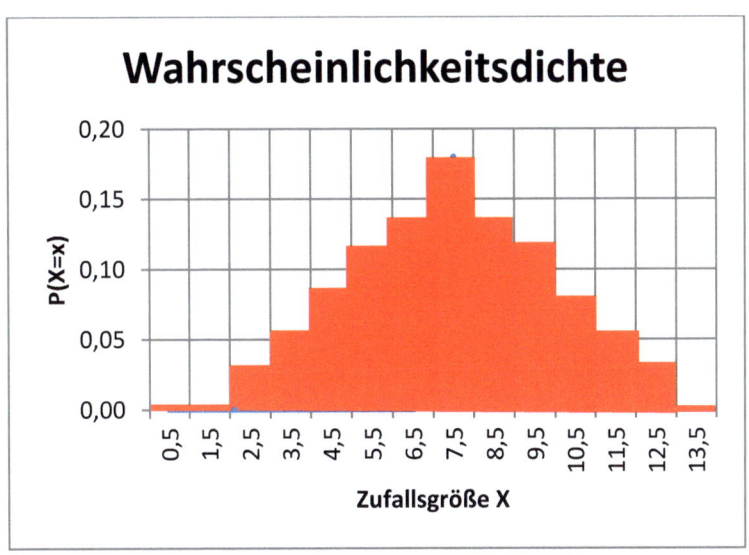

Damit können wir die Wahrscheinlichkeitsverteilung

$$F(x) = P(X \leq x)$$

Als Summe der Rechtecke $p(x_i) \cdot 1$ schreiben. Mit n=12 und $m \leq n$ ist

$$F(x) = P(X \leq x) = \sum_{i=1}^{m} p(x_i) \cdot 1 = \sum_{i=1}^{m} A_i \quad \text{für i=1,2.....m.}$$

Die Summe der Rechtecke von i=1 bis m ist aber nichts anderes als das Integral der Treppenfunktion f(x) von $-\infty$ bis x_{m+1} :

$$F(2) = P(X \leq 2) = \int_{-\infty}^{2,0} f(x) \cdot dx = 0$$

$$F(3) = P(X \leq 3) = \int_{-\infty}^{3,0} f(x) \cdot dx = \frac{1}{36}$$

$$F(4) = P(X \leq 4) = \int_{-\infty}^{4,0} f(x) \cdot dx = \frac{3}{36}$$

$$F(5) = P(X \le 5) = \int_{-\infty}^{5,0} f(x) \cdot dx = \frac{6}{36}$$

$$F(6) = P(X \le 6) = \int_{-\infty}^{6,0} f(x) \cdot dx = \frac{10}{36}$$

$$F(7) = P(X \le 7) = \int_{-\infty}^{7,0} f(x) \cdot dx = \frac{15}{36}$$

$$F(8) = P(X \le 8) = \int_{-\infty}^{8,0} f(x) \cdot dx = \frac{21}{36}$$

$$F(9) = P(X \le 9) = \int_{-\infty}^{9,0} f(x) \cdot dx = \frac{26}{36}$$

$$F(10) = P(X \le 10) = \int_{-\infty}^{10,0} f(x) \cdot dx = \frac{30}{36}$$

$$F(11) = P(X \le 11) = \int_{-\infty}^{11,0} f(x) \cdot dx = \frac{33}{36}$$

$$F(12) = P(X \le 12) = \int_{-\infty}^{12,0} f(x) \cdot dx = \frac{35}{36}$$

$$F(13) = P(X \le 13) = \int_{-\infty}^{13,0} f(x) \cdot dx = \frac{36}{36}.$$

Bemerkenswert ist noch, dass für die Funktion f(x)

$$\int_{-\infty}^{+\infty} f(x) \cdot dx = 1$$

gilt. Auf diese Eigenschaft der Funktion werden wir weiter unten noch einmal eingehen. Soviel sei aber schon verraten. Eine Funktion mit dieser und allerdings noch weiterer Eigenschaften nennt mal Dichtefunktion oder Wahrscheinlichkeitsdichte. Zunächst aber kehren wir noch einmal zu unserem Glücksradexperiment zurück. Denn auch für dieses Experiment können wir eine einfache Dichtefunktion definieren. Wir hatten festgestellt, dass Wahrscheinlichkeiten kontinuierlicher Zufallsgrößen nur für Intervalle angegeben werden können. Im Fall des Glücksrades beispielsweise:

$$P(0 \le X \le \frac{\pi}{2}) = \frac{1}{4},$$

$$P(0 \le X \le \pi) = \frac{1}{2},$$

$$P(0 \le X \le \frac{3}{2} \cdot \pi) = \frac{3}{4},$$

$$P(0 \le X \le 2 \cdot \pi) = 1.$$

Die Dichtefunktion f(x) definieren wir in diesem Fall durch

$$f(x) = \begin{cases} 0 & x < 0 \\ \dfrac{1}{2 \cdot \pi} & \forall x \in [0; 2 \cdot \pi) \\ 0 & x \ge 2 \cdot \pi \end{cases} .$$

f(x) ist also konstant im Intervall $[0, 2 \cdot \pi)$ und sonst gleich 0.

Für die Verteilung der Zufallsgröße gilt

$$F(x) = P(X \le x) = \int_0^x f(t) \cdot dt .$$

Wir zeigen das Ergebnis mittels obiger Beispiele:

$$P(0 \le X \le \frac{\pi}{2}) = \int_0^{\frac{\pi}{2}} f(x) \cdot dx = \frac{1}{2 \cdot \pi} \cdot x \Big|_0^{\frac{\pi}{2}} = \frac{1}{4},$$

$$P(0 \le X \le \pi) = \int_0^{\pi} f(x) \cdot dx = \frac{1}{2 \cdot \pi} \cdot x \Big|_0^{\pi} = \frac{1}{2},$$

$$P(0 \le X \le \frac{3}{2} \cdot \pi) = \int\limits_{0}^{\frac{3}{2} \cdot \pi} f(x) \cdot dx = \frac{1}{2 \cdot \pi} \cdot x \Big|_{0}^{\frac{3}{2} \cdot \pi} = \frac{3}{4}$$

und

$$P(0 \le X \le 2 \cdot \pi) = \int\limits_{0}^{2 \cdot \pi} f(x) \cdot dx = \frac{1}{2 \cdot \pi} \cdot x \Big|_{0}^{2 \cdot \pi} = 1.$$

Nach dem letzten Beispiel ist dann auch wieder die Eigenschaft der Dichtefunktion erfüllt, von der schon die Rede war. Es ist nämlich

$$\int\limits_{-\infty}^{+\infty} f(x) \cdot dx = 1.$$

Wir definieren nun:

Eine Funktion f(x) heißt Wahrscheinlichkeitsdichte einer Zufallsgröße X, wenn für die Verteilungsfunktion F(x)

$$F(a) = P(X \le a) = \int\limits_{-\infty}^{a} f(x) \cdot dx$$

gilt und für die Dichtefunktion f(x)

$$f(x) \ge 0 \quad \forall x \in R \quad \text{und} \quad \int\limits_{-\infty}^{+\infty} f(x) \cdot dx = 1.$$

Aus der Definition lässt sich unmittelbar ableiten:

$$P(X > a) = 1 - P(X \le a) = \int\limits_{-\infty}^{+\infty} f(x) \cdot dx - \int\limits_{-\infty}^{a} f(x) \cdot dx$$

$$= \int\limits_{-\infty}^{a} f(x) \cdot dx + \int\limits_{a}^{+\infty} f(x) \cdot dx - \int\limits_{-\infty}^{a} f(x) \cdot dx$$

334

$$= \int\limits_{a}^{+\infty} f(x) \cdot dx$$

Für stetige Zufallsgrößen gilt

$$P(X < a) = P(X \le a) .$$

Wir lassen das so stehen (siehe zum Beispiel in „Mathematik Sekundarstufe II; Wahrscheinlichkeitsrechnung und Statistik")

Aus

$$P(X \le a) = \int\limits_{-\infty}^{a} f(x) \cdot dx ,$$

$$P(X \le b) = \int\limits_{-\infty}^{b} f(x) \cdot dx$$

und

$$\{x < a\} \cup [a;b] = \{x \le b\}$$

folgt

$$P(X \le a) + P(a \le X \le b) = P(X \le b)$$

und damit

$$P(a \le X \le b) = P(X \le b) - P(X \le a)$$

$$= F(b) - F(a)$$

$$= \int\limits_{-\infty}^{b} f(x) \cdot dx - \int\limits_{-\infty}^{a} f(x) \cdot dx$$

$$= \int\limits_{a}^{b} f(x) \cdot dx .$$

Es gilt also:

$$P(X > a) = \int\limits_{a}^{+\infty} f(x) \cdot dx$$

$$P(a \leq X \leq b) = \int\limits_{a}^{b} f(x) \cdot dx \quad \forall a, b \in R \text{ und } a \leq b.$$

Nun können wir auch den Erwartungswert, die Varianz und die Standardabweichung einer stetigen Zufallsgröße mithilfe der Dichtefunktion berechnen. Wir stellen hier nur die Ergebnisse dar und kommen im Zusammenhang mit der „Normalverteilung" noch einmal darauf zurück.

Ist X eine stetige Zufallsgröße mit der Dichtefunktion f(x), so gilt für den Erwartungswert $\mu(X)$, die Varianz V(X) und die Standardabweichung $\sigma(X)$

$$\mu(X) = \int\limits_{-\infty}^{+\infty} x \cdot f(x) \cdot dx,$$

$$VAR(X) = \int\limits_{-\infty}^{+\infty} (x - \mu)^2 \cdot f(x) \cdot dx,$$

$$\sigma(X) = \sqrt{VAR(X)}.$$

Wir kehren zurück zu den Wahrscheinlichkeitsdichten. Eine der wohl bekanntesten Dichtefunktionen ist die Gaußsche Glockenkurve, nicht nur ihrer Form, sondern auch ihrer Bedeutung wegen.

Die besondere Bedeutung der Normalverteilung beruht unter anderem auf dem sogenannten zentralen Grenzwertsatz. Im Prinzip sagt dieser aus, dass Verteilungen, die durch eine additive Überlagerung einer großen Zahl von unabhängigen Einflüssen entstehen, unter relativ schwachen Voraussetzungen annähernd normalverteilt sind. Wir müssen das an dieser Stelle nicht verstehen. Wir merken uns nur, dass Normalverteilungen ziemlich normal sind.

So lassen sich die Abweichungen der Messwerte vieler natur-, wirtschafts-, ingenieurwissenschaftlicher und versicherungsmathematischer Vorgänge vom Erwartungswert durch die Normalverteilung sehr gut annähern und beschreiben.

Du darfst nicht erschrecken, wenn wir uns nun die Formel für die Dichtefunktion der Normalverteilung ansehen. Es ist nämlich:

$$f(x) = \frac{1}{\sigma} \cdot \frac{1}{\sqrt{2\pi}} \cdot e^{-\frac{1}{2}\left(\frac{x-\mu}{\sigma}\right)^2} \quad \text{für alle } x \in R \, .$$

Dabei ist μ der Erwartungswert und σ die Standardabweichung der zugehörigen Verteilung. Man schreibt auch $N(\mu; \sigma)$ und spricht von der Familie der Normalverteilungen. Der Erwartungswert μ ist für die Lage der Glockenkurve in Richtung x-Achse und σ für die Stauchung, Streckung der Kurve verantwortlich. Ein besonders einfacher Fall liegt vor, wenn der Erwartungswert 0 und die Standardabweichung 1 ist. Man spricht in diesem Fall von der Standardnormalverteilung und bezeichnet die Funktion mit φ

$$\varphi(x) = \frac{1}{\sqrt{2\pi}} \cdot e^{-\frac{1}{2} \cdot x^2} \quad \text{für alle } x \in R \, .$$

Die folgende Abbildung zeigt den Verlauf der Glockenkurve für die Standardnormalverteilung und zwei weitere Exemplare der Familie.

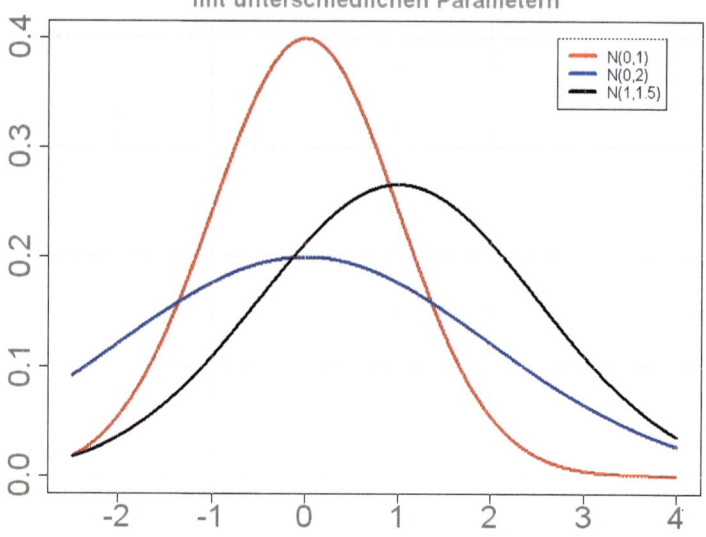

Die Funktion hat folgende Eigenschaften:

o   f(x) ist gerade, das heißt, es gilt f(x)=f(-x) für alle $x \in R$

o   f(x ist beliebig oft differenzierbar

o   f(x) hat genau ein Maximum, und zwar bei x=μ

o   f(x) hat bei $\mu - \sigma$ und $\mu + \sigma$ Wendestellen *

o $f(x) > x$ für alle $x \in R$

o $\lim\limits_{x \to +\infty} f(x) = \lim\limits_{x \to -\infty} f(x) = 0$

o   f(x) ist streng monoton steigend für $x < \mu$ und

o   streng monoton fallend für $x > \mu$

o $\int\limits_{-\infty}^{+\infty} f(x) \cdot dx = 1$.

* Wendestellen haben wir bisher noch nicht kennengelernt. Es sind Stellen, bei denen eine Funktion ihre Steigung wechselt, von positiv zu negativ oder umgekehrt von negativ zu positiv.

Die zur Dichte f(x) gehörige Verteilungsfunktion ist

$$F(x) = \frac{1}{\sigma} \cdot \frac{1}{\sqrt{2\pi}} \cdot \int\limits_{-\infty}^{x} e^{-\frac{1}{2}\left(\frac{t-\mu}{\sigma}\right)^2} \, dt \quad \text{für alle } x \in R .$$

und im Standardfall N(0;1)

$$\phi(x) = \frac{1}{\sqrt{2\pi}} \cdot \int\limits_{-\infty}^{x} e^{-\frac{1}{2} \cdot t^2} \, dt .$$

Auch die Eigenschaften der Verteilungsfunktion stellen wir zusammen:

o F(-x)=1-F(x) für alle $x \in \mathbb{R}$, also ist F(0)=0,5
o F(x) ist beliebig oft differenzierbar
o $F'(x) = f(x)$
o $\lim\limits_{x \to +\infty} F(x) = 1$ und $\lim\limits_{x \to -\infty} F(x) = 0$
o F(x) hat bei x=µ eine Wendestelle
o $F(x) > 0$ für alle $x \in R$
o F(x) ist streng monoton steigend für alle $x \in R$

In der Messtechnik wird häufig eine Normalverteilung angesetzt, die die Streuung der Messfehler beschreibt. Hierbei ist von Bedeutung, wie viele Messpunkte innerhalb einer gewissen Streubreite liegen.

Die Standardabweichung σ beschreibt die Breite der Verteilung. Die Halbwertsbreite, also die Breite bei halber Höhe der Glockenkurve, ist das etwa 2,4-Fache der Standardabweichung. Außerdem gilt näherungsweise:

o 68,27 % der Messwerte liegen im Intervall $[\mu - \sigma; \mu + \sigma]$, ,
o 95,45 % im Intervall $[\mu - 2 \cdot \sigma; \mu + 2 \cdot \sigma]$ und
o 99,73 im Intervall $[\mu - 3 \cdot \sigma; \mu + 3 \cdot \sigma]$.

Damit kann neben dem Erwartungswert, der als Schwerpunkt der Verteilung gedeutet werden kann, auch der Standardabweichung eine einfache Bedeutung im Hinblick auf die Größenordnungen der auftretenden Wahrscheinlichkeiten bzw. Häufigkeiten zugeordnet werden.

Die folgende Abbildung zeigt den Verlauf der Normalverteilungsfunktion.

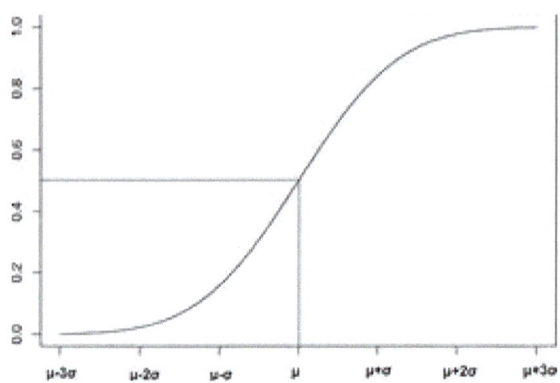

Da sich die Funktionswerte der Verteilungsfunktion nicht ohne Weiteres berechnen, das heißt, nicht einfach berechnen lassen, existieren Tabellen, die zu jedem z-Wert den Funktionswert der Dichtefunktion der Standardnormalverteilung ausweisen. Die Tabelle zeigt einen Auszug (die ersten vier Zeilen):

Z	0	1	2	3	4	5	6	7	8	9
0,0	0,5000	0,5040	0,5080	0,5120	0,5160	0,5199	0,5239	0,5279	0,5319	0,5359
0,1	0,5398	0,5438	0,5478	0,5517	0,5557	0,5596	0,5636	0,5675	0,5714	0,5753
0,2	0,5793	0,5832	0,5871	0,5910	0,5948	0,5987	0,6026	0,6064	0,6103	0,6141
0,3	0,6179	0,6217	0,6255	0,6293	0,6331	0,6368	0,6406	0,6443	0,6480	0,6517

Die Tabelle wird wie folgt gelesen: gesucht sei der Funktionswert für z=0,35. Diesen findest Du in der 4. Zeile und 6. Spalte mit $\phi(0,35) = 0,6368$.

Liegt eine allgemeine Normalverteilung $N(\mu,\sigma)$ vor mit dem Erwartungswert μ und der Standardabweichung σ, so kannst Du die obige Tabelle allerdings auch benutzen. Das geht dann so:

Die Glockenkurve wird gedanklich in den Nullpunkt verschoben und gestaucht und zwar mittels der Transformation

$$z = \frac{x - \mu}{\sigma}.$$

Aus den Intervallen

$$[\mu - \sigma; \mu + \sigma], \ [\mu - 2 \cdot \sigma; \mu + 2 \cdot \sigma], \ [\mu - 3 \cdot \sigma; \mu + 3 \cdot \sigma]$$

werden dann

$$[-1;1], \ [-2;2] \ [-3;3].$$

Gehst Du damit in die Tabelle, so erhälst Du (in der obigen Teiltabelle nicht enthalten)

$$\phi(1,0) = 0,8413.$$

Aus

$$\phi(-1,0) = 1 - \phi(1,0)$$

folgt

$$P(-1,0 \leq Z \leq 1,0) = \phi(1,0) - \phi(-1,0) = \phi(1,0) - (1,0 - \phi(-1,0))$$

$$= 2 \cdot \phi(1,0) - 1,0 = 2 \cdot 0,8413 - 1,0 \approx 0,6826.$$

Für die beiden anderen Werte erhält man in analoger Weise die beiden oben genannten Prozentwerte 95,45 % und 99,73 %.

Statistik

Eine bedeutsame Anwendung der Wahrscheinlichkeitsrechnung ist die Statistik. Statistische Verfahren werden immer dann angewendet, wenn eine Untersuchung eigentlich an einer sehr großen Menge von Einzelobjekten durchgeführt werden müsste, die Untersuchung an allen Objekten der „Grundgesamtheit" aber zu aufwendig, zu kostspielig oder auch gar nicht möglich ist. Man beschränkt sich in diesen Fällen auf Stichproben und führt die Untersuchung an den Objekten der Stichprobe durch. Damit entsteht die Frage, mit welcher Sicherheit aus den Eigenschaften der Stichprobe auf die Eigenschaften der Grundgesamtheit geschlossen werden kann, zum Beispiel auf die Größe des Erwartungswertes, der Varianz und damit auch der Standardabweichung der Grundgesamtheit.

Hat man einer Grundgesamtheit eine Stichprobe von n Objekten x_1, x_2, x_3 ,....x_n entnommen, so kann man deren Mittelwert

$$\bar{x} = \frac{1}{n} \cdot \sum_{i=1}^{n} x_i$$

als Ersatz für den unbekannten Erwartungswert μ der Grundgesamtheit ansehen. Man spricht vom Schätzwert bzw. einer Schätzung des Erwartungswertes. Der Erwartungswert der Grundgesamtheit ist in dieser Situation keine Zufallsgröße, sondern fix.

Dies gilt auch für andere Parameterwerte wie zum Beispiel die Varianz und die Standardabweichung. So nennt man allgemein die aus den Stichproben gewonnenen Parameterwerte Schätzwerte. Die Frage ist also letztlich, wie gut die Schätzung ist. Die Antwort kann trivialerweise nur eine Wahrscheinlichkeitsaussage sein.

Wir tasten uns nun anhand eines konkreten Beispiels an die Schätzung des Erwartungswertes einer Grundgesamtheit heran. Wir wählen erneut unser Würfelexperiment mit zwei Würfeln. Wir erinnern, die Wertemenge W(X) der Zufallsvariable X, die wir als Summe der gewürfelten Augen definiert hatten, ist

$W(X) = \{2, 3, 4, 5, 6, 7, 8, 9, 10, 11, 12\}$.

Für die Parameter Erwartungswert $\mu(X)$, Varianz $VAR(X)$ und Standardabweichung $\sigma(X)$ hatten wir

$\mu(X) = 7$,

$VAR(X) = 5{,}8\overline{3}$ und

$\sigma(X) \approx 2{,}42$

ausgemacht.

Die Grundgesamtheit können wir uns in diesem Fall vorstellen als ein Zahlentupel sehr großer, um nicht zu sagen, unendlicher Länge, dessen Positionen mit Zahlen aus dem Wertebereich $W(X)$ besetzt sind. Wir denken uns dieses Zahlentupel zustande gekommen aus sehr vielen Würfen mit unseren beiden Würfeln. Wir entnehmen dieser Grundgesamtheit nun eine Stichprobe von, sagen wir, n Würfen. Wir erhalten damit ein Zahlentupel der Länge n, also

$(x_1, x_2, x_3, \ldots\ldots, x_n)$,

wobei jedes x_i Element aus $W(X)$ ist.

Mit X_i bezeichnen wir die Zufallsvariable, die bei der i-ten Entnahme x_i liefert. X_i hat damit denselben Wertebereich wie X und dieselbe Wahrscheinlichkeitsfunktion. Es ist also

$W(X_i) = W(X)$ für alle i=1, $\ldots\ldots$, n und $P(X = x_i) = P(X_i = x_i)$.

Man sagt auch, X_i und X sind identisch verteilt. Jede Stichprobe $(x_1, x_2, x_3, \ldots\ldots, x_n)$ ist damit eine Realisierung der n unabhängigen Kopien X_i von X. Unabhängig sind die Kopien deshalb, weil vorangehende Würfe keinen Einfluss haben auf zukünftige.

$$\overline{X} = \frac{1}{n} \cdot \sum_{i=1}^{n} X_i$$

ist ebenfalls eine Zufallsvariable. Sie wird als Stichprobenmittel bezeichnet. Jede neue Stichprobe der Länge n liefert eine neue Realisierung

$$\bar{x} = \frac{1}{n} \cdot \sum_{i=1}^{n} x_i$$

des Stichprobenmittels.

Und was das Wichtigste ist:

Bei hinreichend großem n ist das Stichprobenmittel $\bar{X}$ von n unabhängigen Kopien einer Zufallsvariablen X stets näherungsweise normalverteilt.

Bemerkung:

Diese Aussage beruht auf dem sogenannten zentralen Grenzwertsatz (siehe zum Beispiel „Mathematik Sekundarstufe II; Wahrscheinlichkeitsrechnung und Statistik").

Und es kommt noch schöner. Da $\bar{X}$ eine Zufallsvariable ist, kann uns nichts davon abhalten, den Erwartungswert $\mu(\bar{X})$, die Varianz $VAR(\bar{X})$ und die Standardabweichung $\sigma(\bar{X})$ von $\bar{X}$ zu berechnen. Dabei werden Rechenregeln benutzt, auf die wir nicht weiter eingehen können (siehe aber erneut in „Mathematik Sekundarstufe II; Wahrscheinlichkeitsrechnung und Statistik"). Im Ergebnis ist

---

$$\mu(\bar{X}) = \mu(X) \,, \; VAR(\bar{X}) = \frac{VAR(X)}{n} \; \text{und} \; \sigma(\bar{X}) = \frac{\sigma(X)}{\sqrt{n}}$$

Da der Erwartungswert des Stichprobenmittels $\bar{X}$ mit dem Erwartungswert der Zufallsvariablen X übereinstimmt, sagt man: das Stichprobenmittel $\bar{X}$ ist erwartungstreu bezüglich des Erwartungswertes $\mu(X)$ der zugrunde liegenden Zufallsgröße X.

Damit kann man eine Realisierung $\bar{x}$ von $\bar{X}$ als Schätzwert für den unbekannten Erwartungswert $\mu(X)$ der zugrunde liegenden Zufallsgröße X heranziehen. Wir werden noch sehen, wie das geht. Analog zum Stichprobenmittel lässt sich auch die Stichprobenvarianz als Zufallsgröße definieren. Wir bezeichnen sie mit Z. Genauso wie wir $\bar{x}$ als eine Realisierung der Zufallsgröße $\bar{X}$ verstehen, verstehen wir die sogenannte empirische Varianz $\bar{s}^2(X)$ mit

$$\bar{s}^2(X) = \frac{1}{n} \cdot \sum_{i=1}^{n} (x_i - \bar{x})^2$$

als Realisierung von Z mit

$$Z = \frac{1}{n} \cdot \sum_{i=1}^{n} (X_i - \bar{X})^2.$$

Wir wollen wissen, ob Z erwartungstreu ist bezüglich V(X), ob also

$$\mu(Z) = V(X) = \sigma^2$$

gilt, mit anderen Worten wollen wir in Erfahrung bringen, ob wir eine Realisierung von Z als Schätzwert für die Varianz der zugrunde liegenden Zufallsgröße X benutzen können. Wie sich herausstellt, was wir leider nicht zeigen können (siehe wieder in „Mathematik Sekundarstufe II; Wahrscheinlichkeitsrechnung und Statistik"), ist das nicht so. Es gilt nämlich

$$\mu(Z) = \frac{n-1}{n} \cdot \sigma^2$$

Die Abweichung zur Varianz ist allerdings klein, zumindest bei großem n. Es gilt nämlich

$$\mu(Z) - \sigma^2 = \frac{1}{n} \cdot \sigma^2.$$

Um auch bei „kleinem" n eine brauchbare Schätzung der Varianz hinzubekommen, definiert man die Stichprobenvarianz durch

346

$$S^2 = \frac{1}{n-1} \cdot \sum_{i=1}^{n} (X_i - \overline{X})^2$$

Etwas genauer:

Unter der Stichprobenvarianz S^2 von n unabhängigen Kopien X_i einer Zufallsgröße X mit dem Stichprobenmittel $\overline{X}$ versteht man die Zufallsgröße

$$S^2 = \frac{1}{n-1} \cdot \sum_{i=1}^{n} (X_i - \overline{X})^2$$

Und auch gleich noch den folgenden Satz dazu:

Die Stichprobenvarianz S^2 hat den Erwartungswert σ^2. Sie ist also erwartungstreu bezüglich der Varianz der zugrunde liegenden Zufallsgröße X.

Damit eignet sie sich als Schätzwert für die Varianz der Zufallsgröße X.

Wir sind nun soweit, um aus einer Stichprobe den Erwartungswert einer Grundgesamtheit schätzen zu können. Wie das genau geht und was es letztendlich bedeutet, werden wir nun sehen. Zunächst aber zu einer weiteren Definition:

Ist γ die Wahrscheinlichkeit dafür, bei einer Stichprobe einen Mittelwert $\overline{x}$ zu erhalten, der vom unbekannten Erwartungswert μ einer Zufallsgröße höchstens um c_γ abweicht, gilt also

$$P(\left|\overline{X}-\mu\right| \leq c_\gamma) = \gamma,$$

so nennt man das von der Stichprobe gelieferte Intervall

$$\left[\overline{x}-c_\gamma, \overline{x}+c_\gamma\right]$$

Vertrauensintervall für den Erwartungswert μ zur Sicherheitswahrscheinlichkeit γ.

Das Vertrauensintervall wir häufig auch als Konfidenzintervall bezeichnet und die Sicherheitswahrscheinlichkeit als Konfidenzniveau.

Ein häufig verwendetes Konfidenzniveau ist 95 %. Das bedeutet: Bei der Berechnung eines Konfidenzintervalls umschließen dessen Intervallgrenzen in 95 % der Fälle den wahren Parameter und in 5 % der Fälle nicht.

Da sich dies alles ziemlich theoretisch anfühlt, werden wir etwas konkreter. Wir setzen voraus, dass eine Zufallsgröße X normal, zumindest annähernd normal verteilt ist mit den Parametern μ und σ. Es gilt also nach dem bisher gesagten

$$\mu(\overline{X}) = \mu \text{ und } \sigma(\overline{X}) = \frac{\sigma}{\sqrt{n}}.$$

Mit einer vorgegebenen Sicherheitswahrscheinlichkeit γ wird nun eine positive Zahl c_γ gesucht, derart, dass eine Stichprobe einen Mittelwert $\overline{x}$ liefert, sodass der unbekannte Erwartungswert $\mu(X)$ von dem Intervall

$$\left[\overline{x}-c_\gamma; \overline{x}+c_\gamma\right]$$

überdeckt wird. Es soll also

$$P(\overline{x} - c_\gamma \leq \mu \leq \overline{x} + c_\gamma) = \gamma$$

gelten.

Wir formen die beiden Ungleichungen um und erhalten

$$-c_\gamma \leq \overline{x} - \mu \leq c_\gamma$$

Um die Tabellen der Gaußfunktion anwenden zu können, gehen wir von der Zufallsgröße $\overline{X}$ zur Zufallsgröße $\overline{Z}$ über mit

$$\overline{Z} = \frac{\overline{X} - \mu}{\dfrac{\sigma}{\sqrt{n}}} = \frac{\overline{X} - \mu}{\sigma} \cdot \sqrt{n} \; .$$

Wir verschieben also die Gaußsche Glockenkurve für einen Moment in den Nullpunkt. Damit wird aus der obigen Ungleichung

$$-\frac{c_\gamma}{\sigma} \cdot \sqrt{n} \leq \frac{\overline{x} - \mu}{\sigma} \cdot \sqrt{n} \leq \frac{c_\gamma}{\sigma} \cdot \sqrt{n} \; .$$

Wir setzen

$$z_\gamma = \frac{c_y}{\sigma} \cdot \sqrt{n}$$

und erhalten

$$-z_\gamma \leq \frac{\overline{x} - \mu}{\sigma} \cdot \sqrt{n} \leq z_\gamma \; .$$

Es gilt nun

$$P\left(-z_\gamma \leq \overline{Z} \leq z_\gamma\right) = \phi(z_\gamma) - \phi(-z_\gamma) = 2 \cdot \phi(z_\gamma) - 1 = \gamma$$

und damit

$$\phi(z_\gamma) = \frac{1 + \gamma}{2} \; .$$

Beispiel:

Willst Du das Sicherheitsintervall auf dem Sicherheitsniveau $\gamma = 95\%$ ermitteln, musst Du also mit

$$\phi(z_\gamma) = \frac{1+\gamma}{2} = \frac{1,95}{2} = 0,975$$

in die Gaußtabelle gehen. Damit erhälst Du (in dem obigen Tabellenausschnitt nicht enthalten)

$$z_\gamma = 1,96 \cdot$$

Damit ist

$$\left[-c_\gamma; c_\gamma\right] = \left[-\frac{\sigma}{\sqrt{n}} \cdot z_\gamma; \frac{\sigma}{\sqrt{n}} \cdot z_\gamma\right]$$

Das Vertrauensintervall auf dem Vertrauensniveau von 95 %, in dem also mit einer Wahrscheinlichkeit von 95 % der Mittelwert der Grundgesamtheit liegt. Wir fassen zusammen:

Falls von einer normalverteilten Zufallsgröße X die Standardabweichung σ bekannt, der Erwartungswert dagegen unbekannt ist, liefert eine Stichprobe vom Umfang n mit der Wahrscheinlichkeit γ einen Mittelwert $\bar{x}$, sodass μ vom Vertrauensintervall

$$\left[\bar{x} - \frac{\sigma}{\sqrt{n}} \cdot z_\gamma; \bar{x} + \frac{\sigma}{\sqrt{n}} \cdot z_\gamma\right]$$

überdeckt wird. Dabei ergibt sich z_γ aus $\phi(z_\gamma) = \frac{1+\gamma}{2}$.

Wir rechnen abschließend noch zwei Beispiele.

Beispiel (1):

Herstellung von Nägeln (aus „Mathematik Sekundarstufe II; Wahrscheinlichkeitsrechnung und Statistik", siehe Literatur):

Bei der Herstellung von Nägeln wird deren Länge an der entsprechenden Maschine eingestellt. Erfahrungsgemäß liegt die Standardabweichung unabhängig von der eingestellten Länge bei 1 mm. Bei einer Stichprobe vom Umfang n=100 ergibt sich ein empirischer Mittelwert von 30,5 mm. Wir wollen das Vertrauensintervall für ein Sicherheitsniveau von 95 % berechnen. Nach den Vorbereitungen ist die Bestimmung denkbar einfach:

Wir hatten (siehe oben): $z_\gamma = 1,96$. Damit ist

$$\left[30,5 - \frac{\sigma}{\sqrt{n}} \cdot 1,96 ; 30,5 + \frac{\sigma}{\sqrt{n}} \cdot 1,96 \right]$$

$$= \left[30,5 - 0,196 ; 30,5 + 0,196 \right]$$

$$\approx \left[30,30 ; 30,70 \right] .$$

Das Intervall $\left[30,30 ; 30,70 \right]$ überdeckt damit den Erwartungswert der Grundgesamtheit mit einer Wahrscheinlichkeit von 95 %.

Beispiel (2):

Was machen wir aber, wenn die Standradabweichung nicht bekannt ist. Nun, dann verwenden wir die oben definierte empirische Stichproben-varianz(siehe ebenfalls in „Mathematik Sekundarstufe II; Wahrschein-lichkeitsrechnung und Statistik"):

$$s^2 = \frac{1}{n-1} \cdot \sum_{i=1}^{n} (\bar{x} - x_i)^2 .$$

Es soll der durchschnittliche CO_2–Ausstoß von Kraftfahrzeugen bestimmt bzw. geschätzt werden. Dazu wird der Ausstoß bei einer Stichprobe von n=150 Fahrzeugen gemessen (CO_2-Gehalt in Prozent im Abgasstrom) und zwar mit folgendem Ergebnis:

351

CO_2 -Anteil in %	3,0	3,2	3,4	3,6
Anteil Fahrzeuge	47	40	35	28

Mit ein wenig Mühe erhälst Du

$\bar{x} \approx 3,2587$ und $s \approx 0,2205$.

Zur Sicherheitswahrscheinlichkeit $\gamma = 0,95$ erhält man

$$\phi(z_\gamma) = \frac{1+0,95}{2} = 0,975$$

Aus der Gaußtabelle entnimmst Du

$z_\gamma = 1,96$.

Damit ist

$$c_\gamma = \frac{s}{\sqrt{n}} \cdot z_\gamma = s \approx \frac{0,2205}{12,247} \cdot 1,96 \approx 0,0353.$$

Für das Vertrauensintervall auf dem Vertrauensniveau von 95 % gilt also

$$\left[\bar{x} - c_\gamma; \bar{x} + c_\gamma\right] \approx \left[3,2587 - 0,0353; 3,2587 + 0,0353\right]$$

$$\approx \left[3,223; 3,294\right].$$

Mit der Wahrscheinlichkeit von 95 % überdeckt also das Intervall $\approx \left[3,223; 3,294\right]$ den Mittelwert des CO_2-Austoßes aller Fahrzeuge.

Kombinatorik

Die Kombinatorik untersucht, wie viele unterschiedliche Möglichkeiten sich bei der Anordnung einer Anzahl von Objekten ergeben. Dabei wird differenziert zwischen Anordnungen, bei denen die Reihenfolge der Objekte berücksichtigt bzw. nicht berücksichtigt wird und Anordnungen, bei denen die Objekte nur einmal vorkommen oder wiederholt auftreten dürfen. In diesem Zusammenhang sind verschiedene Begriffe im Umlauf, zum Beispiel Permutation, Variation und Kombination. Am einfachsten zu merken ist allerdings eine Vorgehensweise, die ausgehend von dem Begriff Stichprobe unterscheidet nach den vier Merkmalen „geordnet" und „ungeordnet", „mit Zurücklegen" und „ohne Zurücklegen". Die Entnahme der Stichproben wird häufig mit dem Urnenmodell modelliert. Dabei wird von einer Urne ausgegangen, in der sich n Kugeln befinden, beispielsweise mit unterschiedlichen Farben oder durch Ziffern von 1 bis n gekennzeichnet.

Stichprobe vom Umfang k:

Unter einer Stichprobe vom Umfang k verstehen wir die zufällige Auswahl von k aus einer Anzahl von n Objekten. Die k ausgewählten Objekte nennt man auch k-Tupel. Stichproben werden unterschieden nach

o geordnet mit Zurücklegen,
o geordnet ohne Zurücklegen,
o ungeordnet mit Zurücklegen,
o ungeordnet ohne Zurücklegen.

Wir stellen für jede Stichprobenvariante ein Beispiel vor und nennen die Anzahl der möglichen Ergebnisse einer Stichprobe, die unter den gegebenen Bedingungen zu erwarten ist.

Geordnete Stichprobe mit Zurücklegen:

Die Modellurne enthalte n=3 unterschiedlich gefärbte Kugeln, eine rote, eine blaue und eine grüne. Es wird eine Stichprobe aus 3 Kugeln entnommen. Dabei soll die Reihenfolge berücksichtigt werden und eine Wiederholung erlaubt sein. Wir sehen uns die möglichen Ergebnisse:

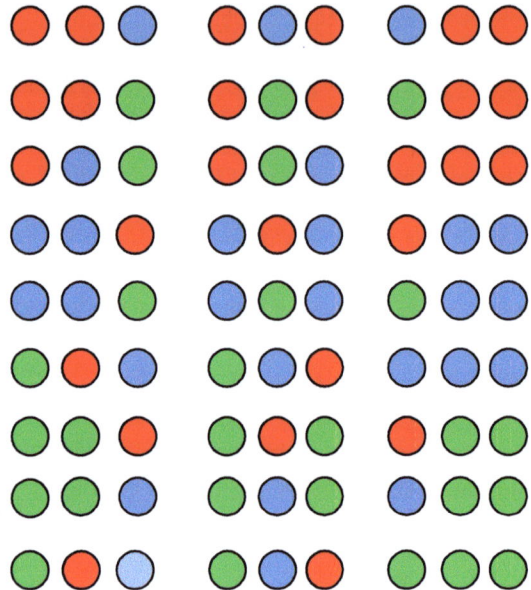

Im Beispiel erhalten wir 27 mögliche sogenannte n-Tupel.

Wählen wir nur k=2 Kugeln aus, so erhalten wir folgende Möglichkeiten:

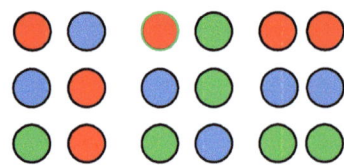

Es gilt folgender Satz:

> Die Anzahl der k-Tupel aus einer Menge von n Objekten mit beträgt bei einer geordneten Stichprobe mit Zurücklegen n^k.

Die Richtigkeit der Behauptung ist offensichtlich. Das zugrunde liegende Zufallsexperiment ist k-Stufig (siehe beispielsweise in „Mathematik Sekundarstufe II; Wahrscheinlichkeitsrechnung und Statistik"). Es befinden sich in jeder Stufe – die Kugeln werden nach dem Ziehen zurückgelegt – n Kugeln in der Urne, so dass es jedes Mal n Auswahlmöglichkeiten gibt, bis zur Stufe k, also n^k.

Geordnete Stichprobe ohne Zurücklegen:

Die Modellurne enthalte wieder n=3 unterschiedlich gefärbte Kugeln, eine rote, eine blaue und eine grüne. Es wird eine Stichprobe aus 3 Kugeln entnommen. Dabei soll die Reihenfolge berücksichtigt werden und keine Wiederholung erlaubt sein, dass heißt, die Kugeln werden nach der Entnahme nicht wieder zurückgelegt.

Wir gehen wieder von den obigen besprochenen Beispielen aus mit dem Unterschied, dass wir entnommene Kugeln nicht zurücklegen. Tatsächlich müssen wir die meisten der n- bzw. k-Tupel streichen. Im ersten Fall erhalten wir genau 6 3-Tupel ohne Wiederholung:

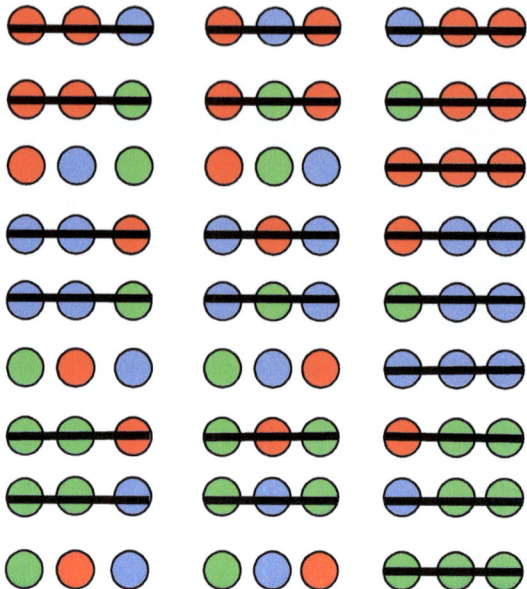

Im zweiten Fall erhalten wir 6 2-Tupel, die übrig bleiben:

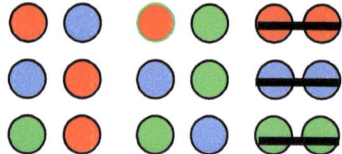

Wir machen uns klar, wie viele Ergebnisse aus Stichproben dieser Art aus n Elementen möglich sind. Für die Besetzung der ersten Stelle kommen n Elemente in Frage, für die zweiten n-1 Elemente und schließlich für die n-te Stelle nur noch ein Element. Insgesamt gibt es demnach

$$n \cdot (n-1) \cdot (n-2) \cdots 1$$

Möglichkeiten aus n Objekten ohne Zurücklegen geordnete n-Tupel zu bilden. Man kürzt ab und schreibt

$$n! = 1 \cdot 2 \cdot 3 \cdots \cdots n$$

gesprochen n-Fakultät.

Wählt man nur k-Tupel aus mit $k \le n$,

so reduziert sich die Anzahl der Möglichkeiten auf

$$n \cdot (n-1) \cdot (n-2) \cdots (n-k+1).$$

Dies lässt sich umformen:

$$n \cdot (n-1) \cdot (n-2) \cdots (n-k+1)$$

$$= \frac{1 \cdot 2 \cdot 3 \cdot (n-k) \cdot (n-k+1) \cdots (n-1) \cdot n}{1 \cdot 2 \cdot 3 \cdot (n-k)} = \frac{n!}{(n-k)!}.$$

Der Beweis lässt sich mit dem Beweisverfahren der vollständigen Induktion führen. In diesem Fall ist n die feste Anzahl der Objekte. Wir schließen also von k auf k+1. Für k=1 ist die Behauptung richtig, denn für alle n lassen sich n Stichproben der Länge 1 ziehen:

$$\frac{n!}{(n-1)!} = n.$$

Wenn wir annehmen, dass die Formel für k richtig ist, also

$$\frac{n!}{(n-k)!} = n \cdot (n-1) \cdots (n-k+1) \text{ gilt,}$$

so sind für die Position k+1 nur noch n-k Möglichkeiten vorhanden, also

$$n \cdot (n-1) \cdots (n-k+1) \cdot (n-(k+1)+1) = \frac{n!}{(n-(k+1))!}.$$

> Die Anzahl der k-Tupel aus einer Menge von n Objekten beträgt bei einer geordneten Stichprobe ohne Zurücklegen
>
> $$\frac{n!}{(n-k)!} .$$

Ungeordnete Stichprobe ohne Zurücklegen:

Eigentlich müsste – der Systematik folgend – an dieser Stelle die ungeordnete Stichprobe mit Zurücklegen behandelt werden. Wir sprechen über die ungeordnete ohne Zurücklegen deshalb zuerst, weil sich das Ergebnis unmittelbar aus der gerade besprochenen geordneten Stichprobe ohne Zurücklegen unmittelbar ableiten lässt.

Das Ergebnis einer ungeordneten Stichprobe ohne Zurücklegen, bestehend aus k von n Objekten ist nichts anderes als eine Teilmenge mit k Objekten. Die Anzahl der Teilmengen aus k Objekten bezeichnen wir mit $T_k(n)$. Wenn man die Objekte einer k-elementigen Teilmenge ordnet, erhält man k! Möglichkeiten. Macht man das für alle Teilmengen, so entspricht das Ergebnis der möglichen geordneten Stichproben ohne Wiederholung. Es ist also

$$k! \cdot T_k(n) = \frac{n!}{(n-k)!}$$

Damit gilt für die Anzahl der k-elementigen Mengen aus n Elementen

$$T_k(n) = \frac{n!}{k! \cdot (n-k)!} .$$

> Die Anzahl der k-Tupel aus einer Menge von n Objekten beträgt bei einer ungeordneten Stichprobe ohne Zurücklegen
>
> $$\frac{n!}{k! \cdot (n-k)!} .$$

358

Beispiel:

Wir wählen eine Menge M bestehend aus 3 Elementen 1,2 und 3:

$$M = \{1,2,3\}$$

und bilden die geordneten 3-Tupel:

$$\{1,2,3\},\{1,3,2\},\{2,1,3\},\{2,3,1\},\{3,1,2\},\{3,2,1\}.$$

Wenn wir das mit jeder 3-elementigen Teilmenge machen, erhalten wir die Anzahl der geordneten Möglichkeiten ohne Wiederholung:

$$3! \cdot T_3(n) = \frac{n!}{(n-3)!}$$

und damit

$$T_3(n) = \frac{n!}{3! \cdot (n-3)!} \, .$$

Wir sehen uns an, was dies im Falle einer Ausgangsmenge mit 5 Elementen bedeutet. Mit

$$M = \{1,2,3,4,5\}$$

folgt

$$T_3(5) = \frac{5!}{3! \cdot (5-3)!} = \frac{5!}{3! \cdot 2!} = \frac{1 \cdot 2 \cdot 3 \cdot 4 \cdot 5}{1 \cdot 2 \cdot 3 \cdot 1 \cdot 2} = 10$$

Ungeordnete Stichprobe mit Zurücklegen:

Wir geben hier nur das Ergebnis an. Der Beweis ist ziemlich kniffelig (siehe beispielsweise in Mathematik Sekundarstufe II; Wahrscheinlichkeitsrechnung und Statistik):

Die Anzahl der k-Tupel aus einer Menge von n Objekten beträgt bei einer ungeordneten Stichprobe mit Zurücklegen

$$\frac{(n+k-1)!}{k! \cdot (n-1)!}$$

Und hier noch das anfängliche Beispiel mit drei Kugeln:

$$\frac{(n+k-1)!}{k! \cdot (n-1)!} = \frac{5!}{2! \cdot 2!} = \frac{1 \cdot 2 \cdot 3 \cdot 4 \cdot 5}{1 \cdot 2 \cdot 3 \cdot 1 \cdot 2} = 10$$

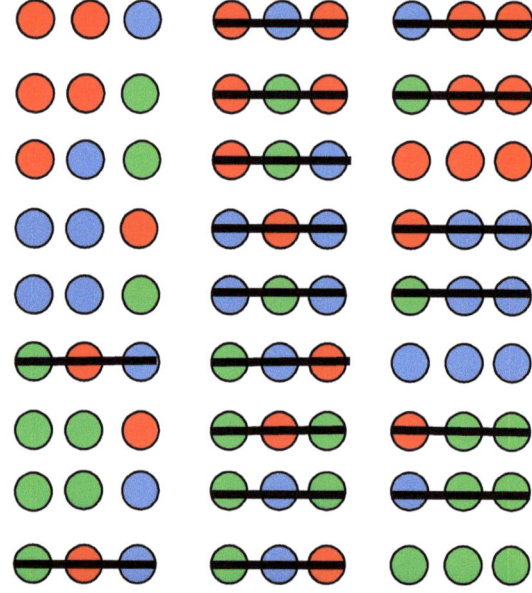

Auf die Auswahl von 2 Objekten angewendet, ergibt sich folgendes Bild mit

$$\frac{(n+k-1)!}{k! \cdot (n-1)!} = \frac{4!}{2! \cdot 2!} = \frac{1 \cdot 2 \cdot 3 \cdot 4}{1 \cdot 2 \cdot 1 \cdot 2} = 6$$

möglichen Ergebnissen:

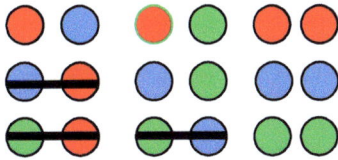

Nicht immer ganz so einfach ist es, Aufgabenstellungen mit dem Urnenmodell zu modellieren. Wir stellen Beispiele zu jeder Stichprobenvariante zusammen.

Geordnete Stichprobe mit Zurücklegen:

Beispiel 1:

Beim viermaligen Würfeln mit einem „echten" Würfel (gleiche Chance für jede Zahl) gibt es insgesamt 6^4 mögliche Ergebnisse. Wie groß ist die Chance, wenigstens eine 6 zu würfeln? Wenigstens eine 6 zu würfeln ist gleichbedeutend mit „keine Zahl von 1 bis 5 zu würfeln". Die Anzahl der Möglichkeiten dafür ist 5^4. Damit sind $6^4 - 5^4$ Möglichkeiten für das Ereignis günstig, wenigstens eine sechs zu würfeln. In Relation zur Anzahl aller Möglichkeiten ist dann

$$\frac{6^4 - 5^4}{6^4} = 1 - \left(\frac{5}{6}\right)^4 \approx 0{,}518 \,.$$

Es wäre also vernünftig, bei 4 Würfen mit einem Würfel auf den Wurf mindestens einer sechs zu wetten. Sieht man sich die obige Relation an, so wird die Chance mindestens eine sechs zu würfeln mit der Anzahl der Würfe immer größer. Das ist auch einigermaßen anschaulich. Je mehr Würfe, umso größer wird die Chance, mindestens eine sechs zu würfeln.

Beispiel 2:

Beim Würfeln mit zwei Würfeln gibt es pro Wurf 6^2 mögliche Ergebnisse. Dabei ist genau ein Wurf mit einer Doppelsechs. Die

361

Aufgabestellung lautet nun, bei 24 Würfen die Chance für den Wurf mindestens einer Doppelsechs zu ermitteln. Insgesamt gibt es $(6^2)^{24} = 36^{24}$ mögliche Ergebnisse. Für das Gegenereignis „keine Doppelsechs" gibt es bei einem Wurf 36-1=35 Möglichkeiten. Bei 24 Würfen sind das 35^{24} Möglichkeiten. Für die Wette auf eine Doppelsechs sind damit $36^{24} - 35^{24}$ Ergebnisse günstig. In Relation zur Anzahl aller Möglichkeiten ist

$$\frac{36^{24} - 35^{24}}{36^{24}} = 1 - \left(\frac{35}{36}\right)^{24} \approx 0,491.$$

Es ist also durchaus sinnvoll in dieser Situation gegen die Doppelsechs zu wetten. Man kann sich allerdings auch die Frage stellen, ob sich dieses Ergebnis bei mehr als 24 Würfen irgendwann dreht und gegebenenfalls wann es sich dreht, ab wie vielen Würfen es also sinnvoller ist für eine Doppelsechs zu wetten. Und tatsächlich bei 25 Würfen kippt bereits die Chance auf die Doppelsechs. Es ist dann besser für die Doppelsechs zu wetten. Es ist nämlich

$$\frac{36^{25} - 35^{25}}{36^{25}} = 1 - \left(\frac{35}{36}\right)^{25} \approx 0,505.$$

Geordnete Stichprobe ohne Zurücklegen:

Beispiel 1:

Die Bundesliga hat 18 Vereine. Wie viele Paarungen sind am ersten Spieltag möglich?

Die Stichprobe ist deshalb geordnet, weil das erste Spiel auf dem Platz des zuerst genannten Vereins stattfindet. Außerdem liegt trivialerweise eine Stichprobe „ohne Zurücklegen" vor, weil kein Verein gegen sich selbst spielt. Mit n=18 und k=2 ist

$$\frac{n!}{(n-k)!} = \frac{18!}{(18-2)!} = 17 \cdot 18 = 306.$$

362

Beispiel 2:

In einer Urne befinden sich 9 Kugeln, 3 rote, 4 blaue und 2 grüne. Die Kugeln werden der Reihe nach gezogen und in dieser Reihenfolge nebeneinander gelegt. Wie groß ist die Chance, dass die Kugeln mit gleicher Farbe nebeneinander liegen?

Die drei Farben kann man auf 3! Arten verteilen. Innerhalb der Farben gibt es (geordnete Stichprobe!) 3! Möglichkeiten für die roten, 4! für die blauen und 2! Möglichkeiten für die grünen Kugeln nebeneinander zu liegen. Insgesamt gibt es für die 9 Kugeln 9! Möglichkeiten in einem 9-Tupel nebeneinander zu liegen. Damit gilt für das Ereignis, dass Kugeln gleicher Farbe nebeneinander liegen die Wahrscheinlichkeit

$$3! \cdot \frac{3! \cdot 4! \cdot 2!}{9!} = 3! \frac{3! \cdot 4! \cdot 2!}{9!} = \frac{3! \cdot 3! \cdot 2!}{5 \cdot 6 \cdot 7 \cdot 8 \cdot 9}$$

$$= \frac{1}{5 \cdot 6 \cdot 7} \approx 0,00476.$$

Ungeordnete Stichprobe ohne Zurücklegen:

Beispiel:

Das typische Beispiel für eine ungeordnete Stichprobe ohne Zurücklegen, ist die wöchentliche Ziehung der Lottozahlen 6 aus 49, für die mancher Zeitgenosse schon ein Vermögen ausgegeben hat.

Es ist klar: Die Reihenfolge des Ergebnisses ist nicht relevant, insofern ist die Stichprobe ungeordnet. Zurücklegen gilt auch nicht, denn keine der Zahlen kann doppelt gezogen werden. Es gibt damit

$$\binom{49}{6} = \frac{49!}{6! \cdot (49-6)!} = \frac{1}{6!43!}$$

$$= \frac{44 \cdot 45 \cdot 46 \cdot 47 \cdot 48 \cdot 49}{2 \cdot 3 \cdot 4 \cdot 5 \cdot 6} = 22 \cdot 3 \cdot 46 \cdot 47 \cdot 2 \cdot 49 = 13.983.816$$

Möglichkeiten, aus 49 Kugeln ohne Zurücklegen eine ungeordnete Stichprobe von 6 Kugeln zu ziehen. Die Chance für einen „6er" im

Lotto steht also bei etwa 1 zu 14 Million. Und doch gibt es bei fast jeder Ziehung einen Gewinner, werden sich die Lottospieler sagen.

Ungeordnete Stichprobe mit Zurücklegen:

Beispiel:

In einer Urne befinden sich 2 rote, 3 blaue und 4 grüne Kugeln. Die gleichfarbigen Kugeln werden als nicht unterscheidbar angenommen (ungeordnete Stichprobe!). Wie viele Möglichkeiten gibt es, die Kugeln auf 12 Plätze zu verteilen.

Es gibt 12! Möglichkeiten, die 12 Kugeln auf 12 Plätze zu verteilen. Da die Stichprobe ungeordnet ist (gleichfarbige Kugeln sind nicht unterscheidbar), ändert sich die Stichprobe nicht, wenn man die gleichfarbigen Kugeln vertauscht. Das heißt, $2! \cdot 3! \cdot 4!$ Möglichkeiten fallen dann heraus. Im Ergebnis ist

$$\frac{12!}{2! \cdot 3! \cdot 4!} = \frac{2 \cdot 3 \cdot 4 \cdot 5 \cdot 6 \cdot 7 \cdot 8 \cdot 9 \cdot 10 \cdot 11 \cdot 12}{2 \cdot 2 \cdot 3 \cdot 2 \cdot 3 \cdot 4}$$

$$= 5 \cdot 7 \cdot 9 \cdot 10 \cdot 11 \cdot 12$$

$$= 415.800.$$

Größer als unendlich

Falls Du Dich erinnerst, im Kapitel „Zahlen" hatten wir es als ein kleines Wunder angesehen, dass es zu jeder natürlichen Zahl n eine natürliche Zahl n+1 gibt, die also um eins größer ist als die vorgegebene. Okay, wir sehen ein, es ist kein Wunder, aber es ist zumindest zum wundern. Und wo hört das Ganze denn auf? Falls n beliebig groß wird, sagen wir n geht gegen Unendlich oder beispielsweise formal

$$\lim_{n \to \infty} a_n = \lim_{n \to \infty} \frac{1}{n} = 0,$$

wenn wir ausdrücken wollen, dass eine Folge einem Grenzwert zustrebt, wenn wir n nur beliebig groß werden lassen. Also unendlich groß werden lassen? Aber wie ist „unendlich" eigentlich definiert? Gibt es etwas Größeres als unendlich? Wohl nicht, wirst Du vielleicht sagen. Und doch gibt es etwas Größeres, jedenfalls im Sinne der Mathematik. Hier schon mal eine Warnung. Das vorliegende Kapitel enthält Aussagen, die unserer Intuition stark widersprechen und uns ziemlich paradox erscheinen. Und Dich mit Sicherheit in Erstaunen versetzen werden. Aber der Reihe nach. Letztendlich geht es um Mengen mit nicht endlich vielen Elementen und um die Frage: Sind diese Mengen – Mengen mit nicht endlich vielen Elementen – alle gleich groß? Gibt es etwas, was größer ist als unendlich?

Zuerst sehen wir uns an, wann zwei Mengen mit endlich vielen Elementen als gleich groß gelten. Okay, wir können natürlich beide Mengen abzählen. Und dann ist ziemlich klar, was es heißt, dass beide Mengen über gleich viele Elemente verfügen und damit gleich groß sind. Wir können uns aber auch vorstellen, dass in zwei Kisten eine Menge von Kugeln enthalten ist. Um ohne abzuzählen zu entscheiden, ob die beiden Mengen gleich oder ungleich groß sind, können wir wie folgt vorgehen. Wir entnehmen jeder Kiste, sagen wir der Kiste A und der Kiste B abwechselnd eine Kugel und legen diese nebeneinander. Ist die Kiste A leer und B noch nicht, dann können wir sicher behaupten, dass die Menge der Kugeln in Kiste B größer ist. Ist dagegen die Kiste B leer und sind in der Kiste A noch Kugeln vorhanden, ist die Menge der Kugeln in der Kiste A größer als die in der Kiste B.

Wir können diese Vorgehensweise auch mathematischer ausdrücken und zwar: „Existiert zwischen den Elementen der Menge A (Kugeln in der Kiste A) und der Menge B (Kugeln in der Kiste B) eine bijektive Abbildung, so sind die beiden Mengen gleich groß.

Hinweis:

Du erinnerst Dich: Eine Abbildung (Funktion) von A auf B heißt bijektiv, wenn jedem Element aus A genau ein Element aus B und jedem Element aus B genau ein Element aus A zugeordnet werden kann.

Existiert zwischen zwei Mengen A und B eine bijektive Abbildung, so sind die beiden Mengen gleich groß. Die Mathematiker sagen, die Mengen A und B sind gleichmächtig.

Intuitiv wirst Du sicher sagen wollen:

- Die Menge $\mathbb{N}_0$ der um 0 ergänzten Menge der natürlichen Zahlen ist größer als die der natürlichen Zahlen.
- Es gibt weniger gerade natürliche Zahlen als natürliche.
- Es gibt weniger ungerade natürliche Zahlen als natürliche.
- Es gibt weniger natürliche Quadratzahlen als natürliche.
- Es gibt mehr ganze Zahlen als natürliche.
- Es gibt mehr rationale Zahlen als natürliche.
- Es gibt mehr reelle Zahlen als natürliche.

Okay, wir zeigen nun, dass Du bis auf die letzte Intuition in allen Fällen intuitiv falsch liegst. Nur die Menge der reellen Zahlen ist mächtiger als die der natürlichen Zahlen und insbesondere nicht die Menge der ganzen und die der rationalen Zahlen und nicht einmal die um die Null erweiterten natürlichen Zahlen. Und die anderen genannten Mengen sind tatsächlich nicht weniger mächtig als die der natürlichen Zahlen. Aber wieder einmal der Reihe nach! Du schüttelst sicher den Kopf: Die um die 0 ergänzte Menge der natürlichen Zahlen soll also genauso groß sein wie die der natürlichen Zahlen selbst, wo doch eine Zahl hinzugefügt wurde?

$$|\mathbb{N}_0| = |\mathbb{N}| + 1$$

würdest Du wahrscheinlich erwarten.

Wir zeigen nun, dass es für alle der oben genannten Fälle – bis auf die Aussage mit den reellen Zahlen – eine bijektive Abbildung f gibt zwischen den verschiedenen Mengen und der Menge der natürlichen Zahlen. Wir beginnen mit der um 0 ergänzten Menge der natürlichen Zahlen und definieren die Abbildung

$$\mathbb{N} \to \mathbb{N}_0 : f(n) = n - 1.$$

Die Abbildung ist offensichtlich bijektiv. Du kannst es leicht überprüfen. Die Mengen sind also gleich mächtig und in diesem Sinne gleich groß. Das ist ziemlich verrückt. Aber wir können nichts daran ändern. Es ist so.

Das gilt offensichtlich genauso für die Menge Q der Quadratzahlen der natürlichen Zahlen n:

$$\mathbb{N} \to Q : f(n) = n^2.$$

Dass es genauso viele gerade natürliche Zahlen geben soll wie natürliche und genauso viele ungerade, das geht nur schwer in den Kopf, aber es hilft nichts. Die beiden folgenden Abbildungen von den natürlichen Zahlen auf die natürlichen geraden und ungeraden Zahlen sind bijektiv:

f(n)=2·n

und

f(n)=2·n-1.

Der Nachweis, dass $\mathbb{Z}$ und $\mathbb{N}$ gleich mächtig sind, ist nicht so ganz einfach. Die folgende Abbildung führt den Nachweis:

$n \in \mathbb{N}$ gerade: $f(n) = \dfrac{n-1}{2}$

und

$n \in \mathbb{N}$ ungerade: $f(n) = -\dfrac{n}{2}$

und im Bild:

1	2	3	4	5	6	7	8	9	10	11	12	13	14	15
↓	↓	↓	↓	↓	↓	↓	↓	↓	↓	↓	↓	↓	↓	↓
0	−1	1	−2	2	−3	3	−4	4	−5	5	−6	6	−7	7

Im Falle der rationalen Zahlen wird es noch ein wenig komplizierter. Schließlich war es Cantor, der Begründer der Mengenlehre, der diesen Nachweis mithilfe des sogenannten ersten cantorschen Diagonalarguments geführt hat. Wir zeigen hier nur das Ergebnis der cantorschen Vorgehensweise:

1	2	3	4	5	6	7	8	9	10	11	12	13	14	15
↓	↓	↓	↓	↓	↓	↓	↓	↓	↓	↓	↓	↓	↓	↓
0	1	−1	$\dfrac{1}{2}$	$-\dfrac{1}{2}$	2	−2	3	−3	$\dfrac{1}{3}$	$-\dfrac{1}{3}$	$\dfrac{2}{3}$	$-\dfrac{2}{3}$	4	−4

Noch ein wenig spannender wird es, wenn wir die Frage nach der Mächtigkeit der reellen Zahlen stellen. Die erste Überraschung dabei ist, dass das Intervall (0,1), also die Menge aller reellen Zahlen, die größer als null und kleiner als 1 sind, genau so mächtig ist wie die Menge aller reellen Zahlen zusammen. Das ist verrückt, wirst Du sagen. Für den Beweis – übrigens ein Standardvorgehen, das Du in jedem Lehrbuch findest, das dieses Problem behandelt – muss die Tangens-Funktion herhalten. Zunächst deshalb noch mal zur Tangens-Funktion. Siehe dazu die folgende Abbildung.

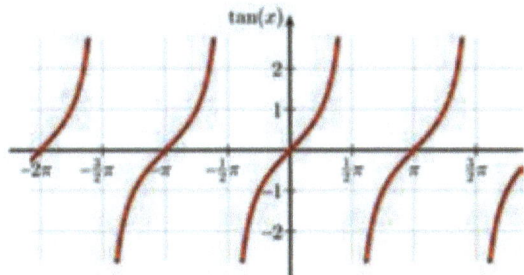

Aus der Abbildung geht hervor, dass der Tangens zum Beispiel das Intervall $(-\frac{\pi}{2};\frac{\pi}{2})$ auf die Gesamtheit der reellen Zahlen, quasi von minus unendlich bis plus unendlich abbildet:

$$\tan : (-\frac{\pi}{2};\frac{\pi}{2}) \leftrightarrow \mathbb{R}.$$

Die Abbildung ist sowohl injektiv als auch surjektiv, also bijektiv.

Hinweis:

Noch einmal zur Erinnerung: Eine Abbildung, Funktion f heißt injektiv, wenn

$$x_1 \neq x_2 \Rightarrow f(x_1) \neq f(x_2)$$

gilt und surjektiv, wenn die Bildmenge gleich der Zielmenge ist. Den Unterschied zwischen Bild- und Zielmenge haben wir bis dato nicht explizit besprochen. Wir erklären ihn beispielhaft: Ist das Bild einer Funktion echte Teilmenge der reellen Zahlen, gibt es reelle Zahlen, die kein Urbild besitzen. Falls die Bildmenge den reellen Zahlen entspricht, heißt die Funktion surjektiv. Es gibt also zu jeder reellen Zahl ein Urbild.

Wir verschieben nun $(0;1)$ mit

$$f(x) = \pi \cdot x - \frac{\pi}{2}$$

369

auf das Intervall $(-\frac{\pi}{2}; \frac{\pi}{2})$

und erhalten mit

$$\tan(f(x)) = \tan(\pi \cdot x - \frac{\pi}{2})$$

Eine bijektive Abbildung von (0;1) auf $\mathbb{R}$. Damit ist das Intervall (0;1) aller reellen Zahlen zwischen 0 und 1 gleichmächtig mit der Gesamtheit der reellen Zahlen. Das ist wieder einmal ziemlich erstaunlich. Wenn wir nun zeigen können, dass es keine bijektive Abbildung zwischen den natürlichen Zahlen und den reellen Zahlen des Intervalls (0;1) gibt, wissen wir, dass die Menge der reellen Zahlen mächtiger ist als die der natürlichen Zahlen.

Wir stellen uns vor, dass wir die reellen Zahlen des Intervalls (0;1) wie folgt ordnen:

1   0,12345678901234567890...

2   0,23456789012345678901...

3   0,34567890123456789012...

4   0,45678901234567890123...

5   0,56789012345678901234...

6   0,67890123456789012345...

7   0,78901234567890123456...

8   0,89012345678901234567...

9   0,90123456789012345678...

·   ....

Das cantorsche Verfahren besteht nun darin, eine reelle Zahl zwischen 0 und 1 anzugeben, die nicht in der Liste enthalten ist. Und das geht so:
- o   Ersetze die erste Nachkommastelle der ersten Zahl durch eine andere Ziffer, hier zum Beispiel durch 2.
- o   Ersetze die zweite Nachkommastelle der zweiten Zahl durch eine andere Ziffer, hier zum Beispiel durch 3.

o   Ersetze die dritte Nachkommastelle der dritten Zahl durch eine andere Ziffer, hier zum Beispiel durch 4.
o   usw. und schließlich die n-te Nachkommastelle der n-ten Zahl durch eine andere Ziffer.

1   0,$\underline{2}$2345678901234567890...

2   0,2$\underline{4}$456789012345678901...

3   0,34$\underline{5}$67890123456789012...

4   0,456$\underline{8}$8901234567890123...

5   0,5678$\underline{9}$012345678901234...

6   0,67890$\underline{1}$23456789012345...

7   0,789012$\underline{3}$4567890123456...

8   0,8901234$\underline{5}$678901234567...

9   0,90123456$\underline{7}$89012345678...

.   ...

Die neue Zahl lautet damit

$$0,24680246802468024680...$$

Dies war nur ein Beispiel. Aber Du kannst jede Liste von abzählbar vielen reellen Zahlen durch eine Zahl erweitern, die in der Liste nicht vorkommt. Das bedeutet aber, dass sich die reellen Zahlen nicht abzählen lassen und keine bijektive Abbildung zwischen den natürlichen und den reellen Zahlen des Intervalls $(0;1)$ möglich ist. Die reellen Zahlen sind damit mächtiger als die natürlichen.

Wir lassen es damit gut sein mit dem Unendlichen und kehren ins Endliche zurück.

Die mathematische Uhr

Wir hatten versprochen, dass Du nach der Lektüre des Büchleins mindestens die mathematische Uhr erklären kannst.

Wir sind nun so weit. Hier noch einmal die Uhr. Sie ist übrigens nur eine von vielen „mathematischen" Uhren, die sich die Leute haben einfallen lassen.

Wir beginnen mit der 12 und gehen natürlich im Uhrzeigersinn vor.

Ziffer 12:

Bei der 12 haben wir es mit der Division eines Bruches zu tun. Durch einen Bruch wird dividiert, indem mit dem Kehrwert des Bruches multipliziert wird. Das haben wir gelernt. Also gilt zunächst einmal

$$\frac{30}{5} \cdot \frac{38}{19} .$$

Nun wissen wir, dass Brüche miteinander multipliziert werden, indem man die Zähler und Nenner miteinander multipliziert, also

$$\frac{30 \cdot 38}{5 \cdot 19} = \frac{1140}{95} = 12 .$$

Diese Vorgehensweise wäre allerdings nicht sonderlich intelligent. Der kleine Mathematiker sieht nämlich spätestens nach dem ersten Schritt, dass beide Brüche danach schreien, gekürzt zu werden, der erste durch 5 und der zweite durch 19. Damit folgt nämlich

$$\frac{30}{5} \cdot \frac{38}{19} = \frac{6}{1} \cdot \frac{2}{1} = 12 .$$

Ziffer 1:

Die Ziffer 1 wird durch den Wert der Sinusfunktion ausgedrückt und zwar durch den Wert der Funktion bei 90°. Du erinnerst Dich an den Einheitskreis und an die Definition der Sinusfunktion als Verhältnis von Gegenkathete und Hypotenuse. Die Gegenkathete hat bei 90° die Länge r=1. Damit ist

$$\sin\left(\frac{\pi}{2}\right) = \sin(90°) = 1 .$$

Ziffer 2:

Die Ziffer 2 wird als Ableitung der linearen Funktion f(x)=2x angegeben. Aus dem Kapitel „Differentiale und Integrale" weißt Du, dass

$$f'(x) = \frac{df(x)}{dx} = \frac{d}{dx}(2 \cdot x) = 2$$

ist.

Ziffer 3:

Bei der Ziffer 3 haben wir es mit der Berechnung einer Determinante zu tun. Im Kapitel „Lineare Gleichungen mit zwei Unbekannten" hast Du gesehen, dass

$$\det \left| \begin{pmatrix} 5 & 1 \\ 7 & 2 \end{pmatrix} \right| = 5 \cdot 2 - 1 \cdot 7 = 3$$

ist.

Ziffer 4:

Das Zeichen bei der Ziffer 4 kennst Du aus dem Kapitel „Folgen und Reihen". Es steht für das Produkt der angegebenen Folgenglieder von n=1 bis 3:

$$\prod_{i=1}^{3} \frac{n+1}{n} = \frac{2}{1} \cdot \frac{3}{2} \cdot \frac{4}{3} = \frac{24}{6} = 4.$$

Ziffer 5:

Der Term

$$\sqrt{\sqrt{7^2 + 24^2}}$$

gehört in das Kapitel „Das Rechnen mit Potenzen". Wir berechnen zuerst den Term unter dem inneren Wurzelzeichen:

$$\sqrt{7^2 + 24^2} = \sqrt{49 + 576} = \sqrt{615} = 25.$$

Ja, und dann ist

$$\sqrt{25} = 5.$$

Ziffer 6:

3! ist eine Konvention aus der Kombinatorik. n! bedeutet

$$n! = 1 \cdot 2 \cdot 3 \cdots n.$$

3! ist also $1 \cdot 2 \cdot 3 = 6$.

Ziffer 7:

$$\frac{1}{4} \cdot \binom{8}{2}.$$

Auch in diesem Fall befinden wir uns in der Kombinatorik. Wir erinnern:

$$\binom{n}{k} = \frac{n!}{k! \cdot (n-k)!}.$$

Damit ist

$$\binom{8}{2} = \frac{8!}{2! \cdot (8-2)!} = \frac{8!}{2! \cdot 6!} = \frac{7 \cdot 8}{1 \cdot 2} = 28$$

und schließlich

$$\frac{28}{4} = 7.$$

Ziffer 8:

$$2 \cdot (2^2)$$

ist eine relativ einfache Aufgabe aus dem Kapitel „Rechnen mit Potenzen":

$$2 \cdot (2^2) = 2^3 = 8.$$

376

Ziffer 9:

$$\int_0^3 x^2 \cdot dx$$

ist das bestimmte Integral der Funktion x^2 von x=0 bis x=3, also

$$\int_0^3 x^2 \cdot dx = \frac{1}{3} \cdot x^3 \Big|_0^3 = \frac{1}{3} \cdot 3^3 - \frac{1}{3} \cdot 0^3 = 9 \ .$$

Ziffer 10:

$$\sum_{n=1}^4 n = 1 + 2 + 3 + 4 = 10 \ .$$

Es handelt sich dabei um die Gaußschen Formel, genauer um den kleinen Gauß mit

$$\sum_{i=1}^n i = \frac{n \cdot (n+1)}{2} \ .$$

Für n=4 ergibt sich damit

$$\sum_{k=1}^4 k = \frac{n \cdot (n+1)}{2} = \frac{4 \cdot 5}{2} = 10 \ .$$

Ziffer 11:

$$\left| \bigcup_{n=0}^{10} \{n\} \right| = \left| \{0\} \cup \{1\} \cup \{2\} \cup \ldots \{10\} \right| = 11 \ .$$

Anhang

Archimedisches Axiom:

Das sogenannte archimedische Axiom ist nach dem antiken Mathematiker Archimedes benannt. Es ist aber älter und wurde schon von Eudoxos von Knidos formuliert. Die moderne Version für reelle Zahlen lautet wie folgt.

Für beliebige reelle Zahlen x und y mit $0 < x < y$ existiert ein $n_0 \in \mathbb{N}$ mit

$$n \cdot x > y$$

für alle $n \geq n_0$.

Die Abbildung verdeutlicht diese Behauptung geometrisch: Hat man zwei Strecken auf einer Geraden, kann man die größere von beiden übertreffen, wenn man die kleinere nur oft genug abträgt.

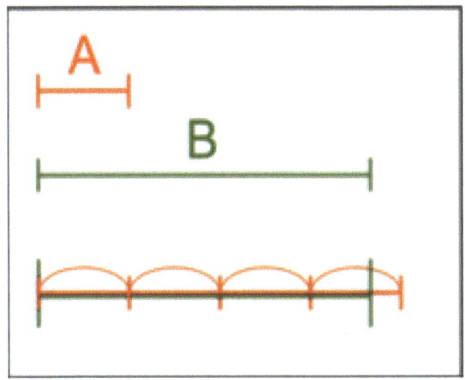

Beweis der Behauptung durch Widerspruch:

Annahme:

$$\forall n \in \mathbb{N} : n \cdot x \leq y .$$

Das gilt insbesondere für n=1 im Widerspruch zur Annahme.

Binominalformel:

Im Kapitel „Das Rechnen mit Potenzen" haben wir die drei binomischen Formeln kennengelernt. Wir nennen sie noch einmal:

$$(a+b)^2 = a^2 + 2 \cdot a \cdot b + b^2$$

$$(a-b)^2 = a^2 - 2 \cdot a \cdot b + b^2$$

$$(a+b) \cdot (a-b) = a^2 - b^2 \,.$$

Dort hatten wir auch eine Verallgemeinerung angekündigt, die wir aber noch nicht besprechen konnten, weil uns noch grundlegendes Handwerkszeug fehlte. Das kennen wir nun. Wir beschränken uns auf die Darstellung der verallgemeinerten ersten binomischen Formel. Und zwar gilt:

$$\forall n \in \mathbb{N} : (a+b)^n = \sum_{k=0}^{n} \binom{n}{k} \cdot a^{n-k} \cdot b^k \,.$$

Wir erinnern und an das Summenzeichen mit der Laufvariablen k von 0 bis n, an den Ausdruck

$$\binom{n}{k} = \frac{n!}{k!(n-k)!}$$

und an die Bedeutung von „!" mit

$$n! = 1 \cdot 2 \cdot 3 \cdots n.$$

Wir sehen uns das etwas genauer an. In der folgenden Tabelle haben wir für n=1 bis 5 die Terme

$$\binom{n}{k} = \frac{n!}{k!(n-k)!}$$

für k=0 bis k=n entwickelt. Diese heißen im vorliegenden Fall Binominalkoeffizienten.

N	K					
	0	1	2	3	4	5
0	1					
1	1	1				
2	1	2	1			
3	1	3	3	1		
4	1	4	6	4	1	
5	1	5	10	10	5	1

Üblicherweise wird dieser Strauß von Zahlen im sogenannten Pascalschen Dreieck dargestellt (hier bis zu n=7):

```
                        1
                    1       1
                1       2       1
            1       3       3       1
        1       4       6       4       1
    1       5       10      10      5       1
  1     6       15      20      15      6       1
1     7     21      35      35      21      7       1
```

Mithilfe des Pascalschen Dreiecks lässt sich die binomische Formel leicht entwickeln (hier bis n=5):

$$(a+b)^0 = 1$$

$$(a+b)^1 = a^1 + b^1$$

$$(a+b)^2 = a^2 + 2 \cdot a \cdot b + b^2$$

$$(a+b)^3 = a^3 + 3 \cdot a^2 \cdot b + 3 \cdot a \cdot b^2 + b^2$$

$$(a+b)^4 = a^4 + 4 \cdot a^3 \cdot b + 6 \cdot a^2 \cdot b^2 + 4 \cdot a \cdot b^2 + b^4$$

$$(a+b)^5 = a^5 + 5 \cdot a^4 \cdot b + 10 \cdot a^3 \cdot b^2 + 10 \cdot a^2 \cdot b^3 + 5 \cdot a \cdot b^4 + b^5$$

Beweis der Konvergenz einer Folge:

Im Kapitel „Folgen und Reihen" hatten wir angekündigt, dass wir im Anhang nachweisen werden, dass die Folge

$$(a_n) = (\sqrt[n]{n})$$

gegen 1 konvergiert, also

$$\lim_{n \to \infty} \sqrt[n]{n} = \lim_{n \to \infty} n^{\frac{1}{n}} = 1.$$

gilt.

Dieser Beweis ist gleichzeitig ein Muster für die Vorgehensweise bei vergleichbaren Aufgaben.

Wir zeigen:

$$\forall \varepsilon > 0 \exists n_0 : \forall n \geq n_0 : |a_n - 1| < \varepsilon$$

Wir beginnen mit der Ungleichung, die wir beweisen wollen und nehmen Äquivalenzumformungen vor. Wir erinnern uns: Äquivalenzumwandlungen sind Umwandlungen, die den Wahrheitsgehalt einer Ungleichung nicht ändern. Zunächst verlangen wir also

$$|a_n - 1| = |\sqrt[n]{n} - 1| < \varepsilon.$$

Da

$$\forall n \in \mathbb{N} : \sqrt[n]{n} \geq 1$$

gilt, können wir auf die Betragsstriche verzichten. Es ist also

$$\sqrt[n]{n} - 1 < \varepsilon$$

und damit

$$\sqrt[n]{n} < 1 + \varepsilon,$$

$$n < (1 + \varepsilon)^n = \sum_{k=0}^{n} \binom{n}{k} \cdot \varepsilon^k = 1 + n \cdot \varepsilon + \frac{n \cdot (n-1)}{2} \cdot \varepsilon^2 + \ldots + \varepsilon^n$$

Hinweis:

Wir sehen und die obige Entwicklung nach der allgemeinen binomischen Formel etwas genauer an:

$$(1 + \varepsilon)^n = \sum_{k=0}^{n} \binom{n}{k} \cdot 1^{n-k} \cdot \varepsilon^k = \sum_{k=0}^{n} \binom{n}{k} \cdot \varepsilon^k$$

Für die ersten drei und den letzten Koeffizienten erhält man

$$\binom{n}{0} = \frac{n!}{0!(n-0)!} = \frac{n!}{0!n!} = 1, \quad \binom{n}{1} = \frac{n!}{1!(n-1)!} = \frac{n}{1!} = n,$$

$$\binom{n}{2} = \frac{n!}{2!(n-2)!} = \frac{n \cdot (n-1)}{2}, \quad \binom{n}{n} = \frac{n!}{n!(n-n)!} = \frac{n!}{n!} = 1.$$

Wir machen weiter mit der Ungleichung:

$$n < 1 + n \cdot \varepsilon + \frac{n \cdot (n-1)}{2} \cdot \varepsilon^2 + \ldots + \varepsilon^n.$$

Da sämtliche Terme auf der rechten Seite der Ungleichung positiv sind, reicht es aus, wenn wir zeigen können, dass schon eine Teilsumme die Ungleichung erfüllt, ihr Wahrheitsgehalt deshalb mit der ursprünglichen Ungleichung

$$\left|\sqrt[n]{n} - 1\right| < \varepsilon$$

übereinstimmt.

Für n=1 ist das unmittelbar klar. Für n>1 wählen wir die Teilsumme

$$1 + \frac{n \cdot (n-1)}{2} \cdot \varepsilon^2$$

und zeigen

$$n < 1 + \frac{n \cdot (n-1)}{2} \cdot \varepsilon^2 \,.$$

Dies ist gleichwertig mit

$$n - 1 < \frac{n \cdot (n-1)}{2} \cdot \varepsilon^2, \ 1 < \frac{n}{2} \cdot \varepsilon^2$$

und schließlich mit

$$n > \frac{2}{\varepsilon^2} \,.$$

Wir müssen nun nur noch ein n_0 finden, sodass gilt

$$\forall n \geq n_0 : n > \frac{2}{\varepsilon^2} \,.$$

Das ist aber sofort klar, wenn wir uns an das archimedische Axiom erinnern und von $0 < \varepsilon < 1$ ausgehen. Dann ist nämlich

$$1 < \frac{2}{\varepsilon^2} \,.$$

Nach dem archimedischen Axiom gibt es dann ein n_0 mit

$$\forall n \geq n_0 : n > \frac{2}{\varepsilon^2} \,.$$

Damit gilt, was wir beweisen wollten.

384

LITERATUR, You Tuber und BLOGS

Über Zahlen

Wikipedia: Zahl

Mathe-online.at

Rechenoperationen

Mathematk-nachhilfe-blog.de/rechenoperationen

Bruchrechnung

Wikipedia: Bruchrechnung

Mathe by Daniel Jung, You Tupe 2204.2013

www.gut-erklaert.de/mathematik/bruchrechnen

Schriftliches Rechnen mit Dezimalzahlen

Schriftliches Addieren mit Kommazahlen, Lehrerschmidt You Tube 14.08.2016

Schriftliches Subtrahieren mit Kommazahlen, Lehrerschmidt, You Tube 11.08.2016

Schriftliches Multiplizieren mit Kommazahlen, Lehrerschmidt, You Tube 15.08.2016

Schriftliches Dividieren mit Kommazahlen, Lehrerschmidt, You Tube 17.08.2016

Wikipedia: Dezimalsystem

Das Rechnen mit Klammern

Wikipedia: Klammerregel

Distributivgesetz, Klammergesetz, Ausmultiplizieren, Regeln, von Mathe by Daniel Jung, You Tube 27.11.2012

Lineare Gleichungen mit einer Unbekannten

www.frustfrei-lernen.de/mathematik/gleichungen-loesen/erklaerung/beispiele.html

www.gut-erklaert.de/mathematik/lineare-gleichungen-loesen.html

Funktionen

Wikipedia: Funktion (Mathematik)

www.mathebibel.de/funktionen

Dreisatz

Wikipedia: Dreisatz

Das Rechnen mit Potenzen

Potenzen, Potenzgesetze und Potenzregeln, www.formelsammlung-mathe.de

mathe.aufgabenfuchs.de/potenzen/rechnen-mit-potenzen.shtml

Quadratische Gleichungen

Quadratische Gleichung lösen, Spielerei, Mathe by Daniel Jung, You Tube, 26.06.2016

Wikipedia: Quadratische Gleichung

Lineare Gleichungen mit zwei Unbekannten

www.mathebibel.de/lineare-gleichungssysteme-loesen

Wikipedia: Lineares Gleichungssystem

Additionsverfahren Lineares Gleichungssystem, Mathe by Daniel Jung, You Tube, 21.04.2015

Einsetzungsverfahren Lineares Gleichungssystem, Mathe by Daniel Jung, You Tube, 18.04.2015

Gleichsetzungsverfahren Lineares Gleichungssystem, Mathe by Daniel Jung, You Tube, 21.04.2015

Determinanten 2ter Ordnung, Cramersche Regel 2x2 Matrix, Mathe by Daniel Jung, You Tube, 10.07.2015,

Das Rechnen mit Prozenten

www.gut-erklaert.de/mathematik/prozentrechnung.html

Zinsrechnung

www.gut-erklaert.de/mathematik/zinsrechnung-formeln-beispiele.html

www.mathebibel.de/zinsrechnung

Wikipedia: Zinsrechnung

Die Strahlensätze

www.studienkreis.de/mathematik/strahlensaetze-erklaerung

www.mathebibel.de/strahlensatz

Wikipedia: Strahlensatz

Der Satz des Pythagoras

*www.mathebibel.de/*satz-des-pythagoras

Wikipedia: Satz des Pythagoras

Flächeninhalte und Volumina

www.t-ocker.de/zahlen/flaechenberechnung.html

www.t-ocker.de/html/volumenberechnung.html

Die Winkelfunktionen

https://www.mathebibel.de/winkelfunktionen

www.gut-erklaert.de/mathematik/winkelfunktionen-sinus-kosinus-tangens.html

Wikipedia: Trigonometrische Funktionen

Das Rechnen mit Mengen

www.formel-sammlung.de/formel-Mengenverknuepfungen-Mengenoperationen-1-12-68.html

matheguru.com/lineare-algebra/mengen-und-mengenschreibweise.html

Folgen und Reihen

Wikipedia: Folge (Mathematik)

Wikipedia: Reihe (Mathematik)

Folgen Übersicht arithmetische/geometrische Folgen, Mathe by Daniel Jung, You Tube, 04.07.2014

Folgen und Reihen, Formeln, Übersicht, Mathe by Daniel Jung, You Tube, 29.12.2014

Die Taylorreihe

Wikipedia: Taylorreihe

matheguru.com/analysis/taylorreihe.html

Komplexe Zahlen

Wikipedia: Komplexe Zahl

www.mathebibel.de/komplexe-zahlen

www.mathe-online.at/mathint/komplex/i.html

www.pirabel.de/komplexe-zahlen

Exponentialfunkton und Logarithmus

Wikipedia: Exponentialfunktion

www.mathebibel.de/exponentialfunktionen

www.onlinemathe.de/mathe/inhalt/Exponentialfunktion

Wikipedia: Logarithmusfunktion

www.mathebibel.de/logarithmusfunktionen

/www.grund-wissen.de/mathematik/analysis/elementare-funktionen/exponentialfunkt..

Das Rechnen mit Vektoren und Matrizen

Köhler, Joachim, Höwelmann Rolf, Krämer, Hardt: Analytische Geometrie in vektorieller Darstellung, Otto Salle Verlag, Frankfurt a. M., Hamburg, 1965, Best.-Nr. 5002

www.mathebibel.de/determinante-berechnen

Differentiale und Integrale

Wikipedia: Differentialrechnung

Wikipedia: Integralrechnung

https://www.mathebibel.de/differentialrechnung

www.mathematik-wissen.de/differentialrechnung.htm

https://www.mathe-lerntipps.de/mathe-abitur/differentialrechnung

*www.mathebibel.de/*integralrechnung

www.mathe-lerntipps.de/mathe-abitur/integralrechnung

www.grund-wissen.de/mathematik/analysis/integralrechnung.html

Wahrscheinlichkeiten

Lauter, Josef, Dr., Rüdiger, Karlheinz, Dr.: Mathematik Sekundarstufe II; Wahrscheinlichkeitsrechnung und Statistik, Pädagogischer Verlag Schwann-Bagel GmbH, Düsseldorf, 1979, ISBN: 3-590-12313-3

Statistik

Lauter, Josef, Dr., Rüdiger, Karlheinz, Dr.: Mathematik Sekundarstufe II; Wahrscheinlichkeitsrechnung und Statistik, Pädagogischer Verlag Schwann-Bagel GmbH, Düsseldorf, 1979, ISBN: 3-590-12313-3

Kombinatorik

Lauter, Josef, Dr., Rüdiger, Karlheinz, Dr.: Mathematik Sekundarstufe II; Wahrscheinlichkeitsrechnung und Statistik, Pädagogischer Verlag Schwann-Bagel GmbH, Düsseldorf, 1979, ISBN: 3-590-12313-3.

Größer als Unendlich

https://de.wikibooks.org/wiki/Mathe_für_Nicht-Freaks:_Mächtigkeit_von_Mengen

ww.mathe-online.at/mathint/zahlen/i_Rueberabz.html
Beweis, dass die Menge R überabzählbar ist.

Herstellung und Verlag:
BoD – Books on Demand, Norderstedt
ISBN: 978-3-7504-0508-0